电脑艺术设计系列教材

Photoshop CC 2015 中文版
实用教程

第 7 版

张 凡 等编著

设计软件教师协会 审

机 械 工 业 出 版 社

Photoshop CC 2015 中文版是 Adobe 公司推出的图像处理软件。该软件具有界面友好、易学易用、图像处理功能强大等优点，深受广大用户的青睐。

本书属于实例教程类图书，全书共分 9 章，包括 Photoshop CC 2015 基础知识、图像选区的选取与编辑、Photoshop CC 2015 工具与绘图、图层的使用、通道与蒙版的使用、图像色彩和色调的调整、路径和矢量图形的使用、滤镜的使用和综合实例等内容。

本书通过网盘（获取方式请见封底）提供全书所用的素材和相关文件，以及授课电子课件。

本书可作为本专科院校相关专业或社会培训班的教材，也可作为平面设计爱好者的自学和参考用书。

图书在版编目（CIP）数据

Photoshop CC 2015 中文版实用教程 / 张凡等编著. —7 版. —北京：机械工业出版社，2020.1

电脑艺术设计系列教材

ISBN 978-7-111-64649-5

Ⅰ.① P⋯　Ⅱ.①张⋯　Ⅲ.①图象处理软件—教材　Ⅳ.① TP391.413

中国版本图书馆 CIP 数据核字 (2020) 第 021544 号

机械工业出版社（北京市百万庄大街 22 号　邮政编码 100037）

策划编辑：郝建伟　　责任编辑：郝建伟
责任校对：张艳霞　　责任印制：李　昂

唐山三艺印务有限公司印刷

2020 年 3 月第 7 版·第 1 次印刷
184mm×260mm·21.5 印张·2 插页·534 千字
0001－2000 册
标准书号：ISBN 978-7-111-64649-5
定价：69.90 元

电话服务　　　　　　　　　　　网络服务

客服电话：010-88361066　　　机 工 官 网：www.cmpbook.com
　　　　　010-88379833　　　机 工 官 博：weibo.com/cmp1952
　　　　　010-68326294　　　金 书 网：www.golden-book.com
封底无防伪标均为盗版　　　机工教育服务网：www.cmpedu.com

前　　言

Photoshop 是目前世界公认的权威性图形图像处理软件，它的功能完善、性能稳定、使用方便，是平面广告设计、室内装潢、数码相片处理等领域不可或缺的工具。近年来，随着计算机的普及，使用 Photoshop 的个人用户日益增多。

这次改版和上一版相比，在各章基础知识部分添加了 Photoshop CC 2015 新增的功能，同时在实例部分添加了多个实用性很强的实例，比如用钢笔抠像效果、颜色匹配效果、制作肌理海报效果、制作电影海报效果和制作情人节纪念币效果。

本书属于实例教程类图书，共 9 章，其主要内容如下。

第 1 章 Photoshop CC 2015 基础知识，主要介绍了 Photoshop CC 2015 的界面以及图像处理的相关知识；第 2 章图像选区的选取与编辑，讲解了多种创建和编辑选区的方法；第 3 章 Photoshop CC 2015 工具与绘图，讲解了多种绘图工具的用途和使用技巧；第 4 章图层的使用，讲解了图层混合模式、图层蒙版和图层样式的使用技巧；第 5 章通道与蒙版的使用，讲解了利用通道与蒙版制作各种特效的方法；第 6 章图像色彩和色调的调整，讲解了利用 Photoshop CC 2015 的相关命令，对图像进行色彩和色调调整以及修复的方法；第 7 章路径和矢量图形的使用，讲解了利用路径工具绘制和编辑路径，并对绘制的路径进行描边和填充的方法；第 8 章滤镜的使用，讲解了滤镜的基础知识、使用方法及使用效果；第 9 章综合实例，主要介绍如何综合利用 Photoshop CC 2015 的功能和技巧，制作出精美图像的实例。

本书通过网盘提供大量的多媒体影像文件，具体获取方式请见封底。

本书是"设计软件教师协会"推出的系列教材之一，具有内容丰富、实例典型等特点。全部实例是由多所院校（中央美术学院、北京师范大学、清华大学美术学院、北京电影学院、中国传媒大学、天津美术学院、天津师范大学艺术学院、首都师范大学、山东理工大学艺术学院、河北艺术职业学院）具有丰富教学经验的知名教师和一线优秀设计人员从长期教学和实际工作中总结出来的。参与本书编写的人员有张凡、程大鹏、李松、于元青、何小雨、曲付。

本书既可作为大中专院校相关专业或社会培训班的教材，也可作为平面设计爱好者的自学用书和参考用书。

由于作者水平有限，书中难免存在不足之处，敬请广大读者批评指正。

作者网上答疑邮箱：zfsucceed@163.com。

编　者

目　　录

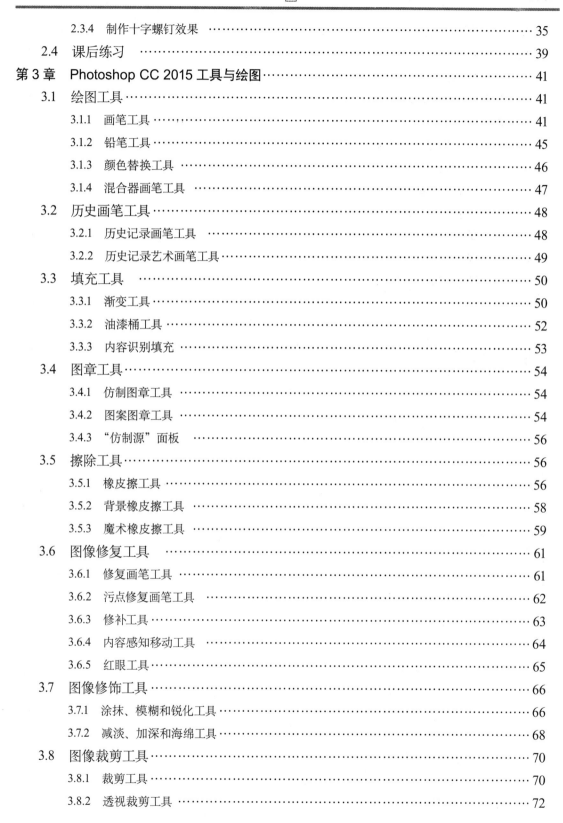

第 1 章　Photoshop CC 2015 基础知识

本章主要介绍 Photoshop CC 2015 中文版的界面，并讲解 Photoshop CC 2015 中最基本的概念，如图像的类型、格式和色彩模式等。学习本章，读者应对 Photoshop CC 2015 有一个整体印象，为后面的学习奠定基础。

本章内容包括：
- 图像处理的基本概念
- Photoshop CC 2015 的启动和退出
- Photoshop CC 2015 中文版的界面构成

1.1　图像处理的基本概念

1.1.1　位图与矢量图

用计算机处理的图像可以分为两大类——位图图像和矢量图形，由于描述原理不同，对这两种图像的处理方式也有所不同。

1. 位图图像

位图图像也称为栅格图像，它是由无数彩色网格组成的，每个网格称为一个像素，每个像素都具有特定的位置和颜色值。

由于位图图像的像素非常多而且小，因此图像看起来比较细腻。但是如果将位图图像放大到一定比例，则无论图像的具体内容是什么，看上去都是像马赛克一样的一个个像素，如图 1-1 所示。

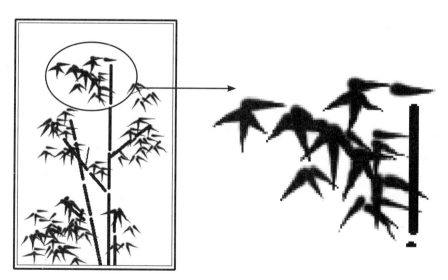

图 1-1　放大位图图像

位图图像的优势在于可以表现颜色的细微层次，缺点是放大显示时比较粗糙，而且图像文件往往比较大。

2. 矢量图形

矢量图形由数学公式中所定义的直线和曲线组成。数学公式根据图像的几何特性来描绘图像。例如，用半径这样的数学参数来准确定义一个圆，或者用长宽值来准确定义一个矩形。

相对于位图图像而言，矢量图形的优势在于不会随显示比例等因素的改变而降低图像的品质。如图 1-2 所示，左图是按正常比例显示的一幅矢量图，右图为将该矢量图放大 3 倍后的效果。此时，可以清楚地看到放大后的图片依然很精细，并没有因为显示比例的改变而变得粗糙。

图 1-2　矢量图形

1.1.2　分辨率

分辨率是一个和图像相关的重要概念，是指在单位长度内含有点（即像素）的多少。分辨率的种类有很多，其含义也各不相同。正确理解分辨率在各种情况下的具体含义，是至关重要的。下面对几种常用分辨率做大体介绍。

1. 图像分辨率

图像分辨率是指图像中存储的信息量。这种分辨率有多种衡量方法，典型的是以每英寸的像素数（dpi）来衡量。图像分辨率和图像尺寸的值一起决定文件的大小及输出质量，该值越大，图形文件所占用的磁盘空间也越大。图像分辨率以比例关系影响着文件的大小，即文件大小与其图像分辨率的平方成正比。如果保持图像尺寸不变，将图像分辨率提高 1 倍，则其文件容量会增大为原来的 4 倍。

2. 扫描分辨率

扫描分辨率是指在扫描一幅图像之前所设定的分辨率，它将影响所生成图像文件的质量和性能，决定图像将以何种方式显示或打印。如果扫描图像用于 640 像素 ×480 像素的屏幕显示，则扫描分辨率不必大于显示器屏幕的设备分辨率，即一般不超过 120dpi。但大多数情况下，扫描图像是为了在高分辨率的设备中输出。如果图像的扫描分辨率过低，则会导致输出的效果非常粗糙；如果扫描分辨率过高，则数字图像中会产生超过打印所需要的信息，这样不仅降低了打印速度，而且在打印输出时会造成图像色调的细微过渡丢失。因此要根据不同的需要，选择合适的扫描分辨率。

3. 位分辨率

位分辨率又称位深，是用来衡量每个像素所保留颜色信息的位元数。这种分辨率可以标记为多种色彩等级，一般常见的有 8 位、16 位、24 位和 32 位色彩。有时，也将位分辨率称为颜色深度。所谓"位"，实际上是指 2 的乘方次数，8 位即 2^8，也就是 8 个 2 相乘，等于 256。因此，一幅 8 位色彩深度的图像，所能表现的色彩等级是 256 级。

4. 设备分辨率

设备分辨率又称输出分辨率，指的是在各类输出设备上每英寸可产生的点数，如显示器、喷墨打印机、激光打印机和绘图仪的分辨率。这种分辨率的单位为 dpi，目前计算机显示器的设备分辨率为 60 ～ 120dpi，而打印设备的设备分辨率为 300 ～ 1440dpi。

1.1.3　色彩模式

图像处理离不开色彩处理，因为图像是由色和形两种信息组成的。在使用颜色以前，需要理解色彩模式及 Photoshop 中定义色彩模式的方法。

色彩模式是描述颜色的方法，常见的色彩模式有 HSB、RGB、CMYK 和 Lab。在 Photoshop CC 2015 的"拾色器"对话框中，可以根据以上 4 种色彩模式来选择颜色，如图 1-3 所示。

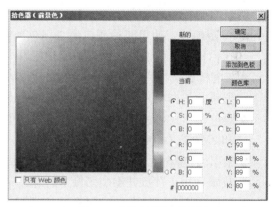

图 1-3　"拾色器"对话框

1. HSB 模式

HSB 是"Hue（色相）""Saturation（饱和度）"和"Brightness（亮度）"的缩写。HSB 模式是从人眼对颜色的感觉出发，根据以下 3 种基本特性来描述颜色的。

- 色相：即物体反射或透射光的颜色，通常用度来表示，范围是 0 ～ 360 度。
- 饱和度：即颜色的强度或纯度，通常用百分比来表示，范围是 0% ～ 100%。
- 亮度：即颜色的相对明暗程度，通常用 0%（黑色）～ 100%（白色）范围内的百分比值来表示。

2. RGB 模式

RGB 是"Red（红色）""Green（绿色）"和"Blue（蓝色）"的缩写。它是一种加色模式，大多数色谱都由红色、绿色和蓝色这 3 种色光混合而成。例如，显示器便是采用 RGB 色彩模式的颜色系统。这 3 种基色的取值范围为 0 ～ 255，当 3 种基色的值均为 255 时，便得到白色；当 3 种基色的值均为 0 时，便得到黑色；当 3 种基色的值均为 128 时，便得到中性灰色。

3. CMYK 模式

CMYK 是 "Cyan（青色）" "Magenta（洋红）" "Yellow（黄色）" 和 "Black（黑色）" 的缩写，为避免和蓝色混淆，黑色用 K 而非 B 表示。它是一种减色模式，其中，青色是红色的互补色；黄色是蓝色的互补色；洋红是绿色的互补色。CMYK 模式被广泛应用于印刷技术中。

4. Lab 模式

Lab 模式的原型是 1931 年国际照明委员会（CIE）制定的颜色度量国际标准模式，1976 年该模式被重新修订并命名为 CIE Lab。

Lab 的最大特点是该模式的颜色与设备无关，无论使用何种设备（如显示器、打印机或扫描仪）创建或输出图像，都能生成一致的颜色。Lab 颜色由亮度分量 L 和两个色度分量 a、b 组成，其中，a 分量表示从绿色到红色，b 分量表示从蓝色到黄色。

5. 其他色彩模式

在 Photoshop CC 2015 中除了 HSB、RGB、CMYK 和 Lab 这 4 种模式外，还有以下几种色彩模式。

- 位图模式：使用两种颜色值（黑色或白色）之一表示图像中的像素，该模式下的图像也称为一位图像，因为系统只使用一个二进制位表示某个像素的颜色。
- 灰度模式：该模式图像中的每个像素都有一个 0（黑色）～255（白色）范围内的亮度值，通常，黑白或灰度扫描仪生成的图像以灰度模式显示。
- 双色调模式：通过 2～4 种自定油墨创建双色调（2 种颜色）、三色调（3 种颜色）和四色调（4 种颜色）的图像。
- 索引颜色模式：当把图像转换为该模式时，Photoshop CC 2015 将构建一个颜色查找表，用于存放并索引图像中的颜色，该模式最多有 256 种颜色。
- 多通道模式：该模式的每个通道使用 256 级灰度，多通道图像对于特殊打印机非常有用。

1.1.4 图像的格式

图像格式是指计算机表示和存储图像信息的格式。由于历史的原因，不同厂家表示图像文件的方法不一，目前已经有上百种图像格式，常用的也有几十种。同一幅图像可以用不同的格式来存储，但不同格式之间所包含的图像信息并不完全相同，其文件大小也有很大的差别。在使用时，用户可以根据自己的需要选用适当的格式。

1. PSD 格式

PSD 是 Photoshop 软件默认的存储格式，该种格式可以存储 Photoshop 中所有的图层、通道和剪切路径等信息。

2. BMP 格式

BMP 是一种 DOS 和 Windows 操作系统平台上常用的图像格式，支持 RGB、索引颜色、灰度和位图颜色模式，但不支持 Alpha 通道，也不支持 CMYK 模式的图像。

3. TIFF 格式

TIFF 是一种无损压缩格式（采用的是 LZW 压缩），支持 RGB、CMYK、Lab、索引颜色、位图和灰度模式，而且在 RGB、CMYK 和灰度 3 种颜色模式中还支持使用通道（Channel）、图层和剪切路径。在平面排版软件 PageMaker 中常使用这种格式。

4. JPEG 格式

JPEG 是一种有损压缩的网页格式，不支持 Alpha 通道，也不支持透明设置。当保存为此格式时，会弹出对话框，在 Quality 中设置的数值越高，图像品质越好，文件也越大。该格式支持 24 位真彩色的图像，因此适用于表现色彩丰富的图像。

5. GIF 格式

GIF 是一种无损压缩（采用的是 LZW 压缩）的网页格式，支持 Alpha 通道、透明设置和动画格式，支持 256 色（8 位图像）。目前，GIF 有两类：GIF87a（严格不支持透明像素）和 GIF89a（允许某些像素透明）。

6. PNG 格式

PNG 是由 Netscape 公司开发的一种无损压缩的网页格式。它将 GIF 和 JPEG 两种格式中最好的特征结合在一起，支持 24 位真彩色、透明设置和 Alpha 通道。PNG 格式不完全支持所有浏览器，所以在网页中的使用频率要比 GIF 和 JPEG 格式低得多。但随着网络技术的发展和互联网传输速率的改善，PNG 格式将是未来网页中所使用的一种标准图像格式。

7. PDF 格式

PDF 可跨平台操作，可在 Windows、Mac OS、UNIX 和 DOS 环境下浏览（多用 Acrobat Reader 软件）。它支持 Photoshop 格式所支持的所有颜色模式和功能，也支持 JPEG 和 Zip 压缩（但使用 CCITT Group 4 压缩的位图模式图像除外）以及透明设置，但不支持 Alpha 通道。

8. Targa 格式

Targa 格式专门用于使用 Truevision 视频卡的系统，而且通常受 MS-DOS 颜色应用程序的支持。它支持 24 位 RGB 图像（8 位 ×3 个颜色通道）和 32 位 RGB 图像（8 位 ×3 个颜色通道外加一个 8 位 Alpha 通道），也支持无 Alpha 通道的索引颜色和灰度图像。在用这种格式存储 RGB 图像时，可选择像素深度。

1.2　Photoshop CC 2015 的启动和退出

将 Photoshop CC 2015 安装到计算机后，需先启动该程序，然后才能使用程序提供的各项功能。使用 Photoshop CC 2015 完毕后，应及时退出该程序，以释放程序所占用的系统资源。

1. 启动 Photoshop CC 2015

通常，可按以下方法启动 Photoshop CC 2015：

● 单击屏幕左下角的"开始"按钮，然后在弹出的菜单中选择"程序"子菜单下的"Adobe Photoshop CC 2015"命令（菜单名和命令名可能因用户安装目录的不同而有所不同）。

● 双击桌面上的 Photoshop CC 2015 快捷方式图标 ▨ 。如果桌面上没有 Photoshop CC 2015

快捷启动方式图标,则可以打开 Photoshop CC 2015 所在的文件夹,然后将"Photoshop.exe"图标拖到桌面上。

2. 退出 Photoshop CC 2015

启动 Photoshop CC 2015 后,通常按以下几种方法关闭该程序:

● 单击程序窗口右上角的 　×　 (关闭) 按钮。
● 执行菜单中的"文件 | 退出"命令。
● 按快捷键〈Alt+F4〉或〈Ctrl+Q〉。
● 双击窗口左上角的 Ps 图标。

1.3　Photoshop CC 2015 的工作界面

启动 Photoshop CC 2015 后,即可进入 Photoshop CC 2015 的工作界面,如图 1-4 所示。

图 1-4　Photoshop CC 2015 的工作界面

1.3.1　菜单栏

当要使用某菜单命令时,只需将鼠标移到菜单名上单击,即可弹出下拉菜单。此时,可从中选择所要使用的命令。

对于菜单,有如下的约定规则:

● 菜单项呈现暗灰色,说明该命令在当前编辑状态下不可用。
● 菜单项后面有箭头符号,说明该菜单项下还有子菜单。
● 菜单项后面有省略号,单击该菜单将会弹出一个对话框。
● 如果在菜单项的后面有快捷键,则可直接使用快捷键来执行菜单命令。
● 若要关闭所有已打开的菜单,则可再次单击主菜单名,或者按键盘上的〈Alt〉键。若要逐级向上关闭菜单,可按〈Esc〉键。

1.3.2　工具箱和选项栏

1. 工具箱

Photoshop CC 2015 中的工具箱默认位于工作界面的左侧，要使用某种工具，单击该工具即可。例如，单击工具箱中的▦（矩形选框工具），然后在图像窗口中拖动鼠标，即可选出所需的矩形区域。

由于 Photoshop CC 2015 提供的工具比较多，因此工具箱并不能显示出所有的工具，有些工具会被隐藏到相应的子菜单中。可以看到，在工具箱的某些工具图标上有一个小三角符号，这表明该工具拥有相关的子工具。单击该工具并按住鼠标左键不放（或右击），然后将鼠标指针移至打开的子菜单中，单击所需要的工具，该工具将出现在当前工具箱上，如图 1-5 所示。为了便于学习，图 1-6 列出了 Photoshop CC 2015 工具箱中的各工具及其名称。

单击工具箱左上方的▦按钮，可以将工具箱以双列进行显示，如图 1-7 所示。此时单击▦按钮，可恢复工具箱的单列显示。

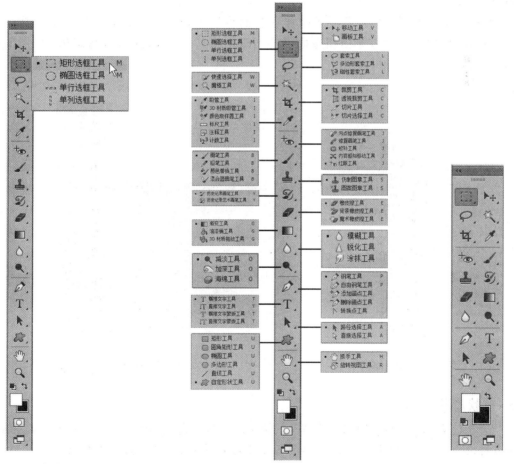

图 1-5　调出子工具　　　　图 1-6　Photoshop CC 2015 工具箱　　　　图 1-7　双列显示工具箱

2. 选项栏

选项栏位于菜单栏的下方，其功能是设置各个工具的参数。当用户选取某一工具后，选项栏中的选项将发生变化，不同的工具有不同的参数，图 1-8 为渐变工具和钢笔工具的选项栏。

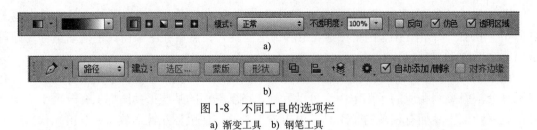

a)

b)

图 1-8　不同工具的选项栏

a) 渐变工具　b) 钢笔工具

1.3.3　面板

面板位于工作界面的右侧，利用它可以完成各种图像处理操作和工具参数的设置，如可以用于显示信息、选择颜色、图层编辑、制作路径、录制动作等。所有面板都可在"窗口"菜单中找到。

Photoshop CC 2015 为了便于操作还将面板以缩略图的方式显示在工作区中，如图 1-9 所示。用户可以通过单击相应面板的缩略图来打开（或关闭）相应面板，如图 1-10 所示。

图 1-9　面板缩略图　　　　图 1-10　单击缩略图打开相应面板

1.3.4　状态栏

状态栏位于 Photoshop CC 2015 当前图像文件窗口的底部。状态栏主要用于显示图像处理的各种信息，它由当前图像的放大倍数和文件大小两部分组成，如图 1-11 所示。

单击状态栏中的按钮，可以打开图 1-12 所示的快捷菜单，从中可以选择显示文件的不同信息。

图 1-11　状态栏　　　　　　　　　　　　　　图 1-12　状态栏快捷菜单

1.4　课后练习

1. 填空题

1）在色彩模式中，_____ 模式是加色模式，_____ 模式是减色模式。

2）从描述原理上讲，计算机所处理的图可以分为 _____ 和 _____ 两大类。

2. 选择题

1）Photoshop 中默认保存的标准格式是 _____。

    A．.gif　　　　　　B．.jpg　　　　　　C．.psd　　　　　　D．.eps

2）_____ 格式是一种带压缩的文件格式。

    A．psd　　　　　　B．jpg　　　　　　C．bmp　　　　　　D．tiff

3）_____ 模式是在 Photoshop CC 2015 的"拾色器"对话框中可以选择的颜色模式。

    A．RGB　　　　　B．Lab　　　　　C．索引颜色　　D．多通道

3. 问答题

简述 Photoshop CC 2015 的启动及退出方法。

第 2 章　图像选区的选取与编辑

在 Photoshop CC 2015 中，要对位图图像的局部进行编辑，先要通过各种途径选取相应的选区。本章将介绍多种创建和编辑选区的方法。

本章内容包括：
■ 图像选区的选取方法
■ 图像选区的编辑方法

2.1　图像选区的选取

在 Photoshop CC 2015 中，大多数操作都不是针对整幅图像的，因此必须指明是针对图像的哪个部分，这个过程就是创建选区的过程。创建选区是许多操作的基础，Photoshop CC 2015 提供了多种创建选区的方法，下面对各种创建方法进行具体讲解。

2.1.1　选框工具组

选框工具组位于工具箱的左上角，利用该工具组创建图像选区是最基本的方法。其中，包括 █ （矩形选框工具）、█ （椭圆选框工具）、█ （单行选框工具）和 █ （单列选框工具）4 种选框工具。

1. 矩形、椭圆选框工具

使用矩形（或椭圆）选框工具，可以创建外形为矩形（或椭圆）的选区。其具体操作步骤如下：

1）在工具箱中选择 █ （矩形选框工具）或 █ （椭圆选框工具）。

2）在图像窗口中拖动鼠标，即可绘制出一个矩形或椭圆形选区。此时，建立的选区以闪动的虚线框表示，如图 2-1 所示。

3）在拖动鼠标绘制选框的过程中，按住〈Shift〉键，可以绘制出正方形或圆形选区；按住〈Alt+Shift〉组合键，可以绘制出以某点为中心的正方形或圆形选区。

4）此外，在选中矩形或椭圆选框工具后，可以在选项栏的"样式"下拉列表中选择控制选框尺寸和比例的方式，如图 2-2 所示。

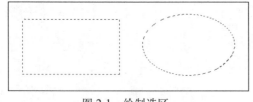

图 2-1　绘制选区

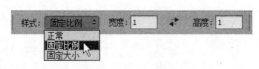

图 2-2　样式种类

其中，各种样式的功能说明如下。

● 正常：默认方式，完全根据鼠标拖动的情况确定选框的尺寸和比例。

● 固定比例：选择该选项后，可以在后面的"宽度"和"高度"框中输入具体的宽高比，在拖动鼠标绘制选框时，选框将自动符合该宽高比。

● 固定大小：选择该选项后，在后面的"宽度"和"高度"框中输入具体的宽高数值，然后在图像窗口中单击，即可在单击处创建一个指定尺寸的选框。

5）如果要取消当前选区，则按键盘上的〈Ctrl+D〉组合键即可。

2. 单行、单列选框工具

■（单行选框工具）和■（单列选框工具）专门用于创建只有一个像素高的行选区或一个像素宽的列选区，其具体操作过程如下：

1）选择工具箱中的■（单行选框工具）或■（单列选框工具）。

2）在图像窗口中单击，即可在单击处建立一个单行或单列的选区。

2.1.2 套索工具组

套索工具是一种常用的创建不规则选区的工具，套索工具组包括■（套索工具）、■（多边形套索工具）和■（磁性套索工具）3 种工具。

1. 套索工具

使用套索工具可以创建任意不规则形状的选区，其具体操作步骤如下：

1）选择工具箱中的■（套索工具）。

2）将鼠标移至图像工作区中，在打开的图像上按住鼠标左键不放，拖动鼠标选取需要的范围，如图 2-3 所示。

3）将鼠标拖回至起点，松开鼠标左键，即可选择一个不规则形状的范围，如图 2-4 所示。

图 2-3　拖动鼠标　　　　　　　　图 2-4　选取范围

2. 多边形套索工具

使用多边形套索工具可以创建任意不规则形状的多边形图像选区，其具体操作步骤如下：

1）选择工具箱中的■（多边形套索工具）。

2）将鼠标移至图像窗口中，然后单击确定选区的起始位置。

3）移动鼠标到要改变方向的位置并单击，从而插入一个定位点，如图 2-5 所示。

4）同理，直到选中所有的范围并回到起点的位置，此时，在鼠标右下角会出现一个小圆圈，单击即可封闭并选中该区域，如图 2-6 所示。

提示：在选取过程中，如果出现错误，则可以按键盘上的〈Delete〉键删除最后选取的一条线段。如果按住〈Delete〉键不放，则可以删除所有选中的线段，效果与按〈Esc〉键相同。

图 2-5　确定定位点

图 2-6　封闭选区效果

3. 磁性套索工具

使用磁性套索工具，能够根据鼠标经过处不同像素值的差别，对边界进行分析，自动创建选区。其特点是可以方便、快速、准确地选取较复杂的图像区域。其具体操作步骤如下：

1）选择工具箱中的 （磁性套索工具）。

2）将鼠标移至图像工作区中，然后单击确定选区的起点。

3）沿着要选取的物体边缘移动鼠标（不需要按住鼠标按键），当选取终点回到起点时，鼠标右下角会出现一个小圆圈，如图 2-7 所示。此时单击即可完成选取，其封闭选区效果如图 2-8 所示。

图 2-7　沿着要选取的物体边缘进行绘制

图 2-8　封闭选区效果

4）在"磁性套索工具"选项栏中可设置相关参数，如图 2-9 所示。

图 2-9　"磁性套索工具"选项栏

其中，各项参数的功能说明如下。

● 羽化和消除锯齿：此两项的功能与选框工具选项栏中的功能一样。

● 宽度：用于指定磁性套索工具在选取时检测的边缘宽度，其值为 1～256 像素。值越小，检测越精确。

● 对比度：用于设置选取时的边缘反差（取值范围为 1%～100%）。值越大，反差越大，选取的范围越精确。

● 频率：用于设置选取时的定位点数，值越高，产生的定位点越多。图 2-10 为采用不同频率值所产生的效果。

图 2-10　采用不同频率值所产生的效果

● （绘图板压力控制大小）：该选项只有在安装了绘图板及其驱动程序时才有效。在某些工具中，还可以设置大小、颜色及不透明度。该选项的设置会影响磁性套索、磁性钢笔、铅笔、画笔、喷枪、橡皮擦、仿制图章、图案图章、历史记录画笔、涂抹、模糊、锐化、减淡、加深和海绵等工具。

2.1.3　魔棒工具组

魔棒工具组包括 （魔棒工具）和 （快速选择工具）两种工具。

1. 魔棒工具

魔棒工具基于图像中相邻像素的颜色近似程度来进行选择。选择工具箱中的 （魔棒工具），选项栏如图 2-11 所示。

图 2-11　"魔棒工具"选项栏

其中各项参数的功能说明如下。

● 取样大小：用来设置魔棒工具的取样范围。选择"取样点"，可对光标所在位置的像素进行取样；选择 3×3 平均，可以对光标所在位置 3 个像素区域内的平均颜色进行取样，其他选项以此类推。

● 容差：容差的取值范围是 0 ～ 255，默认值为 32。输入的值越小，选取的颜色范围越接近，选取范围则越小。图 2-12 是采用两个不同容差值选取后的效果。

图 2-12　采用不同容差值选取后的效果

- 消除锯齿：该复选框用于设置所选范围是否具备消除锯齿的功能。
- 连续：选中该复选框，表示只能选中单击处邻近区域中的相同像素；而取消选中该复选框，则能够选中符合该像素要求的所有区域。在默认情况下，该复选框总是被选中。图 2-13 是选中和取消选中该复选框时图像的前后比较效果。

图 2-13　选中和取消选中"连续"复选框时图像的前后比较效果

- 对所有图层取样：该复选框用于具有多个图层的图像。未选中它时，魔棒只对当前选中的层起作用；如选中它则对所有层起作用，此时可以选取所有层中相近的颜色区域。

提示：在使用 ![] (魔棒工具) 时，按住〈Shift〉键，可以不断扩大选区。由于魔棒工具可以选择颜色相同或者相近的整片色块，因此在一些情况下可以为用户节省大量精力，又能达到不错的处理效果。尤其是对各区域色彩相近且形状复杂的图像，使用 ![] (魔棒工具) 比使用 ![] (矩形选框工具) 和 ![] (套索工具) 要省力得多。

使用魔棒工具选取范围是十分便捷的，尤其是对色彩和色调不是很丰富，或者是仅包含某几种颜色的图像（例如，在图 2-14 中选取水鸟选区），此时若用选框工具或套索工具进行框选，其操作是十分烦琐的。但如果使用魔棒工具来选择就非常简单，其具体操作步骤如下。

1）选择工具箱中的 ![] (魔棒工具)，单击图像窗口中的蓝色区域，如图 2-15 所示。

图 2-14　打开图片　　　　　　　　　　图 2-15　单击水鸟以外选区

2）执行菜单中的"选择 | 反向"命令（快捷键〈Ctrl+Shift+I〉），将选取范围反转，此时就选取了水鸟的选区，如图 2-16 所示。

图 2-16　选取水鸟选区

2. 快速选择工具

快速选择工具的选项栏如图 2-17 所示。 （快速选择工具）图标是一支画笔＋选区轮廓，这说明它的使用方法与画笔类似。该工具能够利用可调整的圆形画笔笔尖快速"绘制"选区，也就是说用户可以像绘画一样涂抹出选区，在拖动鼠标时，选区还会向外扩展并自动查找和跟随图像中定义的边缘。

图 2-17　"快速选择工具"选项栏

下面通过选取图 2-18 中的小鸟选区实例来说明快速选择工具的使用，操作步骤如下。

1）选择工具箱中的 （快速选择工具），然后在选项栏中设置快速选择工具的笔尖参数，如图 2-19 所示。

图 2-18　打开图片

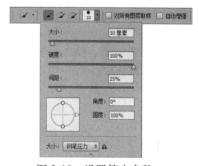

图 2-19　设置笔尖参数

2）在小鸟区域上单击并沿小鸟的身体边缘拖动鼠标，从而选取小鸟的选区，如图 2-20 所示。

图 2-20　选取小鸟选区

2.1.4 "色彩范围"命令

魔棒工具能够选取具有相同颜色的图像，但是不够灵活，当对选取范围不满意时，只能重新选取一次。因此，Photoshop CC 2015 又提供了一种比魔棒工具更具有弹性的命令——"色彩范围"命令。使用此命令创建选区，不仅可以一边预览一边调整，还可以随心所欲地完善选取范围。其具体操作步骤如下：

1）执行菜单中的"选择 | 色彩范围"命令，弹出如图 2-21 所示的对话框。

2）在"色彩范围"对话框中间有一个预览框，显示当前已经选取的图像范围。如果当前尚未进行任何选取，则会显示整个图像。下面的两个单选按钮用来设置不同的预览方式。

● 选择范围：选择该单选按钮，在预览框中只显示出被选取的范围。

● 图像：选择该单选按钮，在预览框中可显示整幅图像。

3）单击"选择"下拉列表框右侧的倒三角按钮，从弹出的下拉列表中选择一种颜色范围的选取方式，如图 2-22 所示。

图 2-21 "色彩范围"对话框

图 2-22 单击"选择"下拉列表框

其中，各选项的功能说明如下。

● 选择"取样颜色"选项，可以用吸管吸取颜色。当鼠标移向图像窗口或预览框时，会变成吸管形状，单击即可选取当前颜色。同时，可以配合颜色容差滑块进行使用。使用滑块可以调整颜色选取范围，值越大，所包含的近似颜色越多，选取的范围就越大。

● 选择"红色""黄色""绿色""青色""蓝色"和"洋红"选项，可以指定选取图像中的 6 种颜色，此时，颜色容差滑块不起作用。

● 选择"高光""中间调"和"阴影"选项，可以选取图像不同亮度的区域。

● 选择"肤色"选项，可以选取图像皮肤颜色的区域。

● 选择"溢色"选项，可以处理一些无法印刷的颜色。该选项只用于 RGB 模式下的图像。

4）单击"选区预览"下拉列表框右侧的倒三角按钮，从弹出的下拉列表中选择一种选取范围在图像窗口中显示的方式，如图 2-23 所示。

其中，各项功能的说明如下。

- 无：表示在图像窗口中不显示预览。
- 灰度：表示在图像窗口中以灰色调显示未被选取的区域。
- 黑色杂边：表示在图像窗口中以黑色显示未被选取的区域。
- 白色杂边：表示在图像窗口中以白色显示未被选取的区域。
- 快速蒙版：表示在图像窗口中以默认的蒙版颜色显示未被选取的区域。

图 2-23　选择"选区预览"方式

5）在"色彩范围"对话框中有 3 个吸管按钮，用于增加或减少选取的颜色范围。当要增加选取范围时，可以选择 ，当要减少选取范围时，可以选择 ，然后将鼠标移到预览框（或图像窗口）中单击即可完成。

6）选择"反相"复选框，可在选取范围与非选取范围之间切换，效果与执行菜单中的"图像 | 调整 | 反相"命令相同。

7）设置完成后，单击"确定"按钮，即可完成范围的选取。

2.2　图像选区的编辑

有些选区非常复杂，不一定一次就能得到需要的选区，因此在建立选区后，还需要对选区进行各种调整操作，以使选区符合需要。

2.2.1　选区的基本操作

选区的基本操作包括移动选区、增减选区范围、消除锯齿和羽化选区 4 种。

1. 移动选区

建立选区后，将鼠标移动到选区内，其指针会变成 形状，此时拖动鼠标即可移动选区。在移动选区时，使用以下小技巧可以使操作更准确。

- 开始拖动以后，按住键盘上的〈Shift〉键，可以将选区的移动方向限制为 45°的倍数。
- 按键盘上的〈↑〉、〈↓〉、〈←〉或〈→〉键，可以分别将选区向上、下、左或右移动，并且每次移动 1 像素。
- 按住〈Shift〉键，同时按键盘上的〈↑〉、〈↓〉、〈←〉或〈→〉键，可以分别将选区向上、下、左或右移动，并且每次移动 10 像素。

2. 增减选区范围

在创建选区后，还可以增加或减少选区。其具体操作步骤如下。

1）单击工具选项栏中的 （添加到选区）按钮（见图 2-24），或按住键盘上的〈Shift〉键，可以将新绘制的选区添加到已有选区中。

图 2-24　单击"添加到选区"按钮

2）单击工具选项栏中的 回（从选区减去）按钮，或按住键盘上的〈Alt〉键，可以从已有选区中删除新绘制的选区。

3）单击工具选项栏中的 回（与选区交叉）按钮，或按住键盘上的〈Alt+Shift〉组合键，可以得到新绘制选区与已有选区交叉部分的选区。

3. 消除锯齿

在使用 （套索工具）、 （多边形套索工具）、 （椭圆选框工具）或 （魔棒工具）时，各工具选项栏上都会出现一个"消除锯齿"复选框，该复选框用于消除选区边框上的锯齿。选中该复选框后，创建的选区边框会比较平滑。

要消除锯齿，必须在建立选区前就选中该复选框。一旦选区被建立，即使选中"消除锯齿"复选框，也不能使选区边框变平滑。

4. 羽化选区

通常，使用选框工具所建立选区的边缘是"硬"的，也就是说，选区边缘以内的所有像素都被选中，而选区边缘以外的所有像素都不被选中。而通过羽化则可以在选区的边缘附近形成一条过渡带，该过渡带区域内的像素逐渐由全部被选中过渡到全部不被选中。过渡边缘的宽度即为羽化半径，单位为像素。

羽化选区分为两种情况：一是在绘制选区前设置羽化值（即选前羽化）；二是在绘制选区后再对选区进行羽化（即选后羽化）。

（1）选前羽化

在工具箱中选中了某种选区工具后，工具选项栏中会出现一个"羽化"框，在该框中输入羽化数值后，即可为要创建的选区设置羽化效果。

（2）选后羽化

对已经选好的一个区域进行边缘羽化。其具体操作步骤如下。

1）打开一幅需要羽化边缘的图片，然后使用 （椭圆选框工具）绘制一个椭圆选区，如图 2-25 所示。

图 2-25　创建椭圆选区

2）设置羽化值为 0，然后执行菜单中的"选择 | 反向"命令反选选区，接着按〈Delete〉键删除背景，效果如图 2-26 所示。

3）返回到第 1）步，执行菜单中的"选择 | 羽化"命令，在弹出的"羽化选区"对话框中输入羽化数值为 100（见图 2-27），单击"确定"按钮，效果如图 2-28 所示。

图 2-26　删除选区以外部分　　图 2-27　设置羽化值　　图 2-28　羽化后效果

2.2.2　选区的修改操作

在创建选区后，可以通过菜单命令（包括扩展和收缩选区、边界选区、平滑选区、变换选区、扩大选取和选取相似等）对选区的边框进行调整，并可通过拖动控制点的方式调整选区边框的形状。

1. 扩展和收缩选区

在图像中建立选区后，可以指定选区向外扩展或向内收缩像素值。具体操作步骤如下。

1）打开一幅图片，选中要扩展或收缩的选区，如图 2-29 所示。

2）执行菜单中的"选择 | 修改 | 扩展"命令，在弹出的"扩展选区"对话框中输入数值 10（见图 2-30），单击"确定"按钮，即可将选区扩展为输入数值所对应的范围，效果如图 2-31 所示。

图 2-29　创建选区　　图 2-30　设置扩展选区参数　　图 2-31　扩展选区后的效果

3）返回到第 1）步，执行菜单中的"选择 | 修改 | 收缩"命令，在弹出的"收缩选区"对话框中输入数值 10（见图 2-32），单击"确定"按钮，即可将选区收缩为输入数值所对应的范围，效果如图 2-33 所示。

图 2-32　设置收缩选区参数　　　　图 2-33　收缩选区后的效果

2. 边界选区

边界选区是指将原来选区的边界向内收缩指定的像素值得到内框，或向外扩展指定的像素值得到外框，从而将内框和外框之间的区域作为新的选区。具体操作步骤如下：

1）打开一幅图片，选中要扩边的选区部分，如图 2-34 所示。

2）执行菜单中的"选择 | 修改 | 边界"命令，在弹出的"边界选区"对话框中输入数值 20（见图 2-35），单击"确定"按钮，即可将选区边界扩大至输入数值所对应的范围，效果如图 2-36 所示。

图 2-34　创建选区　　　　图 2-35　设置边界选区参数　　　　图 2-36　边界选区后的效果

3. 平滑选区

在使用魔棒等工具创建选区时，经常会出现一大片选区中有一些小块未被选中的情况，通过执行菜单中的"选择 | 修改 | 平滑"命令，可以很方便地去除这些小块，从而使选区变得完整。其具体操作步骤如下：

1）打开一幅图片，选中要平滑的选区部分，如图 2-37 所示。

2）执行菜单中的"选择 | 修改 | 平滑"命令，在弹出的"平滑选区"对话框中输入数值

为 20（见图 2-38），单击"确定"按钮，即可对选区进行平滑操作，效果如图 2-39 所示。

图 2-37　创建选区　　　　图 2-38　设置平滑选区参数　　　　图 2-39　平滑选区后的效果

4. 变换选区

在 Photoshop CC 2015 中不仅可以对选区进行增减、平滑等操作，还可以对选区进行翻转、旋转和自由变形操作。具体操作步骤如下：

1）打开一幅图片，选中要变换的人物选区部分，如图 2-40 所示。

2）执行菜单中的"选择 | 变换选区"命令，可以看到选区周围显示出一个矩形框，并且在矩形框上有多个控制点，如图 2-41 所示。

3）按住键盘上的〈Ctrl〉键，移动控制点的位置，从而调整选区的外形，如图 2-42 所示。

4）调整完毕后，按键盘上的〈Enter〉键，即可确认调整操作，效果如图 2-43 所示。

提示：按〈Esc〉键，则可以取消调整操作，并将选区恢复到调整前的形状。

图 2-40　选中要变换的人物选区　　　　图 2-41　"变换选区"矩形框

图 2-42　调整选区外形　　　　图 2-43　变换选区后的效果

5. 扩大选取

扩大选取是指在现有选区的基础上，将所有符合魔棒选项中指定容差范围内的相邻像素添加到现有选区中。执行菜单中的"选择 | 扩大选取"命令，可以进行扩大选取操作。图2-44为执行"扩大选取"命令前后的图像对比效果。

图 2-44　执行"扩大选取"命令前后的对比

a) 扩大选取前　b) 扩大选取后

6. 选取相似

选取相似是指在现有选区的基础上，将整幅图像中所有与原有矩形选区内的像素颜色相近的区域添加到选区中。执行菜单中的"选择 | 选取相似"命令，可以进行选取相似操作。图2-45为执行"选取相似"命令前后的图像对比效果。

图 2-45　执行"选取相似"命令前后的对比

a) 选取相似前　b) 选取相似后

2.2.3　选区的存储与载入

有时，同一个选区要使用很多次，为了便于以后操作，可以将该选区存储起来。存储后的选区将成为一个蒙版显示在"通道"面板中，当用户需要时，可以随时载入这个选区。存储选区的具体步骤如下：

1）打开一幅图片，选中要存储的选区部分，如图2-46所示。

2）执行菜单中的"选择 | 存储选区"命令，在弹出的"存储选区"对话框中设置参数，如图2-47所示。

图 2-46　选中要存储的选区部分

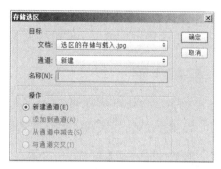

图 2-47　"存储选区"对话框

其中，各参数的功能如下。

● 文档：用于设置该选区范围的文件位置，默认为当前图像文件。如果当前有相同分辨率和尺寸的图像打开，则这些文件也会出现在列表中。用户还可以从"文档"下拉列表中选择"新建"选项，创建一个新的图像窗口进行操作。

● 通道：在该下拉列表中可以为选取的范围选择一个目的通道。默认情况下，选区会被存储在一个新通道中。

● 名称：用于设置新通道的名称。

● 操作：用于设置保存时的选取范围和原有范围之间的组合关系，其默认值为"新建通道"，其他选项只有在"通道"下拉列表中选择了已经保存的 Alpha 通道时才能使用。

3）单击"确定"按钮，即可完成对选区范围的保存。此时，在"通道"面板中将显示所保存的信息，如图 2-48 所示。

4）当需要载入之前保存的选区时，可以执行菜单中的"选择 | 载入选区"命令，此时会弹出"载入选区"对话框，如图 2-49 所示。

图 2-48　"通道"面板

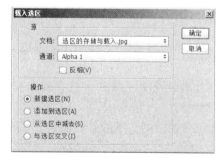

图 2-49　"载入选区"对话框

其中，各参数的功能说明如下。

● 反相：选中后，载入的内容将反相显示。

● 新建选区：选中后，新的选区将代替原有选区。

● 添加到选区：选中后，新的选区将加入到原有选区中。

● 从选区中减去：选中后，将新的选区和原有选区的重合部分从选区中删除。

● 与选区交叉：选中后，新选区与原有选区交叉。

5）单击"确定"按钮，即可载入新选区。

2.3 实例讲解

本节通过 4 个实例来对 Photoshop CC 2015 中图像选区的选取与编辑等相关知识进行具体应用，旨在帮助读者快速掌握图像选区的选取与编辑。

2.3.1 制作长颈鹿腿部增长效果

 要点：

本例将制作长颈鹿腿部增长效果，如图 2-50 所示。通过本例学习应掌握复制图层、▨（矩形选框工具）和"自由变换"命令的使用。

a)   b)

图 2-50　长颈鹿腿部增长效果

a) 原图　b) 结果图

操作步骤：

1）打开网盘中的"随书素材及结果 \2.3.1 长颈鹿腿部增长效果 \ 原图 .jpg"图片，如图 2-50a 所示。

2）为了保护原图，下面在"图层"面板中选择"背景"层，按快捷键〈Ctrl+J〉，从而复制出一个名称为"图层 1"的图层，如图 2-51 所示。

3）选择"图层 1"，然后利用选择工具箱中的▨（矩形选框工具），在选项栏中设置"羽化"值为 0，再在画面中框选长颈鹿的腿部区域，如图 2-52 所示。

4）执行菜单中的"编辑 | 自由变换"（快捷键为〈Ctrl+T〉）命令，显示出定界框，然后将下部的控制点向下拖动，如图 2-53 所示。

图 2-51　复制图层

图 2-52　框选腿部区域

图 2-53　将下部的控制点向下拖动

5）按键盘上的〈Enter〉键，确认操作，然后按快捷键〈Ctrl+D〉取消选区，最终效果如图 2-54 所示。

图 2-54　最终效果

2.3.2　制作烛光晚餐效果

 要点：

本例将利用 8 幅图片来合成一幅图片，如图 2-55 所示。通过本例的学习，读者应掌握多边形（或磁性）套索工具、魔棒工具、色彩范围、快速选择工具、选取相似等创建选区的方法，以及"贴入"命令的使用。

图 2-55　烛光晚餐效果

a) 原图 1　b) 原图 2　c) 原图 3　d) 原图 4　e) 原图 5　f) 原图 6　g) 原图 7　h) 原图 8　i) 结果图

操作步骤：

1）执行菜单中的"文件 | 打开"命令（快捷键〈Ctrl+O〉），打开网盘中的"随书素材及结果 \2.3.2 制作烛光晚餐效果 \ 原图 1.bmp"文件，如图 2-55a 所示。

2）将"原图 1.bmp"文件最小化，然后打开网盘中的"随书素材及结果 \2.3.2 制作烛光晚餐效果 \ 原图 2.bmp"文件，如图 2-55b 所示。为了方便操作，可选择工具箱中的 🔍（缩放工具），放大视图。

3）用鼠标按住 ⚲（套索工具）不放，在弹出的子菜单中选择 ⚲（多边形套索工具）。然后利用 ⚲ 沿着盘子和烤鸡的边缘拖动，创建如图 2-56 所示的选区。

> 提示：⚲ 依靠绘图者自行绘制的过程来创建选区。它可以选择极其不规则的多边形形状，因此一般用于选取复杂的，但棱角分明、边缘呈直线的图形。

4）执行菜单中的"编辑 | 复制"命令（快捷键〈Ctrl+C〉），将选取的范围进行复制，

并将"原图 2.bmp"文件关闭。然后将刚才最小化的"原图 1.bmp"文件还原，执行菜单中的"编辑 | 粘贴"命令（快捷键〈Ctrl+V〉），将复制的文件进行粘贴。粘贴后，在工具箱中选择 ![移动工具图标]（移动工具），将粘贴的对象拖动到适当的位置，要注意盘子底部与餐桌之间的距离，效果如图 2-57 所示。

图 2-56　创建盘子和烤鸡选区

图 2-57　将盘子和烤鸡粘贴到"原图 1.bmp"中

5）此时粘贴的烤鸡过大。为了解决这个问题，需执行菜单中的"编辑 | 自由变换"命令（快捷键〈Ctrl+T〉），效果如图 2-58 所示。然后按住键盘上的〈Shift〉键，将光标放置到任意一个控制角点上拖动鼠标，按等比例缩小图片到适当的尺寸，最后按键盘上的〈Enter〉键确认，效果如图 2-59 所示。

图 2-58　适当缩小烤鸡对象

图 2-59　烤鸡缩小后的效果

6）执行菜单中的"文件 | 打开"命令（快捷键〈Ctrl+O〉），打开网盘中的"随书素材及结果 \2.3.2 制作烛光晚餐效果 \ 原图 3.bmp"文件，如图 2-55c 所示。

7）选择工具箱中的 ![快速选择工具图标]（快速选择工具），然后在选项栏中设置笔尖参数如图 2-60 所示，再在画面中建立饮料杯主体部分选区，如图 2-61 所示。接着在选项栏中将笔尖大小改为 3 像素，再在画面中增加吸管选区，效果如图 2-62 所示。

8）执行菜单中的"编辑 | 复制"命令，将选区进行复制，然后将"原图 3.bmp"文件关闭。接着将最小化的"原图 1.bmp"文件还原，执行菜单中的"编辑 | 粘贴"命令，将复制的图像进行粘贴，并使用 ![移动工具图标]（移动工具）将其移到适当的位置。再通过"自由变换"命令将其缩放到适当的尺寸，效果如图 2-63 所示。

9）将"原图 1.bmp"文件最小化，执行菜单中的"文件 | 打开"命令，打开网盘中的"随书素材及结果 \2.3.2 制作烛光晚餐效果 \ 原图 4.bmp"文件，如图 2-55d 所示。

图 2-60　设置快速选择工具的笔尖参数　图 2-61　创建饮料杯主体选区　图 2-62　增加吸管选区

图 2-63　将饮料杯粘贴到"原图 1.bmp"中

10）创建蛋糕选区。观察发现，蛋糕以外的区域是同一颜色的。在这种情况下，可通过色彩范围来创建选区。具体方法：执行菜单中的"选择 | 色彩范围"命令，在弹出的对话框中选择 ![吸管工具]（吸管工具），然后在蛋糕以外单击，此时预览区域中被点选的部分变成了白色（表示它们已被选取），没被点选的部分变成了黑色，如图 2-64 所示。接着调节"颜色容差"的数值（见图 2-65）并选中"反相"复选框。单击"确定"按钮，从而创建出蛋糕选区，效果如图 2-66 所示。

图 2-64　吸取蛋糕以外区域颜色的效果　　　　图 2-65　选中"反相"复选框后的效果

11）执行菜单中的"编辑 | 复制"命令（快捷键〈Ctrl+C〉），将选区进行复制，并关闭"原图 4.bmp"文件。然后将"原图 1.bmp"文件还原，执行菜单中的"编辑 | 粘贴"命令，将复制的图像进行粘贴，并将其拖到适当的位置，效果如图 2-67 所示。

图 2-66　创建蛋糕选区

图 2-67　将蛋糕粘贴到"原图 1.bmp"中

12）将"原图 1.bmp"文件最小化，执行菜单中的"文件 | 打开"命令，打开网盘中的"随书素材及结果 \2.3.2　制作烛光晚餐效果 \ 原图 5.bmp"文件，如图 2-55e 所示。

13）选择工具箱中的 （快速选择工具）创建酒瓶选区，如图 2-68 所示。

14）执行菜单中的"编辑 | 复制"命令，将选区进行复制，然后关闭"原图 5.bmp"文件。接着将"原图 1.bmp"文件还原，执行菜单中的"编辑 | 粘贴"命令，将复制的图像贴入原图 1.bmp 中，并将其拖到适当的位置。如果大小不合适，则可以执行菜单中的"编辑 | 自由变换"命令（快捷键〈Ctrl+T〉）进行调整。调整的时候，先按住键盘上的〈Shift〉键，再用鼠标进行调整，就可以对酒瓶进行成比例的调整，效果如图 2-69 所示。

图 2-68　创建酒瓶选区

图 2-69　将酒瓶粘贴到"原图 1.bmp"中

提示："自由变换"命令用于对选择区域进行缩放和旋转等操作。执行此命令后，选择区域上会出现1 个矩形框及 8 个控制点，可以轻松地实现各种变形效果。自由变换可以实现的变形功能与"变换"子菜单下的各项变形功能基本上相同，不论是执行"自由变换"命令还是"变换"命令，都可在图像工作区内通过右击，调出快捷菜单。菜单中的选项允许在"自由变换"命令和"变换"命令之间进行切换。"变换"命令一次只能进行一项变形功能，若要进行不同的变形操作，必须不断地到"变换"菜单中挑选不同的变形命令。而"自由变换"命令在使用上更方便且更有弹性，它可以在设定变形效果时，不改变命令，即可完成多种变形功能。

15）将"原图 1.bmp"文件最小化，然后执行菜单中的"文件 | 打开"命令，打开网盘中的"随书素材及结果 \2.3.2 制作烛光晚餐效果 \ 原图 6.bmp"文件，如图 2-55f 所示。

16）选择工具箱中的 ![魔棒工具] （魔棒工具），设置容差值为 30。然后在酒杯上的任意位置单击，执行菜单中的"选择 | 选取相似"命令，将选取区域扩大。

17）如果在执行"选取相似"命令后没有完全选中酒杯，则可以再次执行"选取相似"命令。如果酒杯上还有没选中的区域，则可以按住键盘上的〈Shift〉键不放，利用 ![魔棒工具] （魔棒工具）逐一选择这些未选中的区域。最终，酒杯选区效果如图 2-70 所示。

从上面的选择来看，使用单纯的一种选择方法不能很好地完成工作，只有将多种工具、多种方法灵活应用，才能取得事半功倍的效果。

> 提示："选取相似"和"扩大选取"命令的相同点是，它们和 ![魔棒工具] （魔棒工具）一样，都是根据像素的颜色近似程度来增加选择范围。不同点在于，"扩大选取"命令只作用于相邻像素，而"选取相似"命令可针对所有颜色相近的像素。

18）执行菜单中的"编辑 | 复制"命令，将选区进行复制，然后关闭"原图 6.bmp"文件。接着将"原图 1.bmp"文件还原，执行菜单中的"编辑 | 粘贴"命令，将复制的图像进行粘贴。最后，将其拖到合适的位置并适当缩放，效果如图 2-71 所示。

图 2-70　创建的酒杯选区　　　　　图 2-71　将酒杯粘贴到"原图 1.bmp"中

19）将"原图 1.bmp"文件最小化，然后执行菜单中的"文件 | 打开"命令，打开网盘中的"随书素材及结果 \2.3.2 制作烛光晚餐效果 \ 原图 7.bmp"文件，如图 2-55g 所示。

20）选择工具箱中的 ![矩形选框工具] （矩形选框工具），如果当前该工具没有显示出来，则可以在工具上按住鼠标左键不放，直至弹出子菜单为止，然后拖动鼠标选择其中的矩形工具。

21）从图像的左上角沿对角线拖动矩形选框工具直到右下角，选择出一个矩形选区，如图 2-72 所示。

图 2-72 选择出矩形选区

22）执行菜单中的"编辑 | 复制"命令，将选区进行复制，然后关闭"原图 7.bmp"文件，并将"原图 1.bmp"文件还原。接着选择"图层"面板中的背景层，利用 ![魔棒工具]（魔棒工具）在画面的黑色区域中单击，将黑色区域选中，效果如图 2-73 所示。

图 2-73 创建黑色区域选区

23）执行菜单中的"编辑 | 选择性粘贴 | 贴入"命令（快捷键〈Alt+Shift+Ctrl+V〉），将复制的图像进行粘贴。此时，如果图像所在的位置不是很理想，则可执行菜单中的"编辑 | 自由变换"命令对图像进行调整，效果如图 2-74 所示。

图 2-74 贴入并调整图像大小

提示："贴入"命令是将剪贴板的内容粘贴到当前图形文件的一个新层中。如果是同一个图形文件，则它将被放置于与选择区域相同的位置处；如果是不同的图形文件，则该图形文件中必须有一块选择区域，这样才能在选择区域内正确放置粘贴的内容。

24）将"原图 1.bmp"文件最小化，执行菜单中的"文件 | 打开"命令，打开网盘中的"随书素材及结果 \2.3.2 制作烛光晚餐效果 \ 原图 8.bmp"文件，如图 2-55h 所示。

25）用鼠标左键按住工具箱中的□（套索工具）不放，在弹出的子菜单中选择□（磁性套索工具），然后把鼠标移动到图像上，在筷子盒的边界处单击开始选取。选取的时候，磁性套索工具会根据颜色的相似性选择出不规则的区域。最终，筷子盒选区的效果如图 2-75 所示。

图 2-75　创建筷子盒选区

26）执行菜单中的"编辑 | 复制"命令，将选区进行复制，然后关闭"原图 8.bmp"文件，并将"原图 1.bmp"文件还原。接着执行菜单中的"编辑 | 粘贴"命令，将复制的图像进行粘贴，并将其拖到适当的位置，如图 2-76 所示。

27）按住键盘上的〈Alt+Shift〉组合键，选择工具箱中的▶+（移动工具），水平复制筷子盒到对应的位置，最终效果如图 2-77 所示。

图 2-76　将筷子盒粘贴到"原图 1.bmp"中　　　　图 2-77　复制筷子盒

2.3.3　制作立方体效果

 要点：

本例将利用 4 幅图片来制作立方体效果，如图 2-78 所示。通过本例的学习，读者应掌握魔棒工具、画笔工具以及图层效果的综合应用。

图 2-78 立方体效果

a) 原图 1 b) 原图 2 c) 原图 3 d) 原图 4 e) 结果图

操作步骤:

1) 分别打开网盘中的"随书素材及结果 \2.3.3 制作立方体效果 \1.jpg""2.jpg""3.jpg"和"4.jpg"文件，如图 2-78 所示。

2) 选择工具箱中的 ▶ (移动工具)，分别将 1.jpg、2.jpg 和 3.jpg 文件拖到 4.jpg 文件中，此时的图层分布及效果如图 2-79 所示。

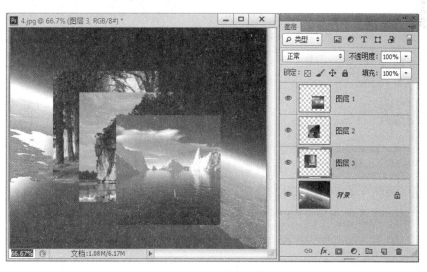

图 2-79 图层分布及效果

3）在"图层"面板上单击"图层1"和"图层2"前面的眼睛图标，使这两个图层暂时不显示；如图2-80所示。

4）确定当前图层为"图层3"，使用快捷键〈Ctrl+T〉进行变形，变形后的效果如图2-81所示。

　　提示：使用时按住键盘上的〈Ctrl+Shift〉组合键，单击左边线中间的一个调整句柄，可以使对象倾斜变形。

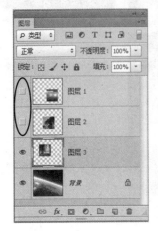

图2-80　隐藏"图层1"和"图层2"　　　　　　图2-81　对"图层3"进行变形

5）选择并显示"图层2"，如图2-82所示。

6）确定当前图层为"图层2"，使用快捷键〈Ctrl+T〉进行变形，变形后的效果如图2-83所示。

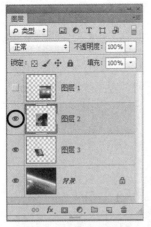

图2-82　显示"图层2"　　　　　　　　　图2-83　对"图层2"进行变形

7）同理，选择并显示"图层1"，如图2-84所示。

8）确定当前图层为"图层1"，使用快捷键〈Ctrl+T〉进行变形，变形后的效果如图2-85所示。

　　提示：在变形时，直接拖动8个调整句柄可以进行按比例变形，将鼠标放到调整句柄的外围可以使对象进行旋转。若按住〈Ctrl〉键拖动4个顶点处的调整句柄，则可改变单个点的位置；若按住〈Ctrl〉

键拖动边线中间的调整句柄，则可以倾斜对象；若同时按住〈Shift〉键，则可以保证变形方向为水平或垂直。

图 2-84　显示"图层 1"

图 2-85　对"图层 1"进行变形

9）按住键盘上的〈Ctrl〉键，同时选中"图层 1""图层 2"和"图层 3"，然后单击"图层"面板下方的 🔗（链接图层）按钮，将 3 个图层链接在一起（见图 2-86），这样就可以同时对 3 个图层进行变形了。再次使用快捷键〈Ctrl+T〉对 3 个图层上的对象同时进行变形，并将鼠标放到对象调整范围以外旋转对象，最终效果如图 2-87 所示。

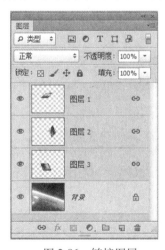

图 2-86　链接图层

图 2-87　最终效果

2.3.4　制作十字螺钉效果

 要点：

本例将制作一枚十字螺钉的螺钉头，如图 2-88 所示。通过本例的学习，读者应掌握"反选选区""存储选区"和"调用选区"命令的使用，以及对已有选区羽化值的设定方法。

图 2-88　十字螺钉头

 操作步骤：

1）执行菜单中的"文件 | 新建"命令，在弹出的对话框中设置参数，如图 2-89 所示。

2）执行菜单中的"视图 | 标尺"（快捷键为〈Ctrl+R〉）命令，调出标尺。然后右击标尺，从弹出的菜单中选择"像素"，如图 2-90 所示。

图 2-89　"新建"对话框　　　　　　　　　　图 2-90　选择"像素"

3）从标尺中拉出水平和垂直两条参考线，效果如图 2-91 所示。

4）选择工具箱中的 (椭圆选框工具)，按住〈Alt+Shift〉组合键，以参考线交叉点为中心绘制正圆形选区，效果如图 2-92 所示。

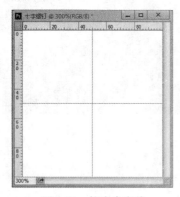

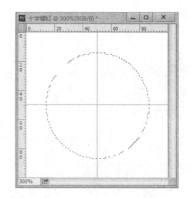

图 2-91　拉出参考线　　　　　　　　　　图 2-92　绘制正圆形选区

5）存储选区：执行菜单中的"选择 | 存储选区"命令，在弹出的对话框中设置参数，如图 2-93 所示，单击"确定"按钮，此时会产生一个名为"Alpha1"的通道，如图 2-94 所示。

图 2-93 设置"存储选区"参数

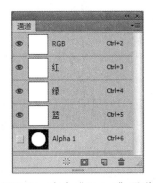

图 2-94 产生"Alpha1"通道

6) 对正圆形选区进行填充：执行菜单中的"编辑 | 填充"命令，在弹出的对话框中设置参数如图 2-95 所示，单击"确定"按钮，效果如图 2-96 所示。

图 2-95 设置"填充"参数

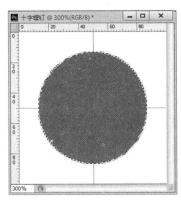

图 2-96 填充后的效果

7) 对选区进行羽化：选择工具箱中的选区工具，在画面上右击，然后在弹出的菜单中选择"羽化"命令，接着在弹出的对话框中设置参数如图 2-97 所示，最后单击"确定"按钮。

8) 按快捷键〈Ctrl+R〉隐藏选区，然后执行菜单中的"选择 | 反向"命令反选选区，效果如图 2-98 所示。

图 2-97 设置"羽化选区"参数

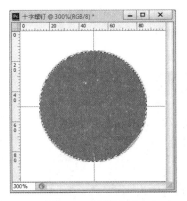

图 2-98 反选选区

9) 按键盘上的〈F〉和〈H〉键各两次，使选区向左和向上各移动两个像素，效果如

图 2-99 所示。然后执行菜单中的"编辑|填充"命令，用黑色填充选区，效果如图 2-100 所示。

10）按键盘上的〈G〉和〈I〉键各 4 次，使选区向右和向下各移动 4 个像素，然后执行菜单中的"编辑|填充"命令，用白色（RGB 值为 (255, 255, 255)）填充选区，效果如图 2-101 所示。

 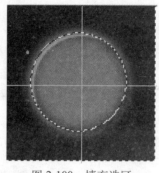 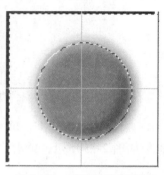

图 2-99　移动选区　　　　图 2-100　填充选区　　　　图 2-101　移动并填充选区

11）按快捷键〈Ctrl+D〉取消选区，然后执行菜单中的"选择|载入选区"命令，在弹出的对话框中设置参数如图 2-102 所示，单击"确定"按钮。

12）执行菜单中的"选择|反向"命令，然后用黑色填充选区，效果如图 2-103 所示。

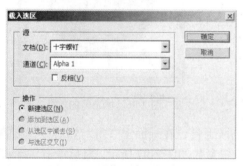 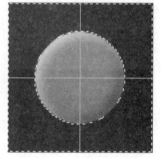

图 2-102　"载入选区"对话框　　　　图 2-103　用黑色填充选区

13）按快捷键〈Ctrl+D〉取消选区。

14）选择工具箱中的 ▨（矩形选框工具），绘制矩形选区如图 2-104 所示。然后按住〈Shift〉键添加选区，如图 2-105 所示。

15）按住键盘上的〈H〉键向上移动选区，效果如图 2-106 所示。

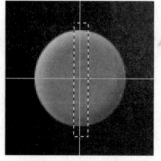 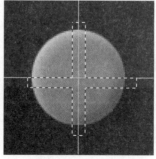 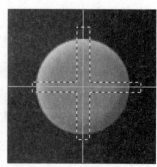

图 2-104　绘制矩形选区　　　　图 2-105　添加选区　　　　图 2-106　向上移动选区

16）制作十字螺钉头的凹陷效果：用黑色填充十字选区，效果如图 2-107 所示。然后利用键盘上的〈I〉和〈G〉键将选区向下和向右各移动两个像素，接着用白色填充，效果如图 2-108 所示。

17）利用键盘上的〈F〉和〈H〉键将选区向左和向上各移动一个像素，并用 50% 的灰色填充选区，效果如图 2-109 所示。

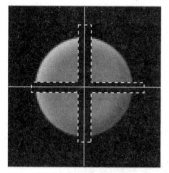
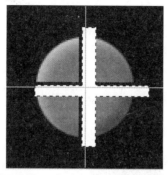
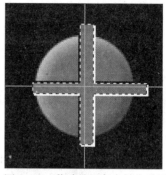

图 2-107　用黑色填充选区　　　图 2-108　移动并用白色填充选区　　图 2-109　移动并用灰色填充选区

18）执行菜单中的"选择|载入选区"命令，载入选区。然后执行菜单中的"选择|反向"命令，反选选区。接着用黑色填充选区，最终效果如图 2-110 所示。

图 2-110　十字螺钉头的最终效果

2.4　课后练习

1. 填空题

1）执行菜单中的 _____ | _____ | _____ 命令，可以弹出"平滑选区"对话框。

2）魔棒工具的容差默认值为 _____。

2. 选择题

1）_____ 是基于图像中相邻像素的颜色近似程度来进行选择的。

　　A. 套索工具　　B. 多边形套索工具　　C. 魔棒工具　　D. 磁性套索工具

2）在原有选区的基础上，按 _____ 键时可以进行添加选区操作。

　　A. Alt　　　　B. Ctrl　　　　C. Shift　　　　D. Tab

3）可以通过 _____ 操作使选区与其周边像素的过渡边缘模糊。

　　A. 渐变　　　　B. 羽化　　　　C. 柔化　　　　D. 图案

4）选择工具箱上的椭圆选框工具，在新建选区时，按住 _____ 键可以创建圆形选区。

    A. Alt   B. Ctrl   C. Shift   D. Tab

5）"取消选区"的快捷键是 _____。

    A. Ctrl+E   B. Ctrl+D   C. Shift+D   D. Ctrl+Alt+D

3. 问答题

1）创建选区的方法有哪些？分别是什么？

2）"扩大选取"和"选取相似"的区别是什么？

3）简述快速选择工具的使用方法。

4. 操作题

1）练习 1：利用如图 2-111 所示的图片（见网盘），制作出如图 2-112 所示的效果。

图 2-111　原图　　　　　　　　　　　　　图 2-112　效果图

2）练习 2：制作出如图 2-113 所示的八卦图效果。

图 2-113　八卦图效果

第 3 章　Photoshop CC 2015 工具与绘图

Photoshop CC 2015 工具箱中包含绘图工具、填充工具、图章工具、橡皮擦工具、图像修复工具和修饰工具等常用工具。学习本章，读者应掌握这些工具的用途和使用技巧。

本章内容包括：

■ 绘图工具的使用
■ 填充工具的使用
■ 图章工具的使用
■ 橡皮擦工具的使用
■ 图像修复工具的使用
■ 图像修饰工具的使用
■ 图像裁剪工具的使用
■ 内容识别比例的使用
■ 操控变形的使用

3.1　绘图工具

Photoshop CC 2015 中的绘图工具主要有 ![icon]（画笔工具）和 ![icon]（铅笔工具）两种，利用它们可以绘制出各种效果。

3.1.1　画笔工具

使用 ![icon]（画笔工具）可以绘制出比较柔和的线条，其线条效果如同用毛笔画出的一样。在使用画笔绘图工具时，必须在工具栏中选定一个适当大小的画笔，才可以绘制图像。

1. 画笔的功能

选择工具箱中的 ![icon]（画笔工具），此时，工具选项栏将切换到"画笔工具"选项栏，如图 3-1 所示。其中有一个"画笔"选项，单击其右侧的小三角按钮，将打开一个下拉面板（见图 3-2），从中可以选择不同大小的画笔。此外，单击工具栏右侧的 ![icon]（切换画笔面板）按钮，同样会打开一个"画笔"面板，在此也可以选择画笔，如图 3-3 所示。

在"画笔"面板中，Photoshop CC 2015 提供了多种不同类型的画笔，使用不同类型的画笔可以绘制出不同的效果，如图 3-4 所示。

2. 新建和自定义画笔

虽然 Photoshop CC 2015 提供了多种类型的画笔，但在实际应用中仍不能完全满足需要。为此，Photoshop CC 2015 还提供了新建画笔的功能。新建画笔的具体操作步骤如下。

1）执行菜单中的"窗口 | 画笔"命令，调出"画笔"面板，单击 ![icon] 按钮，从弹出的下拉菜单中选择"新建画笔预设"命令，如图 3-5 所示。

提示：另外，可以单击"画笔"面板右下角的 ![icon]（创建新画笔）按钮来新建画笔。

图 3-1　"画笔工具"选项栏

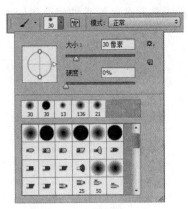

图 3-2　"画笔"下拉面板

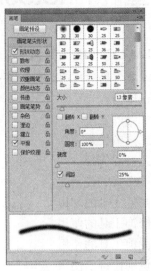

图 3-3　"画笔"面板

图 3-4　使用不同类型的画笔绘制出不同的效果

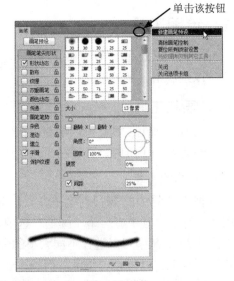

图 3-5　选择"新建画笔预设"命令

2）在弹出的"画笔名称"对话框（见图 3-6）中输入画笔名称，单击"确定"按钮，即可建立一个与所选画笔相同的新画笔。

图 3-6　"画笔名称"对话框

3）对新建的画笔进行参数设置。具体方法：选中要设置的画笔，然后在"主直径"滑杆上拖动滑标调整画笔直径，如图 3-7 所示。

使用上述方法建立的画笔是圆形或椭圆形的，是平时较常用的画笔。在 Photoshop CC 2015 中，还可以自定义一些特殊形状的画笔，其操作步骤如下。

1）执行菜单中的"文件|新建"命令，新建一个图像文件。然后利用工具箱中的 （椭圆选框工具）绘制一个圆形选区，接着对其进行圆形渐变填充，如图 3-8 所示。

2）执行菜单中的"编辑|定义画笔预设"命令，在弹出的"画笔名称"对话框（见图 3-9）中输入画笔名称，单击"确定"按钮。

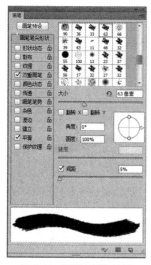

图 3-7　调整画笔直径　　　图 3-8　对圆形选区进行　　　图 3-9　输入画笔名称
　　　　　　　　　　　　　　　　圆形渐变填充

3）此时在"画笔"面板中会出现一个新画笔，对该画笔进行进一步设置，如图 3-10 所示。使用该画笔可制作出链状小球效果，如图 3-11 所示。

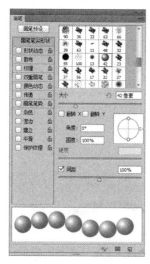

图 3-10　进一步设置画笔参数　　　　　　图 3-11　链状小球效果

3．更改画笔设置

对于原有的画笔，其画笔直径、间距及硬度等不一定符合绘画的要求，此时可以对已有画笔进行再次设置。具体操作步骤如下。

1）选择工具箱中的 （画笔工具），然后打开"画笔"面板。

2）选择面板左侧的"画笔笔尖形状"选项，如图 3-12 所示。然后在右上方选中要进行设置的画笔，在下方设置画笔的直径、角度、圆度、硬度及间距等选项。

其中，各项参数的说明如下。

- 大小：定义画笔直径。设置时可在文本框中输入 1 ~ 2500 像素的数值，或直接用鼠标拖动滑杆进行调整。

- 角度：用于设置画笔角度。设置时可在"角度"文本框中输入 –180 ~ 180 的数值，或用鼠标拖动右侧框中的箭头进行调整。

- 圆度：用于控制椭圆形画笔长轴和短轴的比例。设置时可在"圆度"文本框中输入 0 ~ 100 的数值。

- 硬度：定义画笔边界的柔和程度。取值范围为 0% ~ 100%，该值越小，画笔越柔和。

图 3-12　选择"画笔笔尖形状"选项

- 间距：用于控制绘制线条时，两个绘制点之间的中心距离。取值范围为 1% ~ 1000%，数值为 25% 时，能绘制比较平滑的线条；数值为 150% 时，绘制出的是断断续续的圆点。图 3-13 为不同间距值的比较。

3）除了设置上述参数外，还可以设置画笔的其他效果。例如，选中"画笔"面板左侧的"纹理"复选框，可以设置画笔的纹理效果，此时面板如图 3-14 所示。此外，还可以设置"形状动态""散布""双重画笔"等效果。

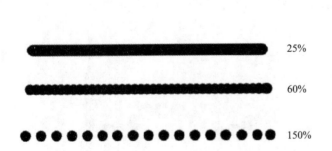

图 3-13　不同间距值的比较

图 3-14　选中"纹理"复选框

4. 保存、载入、删除和复位画笔

建立新画笔后，还可以进行保存、载入、删除和重置画笔等操作。

（1）保存画笔

为了方便以后使用，可以将整个"画笔"面板的设置保存起来。具体方法：单击"画笔"

面板右上角的 按钮（见图 3-15），从弹出的下拉菜单中选择"存储画笔"命令，然后在弹出的"存储"对话框中输入保存的名称，如图 3-16 所示，单击"保存"按钮。保存后的文件格式为 ABR。

（2）载入画笔

保存画笔后，可以根据需要随时将其载入。具体方法：单击"画笔"面板右上角的按钮，从弹出的下拉菜单中选择"载入画笔"命令，然后在弹出的如图 3-17 所示的"载入"对话框中选择需要载入的画笔，单击"载入"按钮即可。

（3）删除画笔

在 Photoshop CC 2015 中，可以删除多余的画笔。具体方法：在"画笔"面板中选择相应的画笔，然后右击，从弹出的快捷菜单中选择"删除画笔"命令。或者，将要删除的画笔拖到 （删除画笔）按钮上即可。

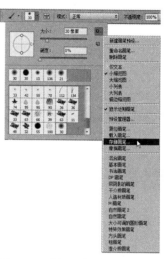

图 3-15 选择"存储画笔"命令

图 3-16 输入保存的名称

图 3-17 选择需要载入的画笔

（4）复位画笔

如果要恢复"画笔"面板的默认状态，则可以单击"画笔"面板右上角的按钮，从弹出的下拉菜单中选择"复位画笔"命令。

3.1.2 铅笔工具

（铅笔工具）常用来画一些棱角突出的线条。选择工具箱中的 （铅笔工具），此时工具栏将切换到"铅笔工具"选项栏，如图 3-18 所示。铅笔工具的使用方法和画笔工具类似，

只不过 （铅笔工具）工具栏中的画笔都是硬边的，如图 3-19 所示。因此，使用铅笔绘制出来的直线或线段都是硬边的。

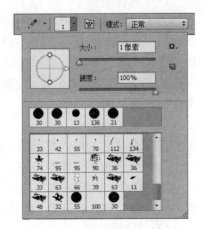

图 3-18 "铅笔工具"选项栏   图 3-19 "铅笔工具"下拉面板

另外，铅笔工具还有一个特有的"自动抹除"复选框。其作用是帮助铅笔工具实现擦除功能。也就是说，在与前景色颜色相同的图像区域中绘图时，会自动擦除前景色而填入背景色。

3.1.3 颜色替换工具

（颜色替换工具）可以用前景色替换图像中的颜色。选择工具箱中的（颜色替换工具），此时工具栏将切换到"颜色替换工具"选项栏，如图 3-20 所示。

图 3-20 "颜色替换工具"选项栏

该选项栏的主要参数含义如下。

- 模式：用来设置可以替换的颜色属性，包括"色相""饱和度""颜色"和"明度"4 个选项。默认为"颜色"，它表示可以同时替换色相、饱和度与明度。
- 取样：用来设置取样的方式。激活（取样：连续）按钮，然后拖动鼠标可连续对颜色取样；激活（取样：一次）按钮，则只会替换包含第一次单击的颜色区域中的目标颜色；激活（取样：背景色板）按钮，则只会替换包含当前背景色的区域。
- 限制：包括"不连续"和"连续"两个选项。选择"不连续"，可替换出现在光标下任何位置的样本颜色；选择"连续"，则只会替换与光标下的颜色相近的颜色。
- 容差：用来设置颜色替换工具的容差，颜色替换工具只会替换鼠标单击点的颜色容差范围内的颜色。该值越高，包含的颜色范围越广。

● 消除锯齿：勾选该项，可以为校正的区域定义平滑的边缘，从而消除锯齿。

图 3-21 为原图（网盘中的"随书素材及结果 \3.1.3　颜色替换工具 \ 原图 .jpg"），图 3-22 为使用 （颜色替换画笔）将人物的头发分别替换为金黄色和红色的效果。

图 3-21　原图

a)　　　　　　　　　　　　　　b)

图 3-22　结果图

a) 替换为金黄色　b) 替换为红色

3.1.4　混合器画笔工具

（混合器画笔工具）可以模拟真实的绘画效果，并且可以混合画笔颜色和使用不同的绘画湿度。选择工具箱中的 （混合器画笔工具），此时工具栏将切换到"混合器画笔工具"选项栏，如图 3-23 所示。

图 3-23　"混合器画笔工具"选项栏

该选项栏的主要参数含义如下。

● 当前画笔载入弹出菜单：单击储槽右侧的 · 按钮，可以弹出一个下拉菜单，如图 3-24 所示。使用 （混合器画笔工具）时，如果选择"载入画笔"选项，则按住〈Alt〉键单击图像，可以将光标下方的图像载入到储槽中，如图 3-25 所示；如果选择"清理画笔"选项，则可以清除储槽中的画笔；如果选择"只载入纯色"选项，则按住〈Alt〉键单击图像，可以将光标下面的颜色载入到储槽中，如图 3-26 所示。

● （每次描边后载入画笔）/ （每次描边后清理画笔）：激活 （每次描边后载入画笔）按钮，可以使光标下的颜色与前景色相混合；激活 （每次描边后清理画笔）按钮，可以清除油彩。

● 预设：该下拉列表中提供了干燥、潮湿等预设的画笔组合，如图 3-27 所示。选择相应的画笔组合，即可绘制不同的涂抹效果。图 3-28 为使用不同画笔预设的绘制效果。

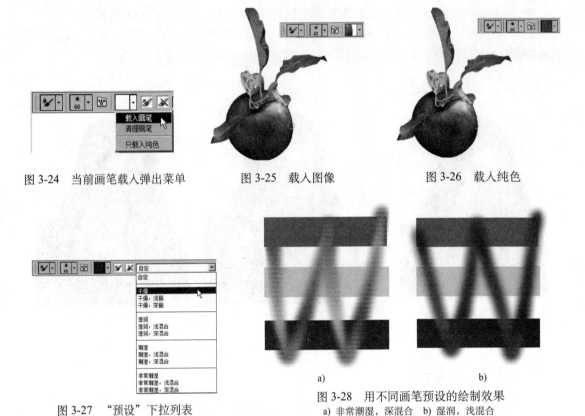

图 3-24　当前画笔载入弹出菜单　　图 3-25　载入图像　　图 3-26　载入纯色

a)　　　　　　　　　　b)
图 3-28　用不同画笔预设的绘制效果
a) 非常潮湿，深混合　b) 湿润，浅混合

图 3-27　"预设"下拉列表

- 潮湿：用来控制画笔从画布拾取的油彩量。较高的数值会产生较长的绘画条痕。
- 载入：用来指定储槽中载入的油彩量。数值越低，绘画描边干燥的速度越快。
- 混合：用来控制油彩量同储槽油彩量的比例。比例为 100% 时，所有油彩将从画布中拾取；比例为 0% 时，所有油彩都来自储槽。
- 流量：用来控制混合画笔的流量大小。
- 对所有图层取样：勾选该项，将拾取所有图层中的画布颜色。

3.2　历史画笔工具

历史画笔工具包括 和 两种，下面介绍它们的具体使用方法。

3.2.1　历史记录画笔工具

使用 ![icon]（历史记录画笔工具）可以很方便地恢复图像，并且在恢复图像的过程中允许自由调整恢复图像的某一部分。该工具常与"历史记录"面板配合使用，其具体操作步骤如下：

1）打开一幅图片（网盘中的"随书素材及结果 \ 历史画笔工具 .jpg"），如图 3-29 所示。

2）执行菜单中的"窗口 | 历史记录"命令，调出"历史记录"面板。此时，面板中已经有一个历史记录，名为"打开"，如图 3-30 所示。

图 3-29　打开图片

图 3-30　"历史记录"面板

3）选择工具箱中的 ▦（渐变工具），设置渐变类型为 ▦（线性渐变），然后在图像工作区中从上往下拖动，效果如图 3-31 所示。

4）选择工具栏中的 ✐（历史记录画笔工具），设置画笔模式为 ▦，然后在图像上拖动鼠标，效果如图 3-32 所示。

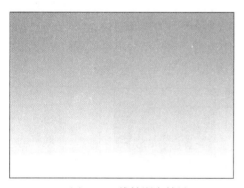

图 3-31　线性渐变效果

图 3-32　利用"历史记录画笔工具"处理后的效果

3.2.2　历史记录艺术画笔工具

✐（历史记录艺术画笔工具）也有恢复图像的功能，其操作方法和 ✐（历史记录画笔工具）类似。它们的不同点在于，✐（历史记录画笔工具）可以将局部图像恢复到指定的某一步操作，而 ✐（历史记录艺术画笔工具）则可以将局部图像按照指定的历史状态转换成手绘的效果。下面继续用刚才的实例进行讲解，其具体操作步骤如下。

1）选择工具箱中的 ✐（历史记录艺术画笔工具），此时工具选项栏如图 3-33 所示。

图 3-33　"历史记录艺术画笔工具"选项栏

2）在图像工作区的四周拖动鼠标，效果如图 3-34 所示。

3）将选项栏的"样式"改为"紧绷卷曲长"，然后在图像工作区的四周进行拖动，效果如图 3-35 所示。

图 3-34 "绷紧短"样式的效果

图 3-35 "紧绷卷曲长"样式的效果

3.3 填充工具

填充工具包括 ▣（渐变工具）和 ▣（油漆桶工具）两种，下面介绍其使用方法。

3.3.1 渐变工具

使用 ▣（渐变工具）可以绘制出多种颜色间的逐渐混合，其实质是在图像或图像的某一区域中添加一种具有多种颜色过渡的混合色。该混合色可以是从前景色到背景色的过渡，也可以是前景色与透明背景间的相互过渡，或者是其他颜色间的相互过渡。

渐变工具包括 5 种渐变类型，它们分别是 ▣（线性渐变）、▣（径向渐变）、▣（角度渐变）、▣（对称渐变）和 ▣（菱形渐变）。图 3-36 所示为这几种渐变类型的比较。

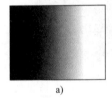 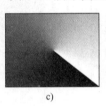 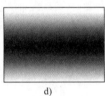 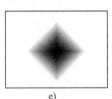
a)　　　　　　　　 b)　　　　　　　　 c)　　　　　　　　 d)　　　　　　　　 e)

图 3-36 渐变类型的比较
a) 线性　b) 径向　c) 角度　d) 对称　e) 菱形

1. 使用已有的渐变色填充图像

使用已有的渐变色填充图像的操作步骤如下：

1）选择工具箱中的 ▣（渐变工具），然后在选项工具栏中设置渐变参数，如图 3-37 所示。

2）将鼠标移到图像中，从上往下拖动鼠标，即可在图像中填充渐变色，如图 3-38 所示。

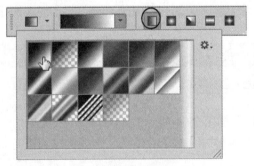
图 3-37 设置渐变参数

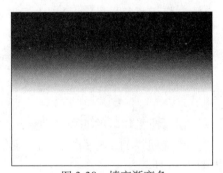
图 3-38 填充渐变色

2. 使用自定义渐变色填充图像

使用自定义渐变色填充图像的操作步骤如下。

1）选择工具箱中的 （渐变工具），然后在选项工具栏中单击 ▓▓▓▓▓▓▓ ，弹出如图 3-39 所示的"渐变编辑器"对话框。

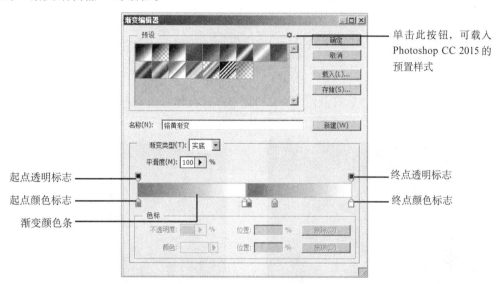

图 3-39　"渐变编辑器"对话框

2）新建渐变色。单击"新建"按钮，此时在"预设"框中将多出一个渐变样式，如图 3-40 所示。然后选择新建的渐变色，在此基础上进行编辑。

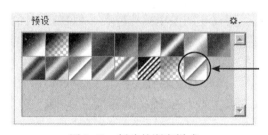

图 3-40　新建的渐变样式

3）在"名称"文本框中输入新建渐变的名称，然后在"渐变类型"下拉列表中选择"实底"选项。接着分别单击起点和终点的颜色标志，在"色标"选项组的"颜色"下拉列表中更改颜色。

4）将鼠标放在颜色条下方，如图 3-41 所示。单击一下，即可添加一个颜色滑块，然后单击该滑块调整其颜色，并调整其在颜色条上的位置，如图 3-42 所示。

图 3-41　添加颜色滑块　　　　　　　　图 3-42　调整滑块颜色

5）添加透明蒙版。在渐变颜色条上方选择起点透明标志，将其位置定为 0%，不透明度定为 100%。然后选择终点透明标志，将其位置定为 100%，不透明度定为 100%。接着在

50% 处添加一个透明标志，将其不透明度定为 0%，效果如图 3-43 所示。

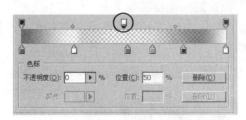

图 3-43　设置不透明度

6）单击"确定"按钮，然后打开网盘中的"随书素材及结果\渐变工具.jpg"图片，如图 3-44 所示，再使用新建的渐变色对其进行线性填充，效果如图 3-45 所示。

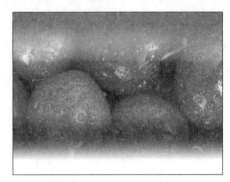

图 3-44　打开图片　　　　　　　　　图 3-45　线性填充后效果

3.3.2　油漆桶工具

使用 █（油漆桶工具）可以在图像中填充颜色，但它只对图像中颜色接近的区域进行填充。油漆桶工具类似于 █（魔棒工具），在填充时会先对单击处的颜色进行取样，确定要填充颜色的范围。可以说，█ 是 █ 和填充命令功能的结合。

在使用 █ 填充颜色之前，需要先设定前景色，然后才可以在图像中单击以填充前景色。图 3-46 为原图（网盘中的"随书素材及结果\油漆桶工具.jpg"），使用 █（油漆桶工具）填充后的效果如图 3-47 所示。

图 3-46　原图　　　　　　　　　　图 3-47　填充后的效果

要使油漆桶工具在填充颜色时更准确，可以在其选项工具栏中设置参数，如图 3-48 所示。

如果在"填充"下拉列表中选择"前景"选项，则以前景色进行填充；如果选择"图案"选项，则工具栏中的"图案"下拉列表框会被激活，从中可以选择已经定义的图像进行填充。

提示：若选中"所有图层"复选框，（油漆桶工具）将对所有层中的颜色进行取样并填充。

图 3-48　选择"图案"选项

3.3.3　内容识别填充

"内容识别填充"命令可以让用户使用创建的选区周围的内容来填充选区，从而去除图像中多余的部分。下面通过一个实例来说明"内容识别填充"命令的使用，具体操作步骤如下。

1）执行菜单中的"文件｜打开"命令，打开网盘中的"随书素材及结果 \3.3.3　内容识别填充 \ 原图 .jpg"图片。

2）选择工具箱中的 （套索工具），在选项栏中设置"羽化"值为 0，然后在画面中创建出人物的大体选区，如图 3-49 所示。

3）按住键盘上的〈Shift〉键，在画面上加选要进行识别填充的马和羊的选区，如图 3-50 所示。

图 3-49　创建出人物的大体选区　　　　图 3-50　加选马和羊的选区

4）执行菜单中的"编辑｜填充"命令，从弹出的"填充"对话框中选择"内容"选项组中"使用"右侧下拉列表中的"内容识别"选项，如图 3-51 所示，单击"确定"按钮。然后按快捷键〈Ctrl+D〉，取消选区，最终效果如图 3-52 所示。

图 3-51　选择"内容识别"选项

图 3-52　最终效果

3.4 图章工具

图章工具包括 ![](仿制图章工具）和 ![](图案图章工具）两种，主要用于图像的复制。下面讲解它们的具体使用方法。

3.4.1 仿制图章工具

![](仿制图章工具）是一种复制图像的工具，其原理类似于现在流行的生物克隆技术，即在要复制的图像上取一个样点，然后复制整个图像。其选项栏如图 3-53 所示，使用 ![](仿制图章工具）的具体操作步骤如下。

图 3-53 "仿制图章工具"选项栏

1）打开网盘中的"随书素材及结果 \3.4.1 仿制图章工具 \ 原图 .jpg"图片，如图 3-54 所示。

2）选择工具箱中的 ![](仿制图章工具），按住〈Alt〉键，此时光标变为 ⊕ 形状，在要选择复制的起点处单击，然后松开〈Alt〉键。

3）拖动鼠标在图像的任意位置处进行复制，效果如图 3-55 所示。

图 3-54 原图　　　　　　　图 3-55 利用"仿制图章工具"复制后的效果

3.4.2 图案图章工具

![](图案图章工具）是以预先定义的图案为复制对象进行复制，可以将定义的图案复制到图像中。对于图案，可以从库中选择已有图案或者创建自己的图案，其选项栏如图 3-56 所示。

图 3-56 "图案图章工具"选项栏

单击"图案"下拉列表框右边的小三角按钮，将弹出"图案"下拉列表，可以选取已经预设的图案，如图 3-57 所示。另外，单击右上角的 ⚙ 按钮，可以从弹出的下拉菜单中选择"新建图案""载入图案""存储图案"和"删除图案"等命令，如图 3-58 所示。

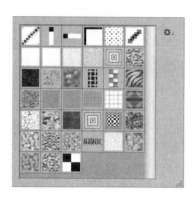

图 3-57　"图案"下拉列表　　　　图 3-58　"图案图章工具"的快捷菜单

除了可以从图案库中载入图案外，还可以从现有的图像中自定义全部或一个区域的图像。其具体操作步骤如下。

1）打开网盘中的"随书素材及结果 \3.4.2　图案图章工具 \ 原图 1.jpg"图片，然后使用工具箱中的▦（矩形选框工具）选取部分区域的图像，如图 3-59 所示。

2）执行菜单中的"编辑 | 定义图案"命令，在弹出的对话框中设置参数如图 3-60 所示，单击"确定"按钮。

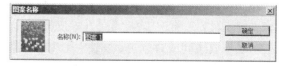

图 3-59　创建矩形选区　　　　　图 3-60　输入图案名称

3）打开网盘中的"随书素材及结果 \3.4.2　图案图章工具 \ 原图 2.jpg"，如图 3-61 所示。然后选择工具箱中的▨（图案图章工具），再在选项栏中选择相应的笔尖，并将图案设置为前面定义好的鲜花图案（图案 1），如图 3-62 所示，接着在图像下部拖动鼠标，效果如图 3-63 所示。

图 3-61　原图 2

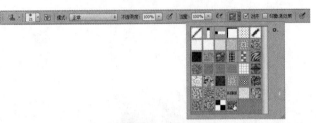

图 3-62　设置 ▣（图案图章工具）的参数

3.4.3　"仿制源"面板

使用 ▣（仿制图章工具）或 ▣（修复画笔工具）时，可以通过"仿制源"面板设置不同的样本源（最多可以设置 5 个样本源），并且可以查看样本源的叠加，以便在特定位置进行复制。另外，通过"仿制源"面板还可以缩放或旋转样本源，以更好地匹配仿制目标的大小和方向。执行菜单中的"窗口|仿制源"命令，打开"仿制源"面板，如图 3-64 所示。关于该面板的具体使用方法请参见"3.11.3　去除照片中的人物"。

图 3-63　利用"图案图章工具"处理后的效果

图 3-64　"仿制源"面板

3.5　擦除工具

Photoshop CC 2015 的擦除工具包括 ▣（橡皮擦工具）、▣（背景橡皮擦工具）和 ▣（魔术橡皮擦工具）3 种。其中，▣（橡皮擦工具）和 ▣（魔术橡皮擦工具）可用于将图像的某些区域抹成透明或背景色；▣（背景橡皮擦工具）可用于将图层抹成透明。下面讲解具体的使用方法。

3.5.1　橡皮擦工具

▣（橡皮擦工具）可以擦除图像。图 3-65 为该工具的选项栏。

图 3-65　"橡皮擦工具"选项栏

该选项栏的主要参数含义如下。

- 模式：用于选择橡皮擦的种类，包括"画笔""铅笔"和"块"3 个选项。选择"画笔"，可创建柔边擦除效果，如图 3-66 所示；选择"铅笔"，可创建硬边擦除效果，如图 3-67 所示；选择"块"，则会以块的方式擦除，如图 3-68 所示。

图 3-66　"画笔"擦除效果　　　　图 3-67　"铅笔"擦除效果　　　　图 3-68　"块"擦除效果

- 不透明度：用来设置工具的擦除强度。当不透明度为 100% 时，可以完全擦除像素；当不透明度小于 100% 时，将部分擦除像素。将"模式"设置为"块"时，不能使用该项。
- 流量：用来设置工具的涂抹程度。
- 抹到历史记录：与历史记录画笔工具的作用相同。勾选该项后，在"历史记录"面板中选择一个状态或快照，在擦除时，可以将图像恢复到指定状态。

使用 ![橡皮擦工具图标]（橡皮擦工具）的操作步骤如下。

1）打开网盘中的"随书素材及结果 \ 橡皮擦工具 .jpg"，如图 3-69 所示。

2）选择工具箱中的 ![橡皮擦工具图标]（橡皮擦工具），设置背景色为白色，在选项工具栏中设置画笔为 ![画笔图标]，不透明度为 100%，然后在图像中进行涂抹，效果如图 3-70 所示。

图 3-69　打开图片　　　　　　　　　图 3-70　用白色涂抹后的效果

3）选中工具选项栏中的"抹到历史记录"复选框，设置不透明度为 65%，如图 3-71 所示，然后在图像中进行涂抹，此时会发现擦除过的图像区域恢复到了初始的状态，但图像变得透明了一些，如图 3-72 所示。

图 3-71　设置擦除参数

图 3-72　调整参数后的擦除效果

3.5.2　背景橡皮擦工具

使用 （背景橡皮擦工具）可以将图像擦除到透明色。图 3-73 为该工具的选项栏。

图 3-73　"背景橡皮擦工具"选项栏

该选项栏的主要参数含义如下。

● ：用于设置取样方式。激活 （取样：连续）按钮，则在图像中拖动鼠标时可连续对颜色取样，凡是出现在光标中心十字线以内的图像都会被擦除；激活 （取样：一次）按钮，则只会擦除包含第一次单击点颜色的图像；激活 （取样：背景色板）按钮，则只会擦除包含背景色的图像。

● 限制：用于定义擦除时的限制方式，包括"不连续""连续"和"查找边缘"3 个选项。选择"不连续"，可擦除出现在光标下任何位置的样本颜色；选择"连续"，只会擦除包含样本颜色并且互相连接的区域；选择"查找边缘"，可擦除包含样本颜色的连续区域，同时更好地保留形状边缘的锐化程度。

● 容差：用来设置颜色的容差范围，低容差仅限于擦除与样本颜色非常相似的区域，高容差可擦除范围更广的颜色。

● 保护前景色：勾选该项，可防止擦除与前景色匹配的区域。

使用 （背景橡皮擦工具）的操作步骤如下。

1）打开网盘中的"随书素材及结果 \3.5.2 背景橡皮擦工具 \ 原图 .jpg"图片，如图 3-74 所示。

2）选择工具箱中的 （背景橡皮擦工具），然后在选项栏中设置参数。接着将背景色设置为画面中天空的蓝色，最后在图像中的天空区域进行涂抹，效果如图 3-75 所示。选项栏参数设置如图 3-76 所示。

图 3-74　原图

图 3-75　背景橡皮擦工具的擦除效果

图 3-76　设置擦除参数

3.5.3　魔术橡皮擦工具

（魔术橡皮擦工具）可以自动分析图像的边缘。如果在"背景"图层或是锁定了透明区域的图层使用该工具，则被擦除的区域会变为背景色；如果在其他图层中使用该工具，则被擦除的区域会成为透明区域。图 3-77 为该工具的选项栏。

图 3-77　"魔术橡皮擦工具"选项栏

该选项栏的主要参数含义如下。

● 容差：用来设置可擦除的颜色范围。低容差会擦除颜色值范围内与单击点像素非常相似的像素，高容差可擦除范围更广的像素。

● 消除锯齿：可以使擦除区域的边缘变得平滑。

● 连续：勾选该项，则只擦除与单击点像素邻近的像素；取消勾选该项，则可擦除图像中所有相似的像素。

● 对所有图层取样：勾选该项，则可对所有可见图层中的像素进行取样。

● 不透明度：用来设置擦除强度。数值为 100% 时，将完全擦除像素；数值低于 100%时，则部分擦除像素。

使用（魔术橡皮擦工具）的操作步骤如下。

1）打开网盘中的"随书素材及结果 \3.5.3　魔术橡皮擦工具 \ 原图 1.jpg、原图 2.jpg"图片，如图 3-78 所示。

提示："原图 1.jpg"和"原图 2.jpg"是两幅具有相同图像大小的图片。

2）利用工具箱中的（移动工具），将"原图 1.jpg"拖入"原图 2.jpg"中，如图 3-79所示。

a) b)

图 3-78 打开图片

a) 原图 1 b) 原图 2

3）选择工具箱中的 （魔术橡皮擦工具），在选项栏中设置参数如图 3-80 所示。然后在"图层 1"的黄色沙漠区域单击鼠标，此时在临近区域内颜色相似的像素都会被擦除，从而显示出下面图层的水的区域，如图 3-81 所示。

图 3-79 将"原图 1.jpg"拖入"原图 2.jpg"中

图 3-80 设置"魔术橡皮擦工具"参数

图 3-81 最终效果

3.6 图像修复工具

Photoshop CC 2015 的图像修复工具包括、、、和5 种。

3.6.1 修复画笔工具

与类似，它也可以利用图像或图案中的样本像素来绘画，但该工具可以从被修饰的区域的周围取样，并将样本的纹理、光照、透明度和阴影等与所修复的像素匹配，从而去除照片中的污点和划痕，修复后人工痕迹不明显。图 3-82 为该工具的选项栏。

图 3-82 "修复画笔工具"选项栏

该选项栏的主要参数含义如下。

● 模式：在右侧下拉列表中可以设置修复图像的混合模式。包括"正常""替换""正片叠底""滤色""变暗""变亮""颜色"和"明度"8 种模式可供选择。其中"替换"模式比较特殊，它可以保留画笔描边的边缘处的杂色、胶片颗粒和纹理，使修复效果更加真实。

● 源：用于设置修复的像素来源。选择"取样"，可以直接在图像上取样；选择"图案"，则可在图案下拉列表中选择一个图案作为取样来源。

● 对齐：勾选该项，会对像素进行连续取样，在修复过程中，取样点随修复位置的移动而变化；取消勾选该项，则在修复过程中始终以一个取样点为起始点。

● 样本：用来设置从指定的图层中进行数据取样。选择"当前图层"，则仅从当前图层中取样；选择"当前和下方图层"，则从当前图层及其下方的可见图层中取样；选择"所有图层"，则会从所有可见图层中取样。

使用修复画笔工具的操作步骤如下：

1）打开网盘中的"随书素材及结果\3.6.1 修复画笔工具\原图 .jpg"图片，如图 3-83 所示。

2）选择工具箱中的，然后按住〈Alt〉键用鼠标选取一个取样点，如图 3-84 所示。

图 3-83 原图

图 3-84 选取取样点

3）在瑕疵部分拖动鼠标进行涂抹，修复后的效果如图 3-85 所示。

图 3-85　修复后的效果

3.6.2　污点修复画笔工具

使用该工具可以用图像或图案中的样本像素进行绘画，并将样本像素的纹理、光照、透明度和阴影与所修复的像素相匹配，其选项栏如图 3-86 所示。

图 3-86　"污点修复画笔工具"选项栏

确定样本像素有"近似匹配""创建纹理"和"内容识别" 3 种类型。

● 选中"近似匹配"类型，如果没有为污点建立选区，则样本会自动采用污点外部四周的像素；如果为污点建立了选区，则样本会采用选区外围的像素。

● 选中"创建纹理"类型，则使用选区中的所有像素创建一个用于修复该区域的纹理。如果纹理不起作用，则可以再次拖过该区域。

● 选中"内容识别"类型，则会比较附近的图像内容，然后不留痕迹地填充选区，同时保留让图像栩栩如生的关键细节，如阴影和对象边缘。

使用污点修复画笔工具的操作步骤如下：

1）打开网盘中的"随书素材及结果 \3.6.2 污点修复画笔工具 \ 原图 .jpg"图片，如图 3-87 所示。

2）选择工具箱中的 ![工具] （污点修复画笔工具），然后在工具选项栏中选取比要修复区域稍大一点的画笔笔尖。

3）在要处理的苹果污点位置单击或拖动即可去除污点，效果如图 3-88 所示。

图 3-87　要修复的图片　　　　　　　图 3-88　修复后的效果

3.6.3　修补工具

（修补工具）与 （修复画笔工具）类似，它也可以用其他区域或图案中的像素来修复选中的区域，并将样本像素的纹理、光照和阴影与源像素进行匹配。该工具的特别之处是需要用选区来定义修补范围。图 3-89 为该工具的选项栏。

图 3-89　"修补工具"选项栏

该选项栏的主要参数含义如下。

● ：激活 （新选区）按钮，可以创建一个新的选区，如果图像中包含选区，则新选区会替换原有选区；激活 （添加到选区）按钮，可以在当前选区的基础上添加新的选区；激活 （从选区中减去）按钮，可以在原选区中减去当前绘制的选区；激活 （与选区交叉）按钮，可得到原选区与当前创建的选区相交的部分。

● 修补：用来设置修补方式。如果选择"源"，则将选区拖至要修补的区域后，会用当前选区中的图像修补原来选中的图像；如果选择"目标"，则会将选中的图像复制到目标区域。图 3-90 为选择不同"修补"方式后的修补效果比较。

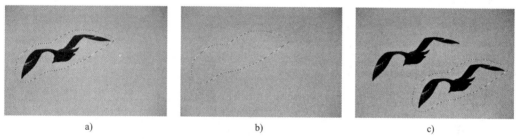

图 3-90　选择不同"修补"方式后的修补效果比较
a) 在原图中创建选区　b) 选择"源"后的修补效果　c) 选择"目标"后的修补效果

● 透明：勾选该项后，可以使修补的图像与原图像产生透明的叠加效果。

● 使用图案：在图案下拉面板中选择一个图案，单击该按钮，可以使用图案修补选区内的图像。

使用修补工具的具体操作步骤如下。

1）打开网盘中的"随书素材及结果 \3.6.3 修补工具 \ 原图 .jpg"图片，如图 3-91 所示。

2）选择工具箱中的 （修补工具），在要修补的区域中拖动鼠标，从而定义一个选区，如图 3-92 所示。

3）将鼠标移到选区中，按住鼠标左键拖动选区到取样区域，如图 3-93 所示。然后松开鼠标，效果如图 3-94 所示。

4）同理，对其余瑕疵进行处理，效果如图 3-95 所示。

图 3-91 原图

图 3-92 定义要修补的选区

图 3-93 将要修补的区域
拖到取样区域

图 3-94 修补后的效果

图 3-95 对其余瑕疵进行
处理后的效果

3.6.4 内容感知移动工具

（内容感知移动工具）是 Photoshop CC 2015 新增的工具，其选项栏如图 3-96 所示。使用该工具可以将选中的对象移动或复制到图像的其他位置，并重组与混合图像。

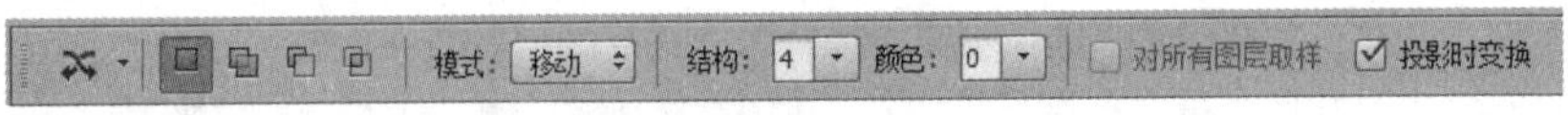

图 3-96 "内容感知移动工具"选项栏

该选项栏的主要参数含义如下。

● 模式：包括"移动"和"扩展"两个选项可供选择。

● 结构：用于指定修补现有图像图案时应达到的近似程度。取值范围为 1 ～ 7。如果输入 7，则修补内容将严格遵循现有图像的图案；如果输入 1，则修补会以最低程度符合现有的图像图案。

● 颜色：用于指定 Photoshop 在多大程度上对修补内容应用算法颜色混合。取值范围为 0 ～ 10。如果输入 0，则将禁用颜色混合；如果输入 10，则将应用最大颜色混合。

● 对所有图层取样：如果图像中包含多个图层，勾选该项，则可以对所有图层中的图像进行取样。

使用内容感知移动工具的具体操作步骤如下。

1）打开网盘中的"随书素材及结果 \3.6.4 内容感知移动工具 \ 原图 .jpg"图片，

然后选择工具箱中的 （内容感知移动工具）创建棕色牛的选区，如图 3-97 所示。

2）在选项栏中将"模式"设置为"移动"，然后将棕色牛的选区移动到新的位置，此时 Photoshop CC 2015 会自动填充空缺的部分，如图 3-98 所示。

图 3-97　原图　　　　　　　　　图 3-98　将"模式"设置为"移动"后的移动效果

3）按快捷键〈Ctrl+Z〉回到上一步，然后在选项栏中将"模式"设置为"扩展"，接着分别将棕色牛的选区向画面左侧和右侧移动，即可复制出两个小动物，如图 3-99 所示。

图 3-99　将"模式"设置为"扩展"后的移动效果

3.6.5　红眼工具

使用 （红眼工具）可移去用闪光灯拍摄的人物照片中的红眼，还可以移去用闪光灯拍摄的动物照片中的白色或绿色反光。图 3-100 为该工具的选项栏。

图 3-100　"红眼工具"选项栏

该选项栏的参数含义如下。

● 瞳孔大小：用来设置瞳孔（眼睛暗色的中心）的大小。

● 变暗量：用来设置瞳孔的暗度。

使用红眼工具的操作步骤如下：

1）打开网盘中的"随书素材及结果\3.6.5　红眼工具\原图 .jpg"图片，如图 3-101 所示。

2）选择工具箱中的 （红眼工具），在要处理的红眼位置进行拖动，即可去除红眼，效果如图 3-102 所示。

图 3-101　原图　　　　　　　　　图 3-102　处理后的效果

3.7　图像修饰工具

Photoshop CC 2015 中的图像修饰工具包括（涂抹工具）、 （模糊工具）、 （锐化工具）、 （减淡工具）、 （加深工具）和 （海绵工具）6 种，使用这些工具可以方便地对图像的细节进行处理，以调整其清晰度、色调及饱和度等。

3.7.1　涂抹、模糊和锐化工具

使用 （涂抹工具）可模拟在湿颜料中拖移手指的动作。使用 （模糊工具）可柔化图像中的硬边缘或区域，以减少细节。使用 （锐化工具）则可聚焦软边缘，以提高清晰度或聚焦程度。

1. 涂抹工具

使用 （涂抹工具）可拾取描边开始位置的颜色，并沿拖移的方向展开这种颜色。"涂抹工具"选项栏如图 3-103 所示。

图 3-103　"涂抹工具"选项栏

该选项栏的参数含义如下。

● 对所有图层取样：选中该复选框，可利用所有能够看到的图层中的颜色数据来进行涂抹。如果取消选中该复选框，则涂抹工具只使用现有图层的颜色。

● 手指绘画：选中该复选框，可以使用前景色从每一笔的起点开始向鼠标拖动的方向进行涂抹，就好像用手指蘸上颜色在未干的油墨画上涂抹一样。如果不选中此复选框，则涂抹工具使用起点处的颜色进行涂抹。

使用涂抹工具的具体操作步骤如下：

1）打开网盘中的"随书素材及结果 \3.7.1 涂抹、模糊和锐化工具 \ 涂抹前 .jpg"图片，如图 3-104 所示。

2）选择工具箱中的 （涂抹工具），设置前景色为白色，强度为 50%，并选中"手指绘画"复选框，然后涂抹图像左侧的葡萄，效果如图 3-105 所示。

3）返回到打开图像状态，取消选中"手指绘画"复选框，然后涂抹图像左侧的葡萄，效果如图 3-106 所示。

图 3-104　涂抹前图片　　图 3-105　选中"手指绘画"的效果　图 3-106　未选中"手指绘画"的效果

2. 模糊工具

 （模糊工具）通过将突出的颜色分解，使僵硬的边界变得柔和，颜色过渡变得平缓，从而得到一种模糊图像局部的效果。"模糊工具"选项栏如图 3-107 所示。

图 3-107　"模糊工具"选项栏

该选项栏的参数含义如下。

● 画笔：可设置模糊的大小。

● 模式：可设置像素的混合模式，有正常、变暗、变亮、色相、饱和度、颜色和亮度 7 个选项可供选择。

● 强度：用来设置画笔的力度。数值越大，所画出线条的颜色越深，也越有力。

● 对所有图层取样：选中该复选框，则将模糊应用于所有可见的图层；否则，只应用于当前图层。

使用模糊工具的具体操作步骤如下：

1）打开网盘中的"随书素材及结果 \3.7.1 涂抹、模糊和锐化工具 \ 模糊前 .jpg"图片，如图 3-108 所示。

2）选择工具箱中的 （模糊工具），设置其强度为 80%，然后在图像中要进行模糊处理的区域拖动鼠标，效果如图 3-109 所示。

图 3-108　模糊前图片　　　　　　　　　图 3-109　模糊后的效果

3. 锐化工具

△（锐化工具）与 🌢（模糊工具）相反，它是一种使图像色彩锐化的工具，也就是增大像素之间的反差。使用 △（锐化工具）可以增加图像的对比度，使图像变得更加清晰，还可以提高滤镜的性能。"锐化工具"选项栏如图 3-110 所示。

图 3-110 "锐化工具"选项栏

△（锐化工具）的使用方法和 🌢（模糊工具）完全一样，而且可以和 🌢（模糊工具）进行互补性操作，但是进行模糊操作的图像在经过锐化处理后并不能恢复到原始状态。因为无论是模糊还是锐化，处理图像的过程就是丢失图像信息的过程。

使用"锐化工具"的具体操作步骤如下：

1）打开网盘中的"随书素材及结果 \3.7.1 涂抹、模糊和锐化工具 \ 锐化前 .jpg"图片，如图 3-111 所示。

2）选择工具箱中的 △（锐化工具），设置其强度为 80%，然后在图像中要进行锐化处理的区域拖动鼠标，效果如图 3-112 所示。

图 3-111 锐化前图片

图 3-112 锐化后的效果

3.7.2 减淡、加深和海绵工具

🔍（减淡工具）和 🖐（加深工具）是色调工具，使用它们可以改变图像特定区域的曝光度，使图像变暗或变亮。使用 🧽（海绵工具）能够非常精确地增加或减少图像区域的饱和度。

1. 减淡工具

🔍（减淡工具）可以改善图像的曝光效果，因此在图片的修正处理上有其独到之处。使用此工具可以加亮图像的某一部分，从而达到强调或突出表现的目的。"减淡工具"选项栏如图 3-113 所示。

图 3-113 "减淡工具"选项栏

该选项栏的参数含义如下。

● 画笔：用于选择画笔的形状和大小。

● 范围：用于选择要处理的特殊色调区域，包括"阴影""中间调"和"高光"3 个选项。

使用减淡工具的具体操作步骤如下：

1）打开网盘中的"随书素材及结果 \3.7.2 减淡、加深和海绵工具 \ 减淡前 .jpg"图片，如图 3-114 所示。

2）选择工具箱中的 ，然后在需要进行减淡处理的位置进行涂抹，效果如图 3-115 所示。

图 3-114　减淡前图片

图 3-115　减淡后的效果

2. 加深工具

与 相反，是通过使图像变暗来加深图像颜色的。它通常用来加深图像的阴影或对图像中有高光的部分进行暗化处理。图 3-116 为对原图进行加深前后的图像效果比较。

a)

b)

图 3-116　使用"加深工具"处理前后的效果比较

a) 加深前　b) 加深后

3. 海绵工具

使用 能够精细地改变某一区域的色彩饱和度，但对黑白图像处理的效果不是很明显。在灰度模式中，海绵工具通过将灰色色阶远离或移到中灰来增加（或降低）对比度。"海绵工具"选项栏如图 3-117 所示。

图 3-117　"海绵工具"选项栏

该选项栏的主要参数含义如下。

- 模式：包括"降低饱和度"和"饱和"两个选项。选择"降低饱和度"，可以降低图像颜色的饱和度，一般用它来表现比较阴沉、昏暗的效果；选择"饱和"，可以增加图像颜色的饱和度。
- 流量：可以为海绵工具指定流量。数值越高，修改强度越大。
- 自然饱和度：勾选该项后，在进行增加饱和度的操作时，可以避免颜色过于饱和而出现溢色的现象。

图 3-118 为使用海绵工具模式分别设置为"饱和"模式和"降低饱和度"模式时的效果比较。

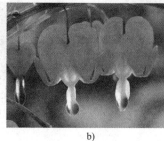
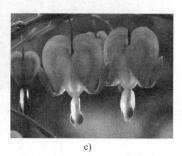

a)　　　　　　　　　　　b)　　　　　　　　　　　c)

图 3-118　使用"海绵工具"不同模式处理前后的效果比较

a) 原图　b) "饱和"模式的效果　c) "降低饱和度"模式的效果

3.8　图像裁剪工具

在对数码照片或者扫描的图像进行处理时，经常需要裁剪图像，以便删除多余的内容，使画面构图更加完美。本节主要介绍利用 ▣ （裁剪工具）和 ▣ （透视裁剪工具）裁剪图像的方法。

3.8.1　裁剪工具

▣ （裁剪工具）可以对图像进行裁剪，重新定义画布的大小。该工具的选项栏如图 3-119 所示。

图 3-119　"裁剪工具"选项栏

该选项栏的主要参数含义如下。

- ▣ （裁剪预设）：该下拉列表中预设了多种裁剪选项，如图 3-120 所示。用户可以根据需要选择相应的裁剪选项。
- ▣ （纵向与横向旋转裁剪框）：单击该按钮，可以将裁剪框旋转 90°。图 3-121 为单击该按钮前后的效果比较。

a)

b)

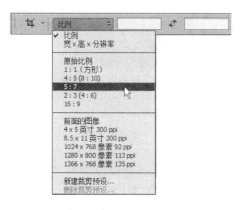

图 3-120 "裁剪预设"下拉列表

图 3-121 纵向与横向旋转裁剪框对比

a) 横向裁剪框　b) 纵向裁剪框

● ▦ (通过在直线上画一条线来拉直图像)：激活该按钮，可以通过在图像上绘制一条线来确定裁剪区域与裁剪框的旋转角度。图 3-122 为使用该工具裁剪图像的过程。

图 3-122 使用该工具裁剪图像的过程

● ▦ (视图)：该下拉列表中提供了多种裁剪参考线的样式以及叠加方式，如图 3-123 所示。用户可以根据需要选择相应的选项。

● ⚙ (设置其他裁剪选项)：单击该按钮，可以打开设置其他裁剪选项的设置面板，如图 3-124 所示。勾选"使用经典模式"选项，则裁剪方式将自动切换为以前版本的裁剪方式。勾选"自动居中预览"选项，则在裁剪图像时，裁剪预览效果会始终显示在画布中央。勾选"显示裁剪区域"选项，则在裁剪图像的过程中会显示被裁剪的区域。勾选"启用裁剪屏蔽"选项，则可以在裁剪图像的过程中查看被裁剪的区域。"颜色"下拉列表包括"匹配画布"和"自定"两个选项，用于设置屏蔽颜色。"不透明度"用于设置调整颜色的不透明度。勾选"自动调整不透明度"选项，Photoshop 会自动调整屏蔽颜色的不透明度。

● 删除裁剪的像素：在默认情况下，Photoshop 会将裁掉的图像保留在文件中（用户可以使用 ▦ (移动工具)拖动图像，将隐藏的图像内容显示出来)。如果要彻底删除被裁剪的图像，则可勾选该项，再进行裁剪操作。

图 3-123 "视图"下拉列表　　　　图 3-124 设置其他裁剪选项

使用裁剪工具的具体操作步骤如下。

1）打开网盘中的"随书素材及结果\3.8.1 裁剪工具\原图 .jpg"图片，如图 3-125 所示。

2）选择工具箱中的 ■（裁剪工具），然后在选项栏中将裁剪预设设置为"不受约束"，接着在图像画面中单击并拖拉出一个矩形裁剪定界框，效果如图 3-126 所示。

图 3-125 原图　　　　　　图 3-126 拖拉出一个矩形裁剪定界框

3）按下键盘上的〈Enter〉键，即可将定界框以外的图像裁掉，如图 3-127 所示。

图 3-127 裁剪后的效果

3.8.2 透视裁剪工具

在拍摄高大的建筑时，由于视角较低，竖直的线条会向消失点集中，从而产生透视畸变。利用 ■（透视裁剪工具）可以很好地解决这个问题。该工具的选项栏如图 3-128 所示。

图 3-128 "透视裁剪工具"选项栏

该选项栏的主要参数含义如下。

- W/H：通过输入图像的宽度值（W）和高度值（H）来确定裁剪后图像的尺寸。单击 ⇄（高度和宽度互换）按钮可以对调这两个数值。
- 分辨率：用于设置图像的分辨率。当裁剪图像后，Photoshop 会自动将图像的分辨率调整为设定的大小。
- 前面的图像：单击该按钮可以在"W（宽度）""H（高度）"和"分辨率"输入框中显示当前图像的尺寸和分辨率。如果打开两个文件，则会显示另外一个图像的尺寸和分辨率。
- 清除：单击该按钮可以清除上次操作设置的"W（宽度）""H（高度）"和"分辨率"的数值。
- 显示网格：勾选该项可以显示透视区域的网格。

使用透视裁剪工具的具体操作步骤如下。

1）打开网盘中的"随书素材及结果 \3.8.2 透视裁剪工具 \ 原图 .jpg"图片，如图 3-129 所示。

2）选择工具箱中的 ▥（透视裁剪工具），在画面上创建一个裁剪定界框，如图 3-130 所示。

图 3-129 原图

图 3-130 在画面上创建一个裁剪定界框

3）分别调整裁剪定界框左上角和右上角控制点的位置，如图 3-131 所示，然后按键盘上的〈Enter〉键，即可校正透视畸变，如图 3-132 所示。

图 3-131 调整裁剪定界框

图 3-132 最终效果

3.9 内容识别缩放

"内容识别缩放"是一个十分神奇的缩放命令。普通的缩放在调整图像大小时会影响所有像素，而内容识别比例缩放则主要影响没有重要可视内容的区域中的像素。例如，当缩放图像时，画面中的人物、建筑、动物等不会变形。"内容识别缩放"的选项栏如图 3-133 所示。

图 3-133 "内容识别缩放"选项栏

该选项栏的主要参数含义如下。

- ▦（参考点位置）：单击参考点位置上的方块，可以指定缩放图像时要围绕的参考点。默认情况下，参考点位于图像的中心。
- 参考点位置：可输入 X 轴和 Y 轴像素大小，将参考点放置于特定位置。
- △（使用参考点相关中心）：激活该按钮，可以指定相对于当前参考点位置的新参考点位置。
- 缩放比例：输入 W（宽度）和 H（高度）的百分比，可以指定图像按原始大小的百分比进行缩放。激活 ▩（保持长宽比）按钮，可以等比例缩放。
- 数量：用于指定内容识别缩放与常规缩放的比例。
- 保护：可以选择一个 Alpha 通道。通道中白色对应的图像不会变形。
- ▮（保护肤色）：激活该按钮，可以保护包含肤色的图像区域，使之避免变形。

使用"内容识别缩放"命令的具体操作步骤如下。

1）打开网盘中的"随书素材及结果 \3.9 内容识别缩放 \ 原图 .jpg"图片，如图 3-134 所示。

图 3-134 原图

2）由于"内容识别缩放"命令不能处理"背景"图层，下面在"图层"面板中双击"背景"图层，将其重命名为"图层 0"，此时图层面板如图 3-135 所示。

3）执行菜单中的"编辑 | 内容识别缩放"命令，显示出定界框，如图 3-136 所示。然后将左侧中间的控制点向右移动，此时画面中的小狗会发生变形，如图 3-137 所示。

图 3-135　将背景层重命名
为"图层 0"　　　　图 3-136　显示出定界框　　　　图 3-137　小狗发生变形

4）下面在选项栏中激活 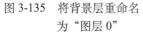（保护肤色）按钮，此时画面虽然变形了，但小狗的比例和结构没有明显的变化，如图 3-138 所示。

5）按键盘上的〈Enter〉键，确认操作，最终效果如图 3-139 所示。

图 3-138　激活（保护肤色）按钮的效果　　　　　　图 3-139　最终效果

3.10　操控变形

"操控变形"命令提供了图像变形功能。使用该功能时，用户可以在图像的关键点上放置图钉，然后通过拖动图钉来对图像进行变形。"操控变形"的选项栏如图 3-140 所示。

图 3-140　"操控变形"选项栏

该选项栏的主要参数含义如下。

● 模式：包括"刚性""正常"和"扭曲"3 个选项。选择"刚性"，则变形效果比较精确，但缺少柔和的过渡；选择"正常"，则变形效果比较准确，过渡也比较柔和；选择"扭曲"，可以在变形的同时创建透视效果。

● 浓度：包括"较少点""正常"和"较多点"3 个选项。选择"较少点"，网格点数量比较少；同时可添加的图钉数量也比较少；选择"正常"，网格点数量比较适中；选择"较多点"，网格点会非常细密，可添加的图钉数量也更多。图 3-141 为选择不同浓度选项的效果比较。

图 3-141　选择不同浓度选项的效果比较

a) 较少点　b) 正常　c) 较多点

- 扩展：用来设置变形效果的衰减范围。设置较大的数值后，变形网格的范围也会相应地向外扩展，变形之后，对象的边缘会更加平滑。反之，数值越小，则图像边缘变化效果越生硬。
- 显示网格：勾选该项，将显示网格；取消勾选该项，将隐藏网格。
- 图钉深度：选择一个图钉，单击 （将图钉前移）按钮，可以将图钉向上层移动一个堆叠顺序；单击 （将图钉后移）按钮，可以将图钉向下层移动一个堆叠顺序。
- 旋转：包括"自定"和"固定"两个选项。选择"自定"，则在拖动图钉扭曲图像时，Photoshop 会自动对图像内容进行旋转处理；选择"固定"，则可以在后面的输入框中输入精确的旋转角度。此外选择一个图钉后，按住键盘上的〈Alt〉键，可以在出现的变换框中旋转图钉。
- ：单击 （移去所有图钉）按钮，可删除画面中的所有图钉；单击 （取消操控操作）按钮或按键盘上的〈Esc〉键，可放弃变形操作；单击 （确认操控变形）按钮，可确认变形操作。

关于"操控变形"命令的具体使用方法，请参见"3.11.5 恐龙抬头效果"。

3.11　实例讲解

本节将通过 5 个实例来对 Photoshop CC 2015 中的工具与绘图等知识进行具体应用，旨在帮助读者举一反三，快速掌握 Photoshop CC 2015 中工具与绘图的相关知识。

3.11.1　制作彩虹效果

　要点：

本例将制作天空中的彩虹效果，如图 3-142 所示。通过本例的学习，读者应掌握魔棒工具、渐变工具和图层混合模式的应用。

a)　　　　　　　　　　　　　　　　　　b)

图 3-142　彩虹效果

a) 原图　b) 结果图

 操作步骤:

1)执行菜单中的"文件 | 打开"命令,打开网盘中的"随书素材及结果\3.11.1　彩虹效果\原图 .jpg"文件,如图 3-142a 所示。

2)选择工具箱中的 ,将容差值设置为 32,并选中"连续"复选框,接着配合键盘上的〈Shift〉键,选取蓝天选区,如图 3-143 所示。

图 3-143　选取蓝天选区

3)单击"图层"面板下方的 按钮,新建"图层 1"。

4)选择工具箱中的 ,在选项栏中设置渐变类型 ,并勾选"透明"复选框。然后打开渐变编辑器,设置渐变色如图 3-144 所示,单击"确定"按钮。接着对"图层 1"进行渐变填充,效果如图 3-145 所示。

5)此时彩虹过于清晰,下面通过高斯模糊来解决这个问题。方法:执行菜单中的"滤镜 | 模糊 | 高斯模糊"命令,在弹出的"高斯模糊"对话框中设置参数如图 3-146 所示,然后单击"确定"按钮,效果如图 3-147 所示。

6)此时彩虹颜色过于暗淡,下面将"图层 1"的图层混合模式设为"滤色",效果如图 3-148 所示。

7)按快捷键〈Ctrl+D〉,取消选区。最终效果如图 3-149 所示。

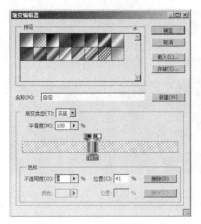

图 3-144　设置渐变色

图 3-145　对"图层 1"进行渐变填充效果

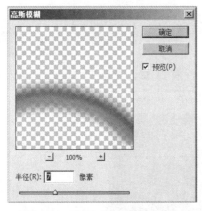

图 3-146　设置"高斯模糊"参数

图 3-147　"高斯模糊"效果

图 3-148　将"图层 1"的图层混合模式设为"滤色"

图 3-149　最终效果

3.11.2　抠毛发效果

 要点：

本例将从照片中将人物及其头发从白色背景中提取出来，然后添加一个新的背景，如图 3-150 所示。通过本例学习应掌握 ![] （快速选择工具）和 ![] （渐变工具）的使用。

a) b)

图 3-150　抠毛发效果

a) 原图　b) 结果图

操作步骤：

1）执行菜单中的"文件｜打开"命令，打开网盘中的"随书素材及结果\3.11.2 抠毛发效果\原图 .jpg"文件，如图 3-150a 所示。

2）选择工具箱中的（快速选择工具），然后在选项栏中设置参数如图 3-151 所示，接着在照片人物上拖动鼠标，从而选取人物选区，效果如图 3-152 所示。

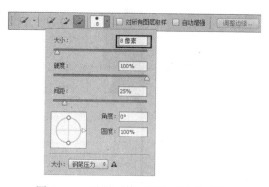

图 3-151　设置"快速选择工具"参数

图 3-152　选取人物选区

3）在选项栏中单击"调整边缘"按钮，然后在弹出的"调整边缘"对话框中将"视图"设置为"黑底"，如图 3-153 所示，然后勾选"智能半径"复选框，再将"半径"设置为250 像素，如图 3-154 所示。

4）去除头发中残留的白色。方法：在"调整边缘"对话框的左侧选择（调整半径工具），然后在画面中残留的白色头发处进行拖动，从而去除白色，效果如图 3-155 所示。

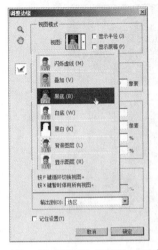

图 3-153　将"视图"设置为"黑底"　图 3-154　设置"智能半径"参数　图 3-155　去除头发中的白色

5）此时人物的耳朵和手的局部变成了半透明状态，这是不正确的，下面就来解决这个问题。方法：为了便于操作，在"调整边缘"对话框中将"视图"设置为"黑白"，如图 3-156 所示，此时画面效果如图 3-157 所示。然后按住 （调整半径工具）不放，从弹出的工具中选择（抹除调整工具），接着在选项栏中设置"大小"为 60，再在画面中人物的半透明的区域进行拖动，从而去除半透明效果，如图 3-158 所示。

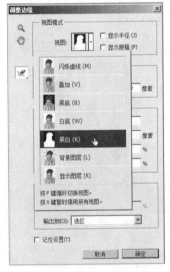

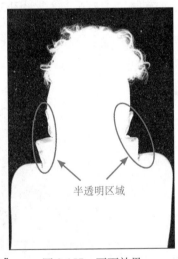

图 3-156　将"视图"设置为"黑白"　图 3-157　画面效果　图 3-158　去除半透明的效果

6）将"输出到"设置为"带有图层蒙版的图层"，如图 3-159 所示，单击"确定"按钮，此时画面效果如图 3-160 所示。

7）添加新的背景。方法：在"背景"层上方新建"图层 1"，然后选择工具箱中的（渐变工具），在选项栏中选择一种"橙 - 黄 - 橙"渐变色，如图 3-161 所示，渐变类型设置为（线性渐变），接着在画面上从上往下拖动，最终效果如图 3-162 所示。

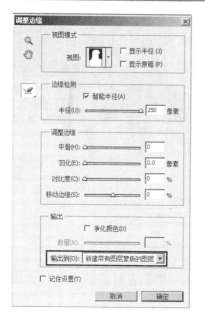

图 3-159　将"输出到"设置为"带有
图层蒙版的图层"

图 3-160　画面效果

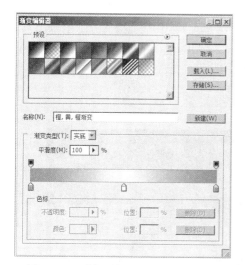

图 3-161　选择"橙 - 黄 - 橙"渐变色

图 3-162　最终效果

3.11.3　去除照片中的人物

要点：

对于普通的摄影原稿，由于后期设计的需要经常要对其进行裁剪与修整，本例将制作摄影图片局部去除效果，如图 3-163 所示。通过本例的学习，读者应掌握 🖳（仿制图章工具）和"仿制源"面板的综合应用。

a)　　　　　　　　　　　　　　　　　b)

图 3-163　摄影图片局部去除效果

a) 原图　b) 结果图

操作步骤：

1）执行菜单中的"文件 | 打开"命令，打开网盘中的"随书素材及结果 \3.11.3 去除照片中的人物 \ 原图 .tif"文件，如图 3-163a 所示。

2）进行粗略的大面积修复。Photoshop CC 2015 配合 ▣（仿制图章工具）的"仿制源"面板，允许定义多个克隆源（采样点），可以在使用仿制图章工具和修复画笔修饰图像时得到更加全面的控制。方法：执行菜单中的"窗口 | 仿制源"命令，打开如图 3-164 所示的"仿制源"面板，最上方的 5 个按钮用来设置多个克隆源。选择工具箱中的 ▣（仿制图章工具），设置 1 个大小为 25 像素，硬度为 0% 的笔刷，然后按住〈Alt〉键在图像左上角的位置单击，将其设为第 1 个克隆源，如图 3-165 所示。

提示：克隆源可以针对一个图层，也可以针对多个甚至所有图层。

图 3-164　"仿制源"面板　　　　　　　图 3-165　设置第 1 个克隆源

3）选中"仿制源"面板上方的第 2 个小按钮，然后按住〈Alt〉键在图像左上角的另一位置单击，将其设为第 2 个克隆源。使用同样的方法，选中面板上方的第 3 个小按钮，按住〈Alt〉键在图像右上角树影的位置单击，将其设为第 3 个克隆源，如图 3-166 所示。在面板上可以直接查看工具或画笔下的源像素，以获得更加精确的定位，提供具体的采样坐标。

图 3-166　设置第 3 个克隆源

4）现在开始进行复制，其原理是不断将 3 个克隆源位置的像素复制到小女孩的位置，将其覆盖。方法：在面板上选中第 1 个克隆源，然后将光标移至小女孩的位置拖动，第 1 个克隆源所定义的像素会被不断复制到该位置，将女孩图像覆盖，如图 3-167 所示。不断更换克隆源和笔刷大小，将女孩的上半身全部用树影图像覆盖，如图 3-168 所示。

图 3-167　在面板上选中第 1 个克隆源，将光标　　　　图 3-168　不断更换克隆源，将女孩的上半身
　　　　　　移至小女孩的位置拖动　　　　　　　　　　　　　　　　全部用树影覆盖

5）同理，将如图 3-169 所示的草地位置设为第 4 个克隆源，继续对图像进行修复。

提示：在"仿制源"面板中，还可以对克隆源进行移位缩放、旋转和混合等编辑操作，并且可以实时预览源内容的变化。选中"显示叠加"复选框，可以让克隆源进行重叠预览。读者可根据具体的图像需要进行调节。

6）同理，将草地和树林相接的位置设为第 5 个克隆源，然后在选项栏中将仿制图章工具的"不透明度"设为 60%，继续对图像进行修复，最终效果如图 3-170 所示。

图 3-169　定义草地上的新克隆源

图 3-170　最终完成的效果图

3.11.4　旧画报图像修复效果

 要点：

本例将对旧画报图像进行修复，如图 3-171 所示。学习本例，读者应掌握 ▨（单列选框工具）和 ▟（仿制图章工具）的综合应用。

a)

b)

图 3-171　旧画报图像修复效果

a) 原图　b) 结果图

操作步骤：

1）打开网盘中的"随书素材及结果 \ 3.11.4 制作旧画报图像修复效果 \ 原图 .tif"文件，如图 3-171a 所示。这是一张较残破的二次原稿（杂志）图片，边缘有明显的撕裂和破损痕迹，图中有极细的、规则的白色划痕，图像右下部有隐约可见的脏点，本例需要将图像中所有影响表现质量的部分去除，从而恢复图像的本来面目。

2）对于图像中常见的细小划痕或者文件损坏时形成的贯穿图像的细划线，可以采取单像素的方法来进行修复。具体方法：放大图中的白色细划线部分，因为划线极细，所以要尽量放大，以便进行准确修复。选取工具箱中的 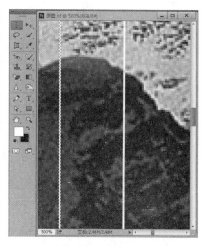 （单列选框工具），它可以制作纵向单像素宽度的矩形选区，用它在紧挨白色细划线的位置单击，设置一个单列矩形，如图 3-172 所示。

3）选择工具箱中的 ▲ （移动工具），按住键盘上的〈Alt〉键，同时按〈←〉键一次，此时会发现白色细划线已消失，如图 3-173 所示。这种去除细划线的方式仅用于快速去除 1～2 像素宽的极细划线，对于不是在水平（或垂直）方向上的或是不连续的细划线，可以用工具箱中的 ▲ （仿制图章工具）进行修复。用同样的方法，去除图像中的其余白色细划线，效果如图 3-174 所示。

图 3-172　在紧挨白色细划线的位置
设置一个单列矩形

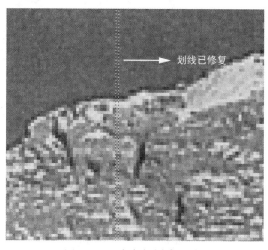

图 3-173　白色细划线已消失

图 3-174　图像中的所有白色细划线都被去除

4）图片中局部存在的撕裂痕迹及破损比单纯的划痕难以修复，因为裂痕波及较大的区域，破损部分需要凭借想象来补充，所以在修复时必须对原图中被破坏处的内容进行详细分析。大家知道，其实修图的主要原理是一种复制原理，即通过选取图像中最合理的像素，对需要修复的位置进行填补与覆盖。具体方法：选取 ▲ （仿制图章工具），将图像局部损坏部分放大，以便于进行修复，再将光标放在要取样的图像位置上，按住〈Alt〉键单击，然后松开〈Alt〉键移动鼠标，将以取样点为中心（以小十字图标显示）的图像复制到新的位置，从而将破损的部位覆盖，如图 3-175 所示。

5）不断变换取样点，灵活地对图像进行修复。对于天空等大面积的蓝色区域，可以换较大的笔刷来进行修复，还可以根据具体需要改变笔刷的"不透明度"，如图 3-176 所示。其图像上部修复完成后的效果如图 3-177 所示。

图 3-175　使用仿制图章工具修复破损部分

图 3-176　对天空等区域换较大笔刷进行修复

图 3-177　图像上部修复完成后的效果

6）将图中其余部分脏点去除的方法与上一步骤相似，此处不再讲述，但修复时要注意小心谨慎，不能在图中留下明显笔触（或涂抹）的痕迹，如图 3-178 所示。最后，修复完成的图像如图 3-179 所示。

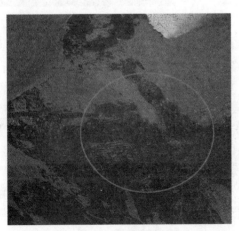

图 3-178　修复细节

图 3-179　最终效果

3.11.5　恐龙抬头效果

　要点：

本例将制作恐龙抬头效果，如图 3-180 所示。通过本例学习应掌握"操控变形"命令的使用。

图 3-180　恐龙抬头效果

a) 原图　b) 结果图

操作步骤：

1）执行菜单中的"文件 | 打开"命令，打开网盘中的"随书素材及结果 \3.11.5 恐龙抬头效果 \ 原图 .psd"图片，如图 3-181a 所示。

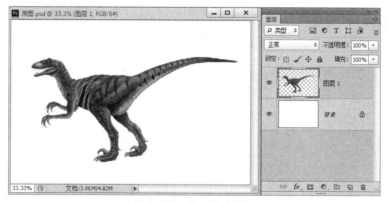

图 3-181　恐龙抬头效果

2）选择"图层 1"，执行菜单中的"编辑 | 操控变形"命令，此时恐龙图像上会显示出网格，如图 3-182 所示。下面在选项栏中将"模式"设置为"正常"，"浓度"设置为"正常"，然后在恐龙身体的关键部分添加几个图钉，如图 3-183 所示。

图 3-182　恐龙图像上会显示出网格

图 3-183　在恐龙身体的关键部分添加几个图钉

提示：取消勾选"显示网格"复选框，可以在视图中隐藏网格。

3）向上移动头部的图钉的位置，然后在选项栏中将"旋转"设置为"固定""30度"，最终效果如图 3-184 所示。接着单击 ✔（确认操控变形）按钮，确认操作，最终效果如图 3-185 所示。

图 3-184　调整头部图钉的位置和旋转角度

图 3-185　最终效果

3.12　课后练习

1. 填空题

1）_____ 是一种复制图像的工具，其原理类似克隆操作。

2）"_____"与"加深工具"相反，它通过使图像变暗来加深图像的颜色。

3）使用 _____ 工具，能精细地改变某一区域的色彩饱和度，但对黑白图像处理的效果不是很明显。

4）使用 _____ 工具可以将选中的对象移动或复制到图像的其他位置，并重组与混合图像。

5）使用 _____ 命令，在缩放图像时，画面中的人物、建筑、动物等不会变形。

2. 选择题

1）可以改善图像的曝光效果，加亮图像某一部分的工具是 _____ 工具。

　　A. 模糊　　　　B. 减淡　　　　C. 锐化　　　　　　D. 涂抹

2）渐变工具提供了 5 种渐变类型，分别是线性渐变、_____、角度渐变、对称渐变和 _____。

　　A. 径向渐变、矩形渐变　　　　B. 径向渐变、菱形渐变

　　C. 放射形渐变、菱形渐变　　　　D. 以上都不对

3）使用背景橡皮擦工具擦除图像后，其背景色将变为 _____。

　　A. 透明色　　　　B. 白色　　　　C. 与当前所设的背景色颜色相同　　　D. 以上都不对

3. 问答题

1）图章工具有哪几种类型？它们的功能是什么？

2）擦除工具有哪几种类型？它们的功能是什么？

3）简述透视裁剪工具的使用方法。

4. 操作题

1）练习 1：使用 ✏ （历史记录画笔工具）将图 3-186 处理成如图 3-187 所示的效果。

　　　　图 3-186　原图　　　　　　　　　　　　　图 3-187　结果图

2）练习 2：利用如图 3-188 所示的图片制作出如图 3-189 所示的效果。

　　　　图 3-188　原图　　　　　　　　　　　　　图 3-189　结果图

第 4 章　图层的使用

图层是 Photoshop CC 2015 的一大特色。使用图层不仅可以方便地修改图像、简化图像编辑操作，还可以创建图层特效，从而制作出各种特殊效果。学习本章，读者应掌握图层的使用方法。

本章内容包括：

■ 图层概述
■ 图层类型
■ 图层的操作
■ 图层蒙版
■ 图层样式
■ 混合图层
■ 剪贴蒙版
■ 图层复合

4.1　图层概述

"图层"是由英文单词"Layer"翻译而来的，"Layer"的原意是"层"。在 Photoshop CC 2015 中，可以将图像的不同部分分层存放，并由所有图层组合成复合图像。

对于一幅包含多个图层的图像，可以将其形象地理解为叠放在一起的胶片。假设有 3 张胶片，其图案分别为森林、猎豹、羚羊。先将森林胶片放在最下面，此时看到的是一片森林；然后将猎豹胶片叠放在上面，看到的是豹子在森林中奔跑；接着将羚羊胶片叠放上去，看到的是豹子正在森林中追赶羚羊。

多图层图像的最大优点是可以对某个图层做单独处理，而不会影响图像中的其他图层。假设要移动图 4-1 中的猎豹，如果这幅图中只有一个背景图层，则移动猎豹后，原来的位置会变为透明，如图 4-2 所示；如果猎豹与背景分别在两个图层上，则可以将猎豹移动到任何位置，且原位置处的背景会显示出来，如图 4-3 所示。

图 4-1　原图

图 4-2　单图层移动后的效果

图 4-3　多图层移动后的效果

4.2 "图层"面板和图层菜单

"图层"面板是进行图层编辑操作必不可少的工具，它显示了当前图像的图层信息，并可以调节图层的叠放顺序、不透明度及混合模式等参数。几乎所有的图层操作都可以通过它来实现。对于常用的控制（例如，拼合图像、合并可见图层等），可以通过图层菜单来实现，从而大大提高了工作效率。

4.2.1 "图层"面板

执行菜单中的"窗口 | 图层"命令，调出"图层"面板，如图 4-4 所示。可以看出，各个图层在面板中依次自下而上排列，最先创建的图层在最底层，最后创建的图层在最上层，最上层图像不会被任何层所遮盖，而最底层的图像将被其上面的图层所遮盖。

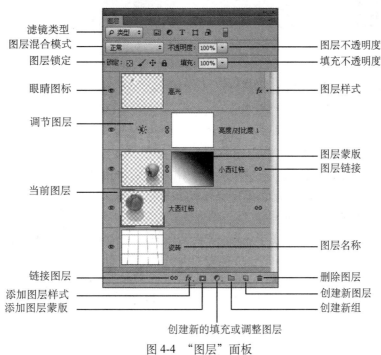

图 4-4 "图层"面板

其中，各项功能的说明如下。

● 滤镜类型：该功能用于快速选择图层。在下拉列表中有"类型""名称""效果""模式""属性"和"颜色"6 种选取滤镜类型供用户选择。用户可以在包含多个图层的图像文件中根据需要快速查找所需图层，从而提高工作效率。

● 图层混合模式：用于设置图层间的混合模式。

● 图层锁定：用于控制当前图层的锁定状态，具体参见"4.4.4　图层的锁定"。

● 眼睛图标：用于显示或隐藏图层，当不显示眼睛图标时，表示隐藏这个图层中的图像；反之，表示显示这个图层中的图像。

● 调节图层：用于控制该图层下面所有图层的相应参数，而执行菜单中的"图像 | 调整"下的相应命令只能控制当前图层的参数，并且调节图层具有可以随时调整参数的

优点。

- 当前图层：在面板中以蓝色显示的图层。一幅图像只有一个当前图层，绝大部分"编辑"命令只对当前图层起作用。
- 图层不透明度：用于设置图层的总体不透明度。当切换到当前图层时，不透明度显示也会随之切换为当前所选图层的设置值。图4-5为不同的不透明度数值的效果比较。
- 填充不透明度：用于设置图层内容的不透明度。图4-6为不同的填充不透明度数值的效果比较。

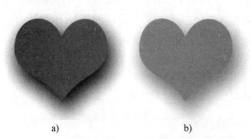

图4-5　不同的图层不透明度数值的效果比较　　　图4-6　不同的填充不透明度数值的效果比较

a) 图层不透明度100%　b) 图层不透明度50%　　　　a) 填充不透明度100%　b) 填充不透明度0%

- 图层样式：表示该层应用了图层样式。
- 图层蒙版：用于控制其左侧图像的显示和隐藏。
- 图层链接：当对当前图层进行移动、旋转和变换等操作时，将会直接影响其他链接层。
- 图层名称：对每个图层都可以定义不同的名称以便于区分，如果在建立图层时没有设定图层名称，则Photoshop CC 2015会自动命名为"图层1""图层2"等。
- 链接图层：选择要链接的图层后，单击此按钮，可以将它们链接到一起。
- 添加图层样式：单击此按钮，可以为当前图层添加图层样式。
- 添加图层蒙版：单击此按钮，可以为当前图层创建一个图层蒙版。
- 创建新的填充或调节图层：单击此按钮，从弹出的下拉菜单中选择相应命令，可创建填充或调节图层。
- 创建新组：单击此按钮，可以创建一个新组。
- 创建新图层：单击此按钮，可以创建一个新图层。
- 删除图层：单击此按钮，可以将当前选取的图层删除。

4.2.2　图层菜单

图层菜单的外观如图4-7所示。单击"图层"面板右上角的三角按钮，打开的下拉菜单如图4-8所示。这两个菜单中的内容基本相似，只是两者的侧重略有不同，前者偏向控制层与层之间的关系，而后者侧重设置特定层的属性。

除了使用图层菜单和图层面板菜单以外，还可以使用下拉菜单完成图层操作。当右击"图层"面板中的不同图层或不同位置时，会发现能够打开许多包含不同命令的快捷菜单，如图4-9所示。利用这些快捷菜单，可以快速、准确地完成图层操作。这些操作的功能和前面所述的图层菜单和图层面板菜单的功能是一致的。

 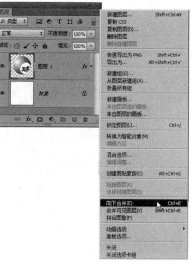

图 4-7 图层菜单　　　　图 4-8 图层面板弹出菜单

a)　　　　　　　　b)　　　　　　　　c)

图 4-9 不同命令的快捷菜单

a) 在蒙版处单击右键　b) 在图层名称处单击右键　c) 右键单击图层样式图标

4.3 图层的类型

在 Photoshop CC 2015 中有多种类型的图层，例如文本图层、调节图层和形状图层等。不同类型的图层，有着不同的特点和功能，而且操作和使用方法也不尽相同。下面具体讲解这些图层类型。

4.3.1 普通图层

普通图层是指用一般方法建立的图层，它是一种最常用的图层，而且几乎所有的 Photoshop CC 2015 功能都可以在该图层上应用。普通图层可以通过图层混合模式，实现与其他图层的融合。

建立普通图层的方法有很多，下面介绍两种常见的方法。

方法一：在"图层"面板中单击 （创建新图层）按钮，从而建立一个普通图层，如图 4-10 所示。

图 4-10 　建立一个普通图层

方法二：执行菜单中的"图层 | 新建 | 图层"命令或单击"图层"面板右上角的小三角，从弹出的下拉菜单中选择"新建图层"命令，此时会弹出如图 4-11 所示的"新建图层"对话框。在该对话框中，可以对图层的名称、颜色和模式等参数进行设置，单击"确定"按钮，即可新建一个普通图层。

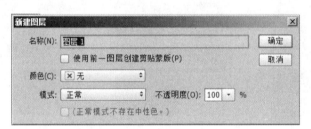

图 4-11 　"新建图层"对话框

4.3.2　背景图层

背景图层是一种不透明的图层，用作图像的背景。在该层上不能应用任何类型的混合模式，也不能改变其不透明度。打开网盘中的"随书素材及结果 \ 扶桑 .jpg"文件，会发现在背景图层右侧有一个🔒图标，表示当前图层是锁定的，如图 4-12 所示。

背景图层具有以下特点：

● 背景图层位于"图层"面板的最底层，名称为斜体字"背景"。

● 背景图层默认为锁定状态。

● 对背景图层不能进行图层的不透明度、混合模式和填充颜色的控制。

如果要更改背景图层的不透明度和图层混合模式，则应先将其转换为普通图层。将背景图层转换为普通图层的操作步骤如下：

1）双击背景图层，或选择背景图层并执行菜单中的"图层 | 新建 | 背景图层"命令。

2）在弹出的如图 4-11 所示的"新建图层"对话框中，设置图层名称、颜色、不透明度和混合模式，然后单击"确定"按钮，即可将其转换为普通图层，如图 4-13 所示。

图 4-12　背景图层为锁定状态

图 4-13　将背景图层转换为普通图层

4.3.3　调整图层

调整图层是一种比较特殊的图层。该种类型的图层主要用来控制色调和色彩的调整。也就是说，Photoshop CC 2015 会将色调和色彩的设置（如色阶、曲线）转换为一个调整图层并单独存放到文件中，以便于修改其设置，但不会永久性地改变原始图像，从而保留了图像修改的弹性。

建立调整图层的操作步骤如下。

1）打开网盘中的"随书素材及结果 \ 调整图层 .jpg"文件，如图 4-14 所示。

2）单击"图层"面板下方的 ◔.（创建新的填充或调节图层）按钮，从弹出的下拉菜单中选择相应的色调或色彩调整命令（此时选择"色阶"），如图 4-15 所示。

图 4-14　原图

图 4-15　"创建新的填充或调节图层"下拉菜单

3）在弹出的"调整"面板中设置参数如图 4-16 所示，效果如图 4-17 所示。其中，"色阶 1"为调整图层。

提示：调整图层对其下方的所有图层都起作用，而对其上方的图层不起作用。如果不想对调整图层下方的所有图层起作用，则可以将调整图层与在其上方的图层编组。

图 4-16　设置"色阶"参数　　　　　图 4-17　调整色阶后的效果

4.3.4　文本图层

文本图层是使用 T.（横排文字工具）和 IT（直排文字工具）建立的图层。创建文本图层的操作步骤如下。

1）打开网盘中的"随书素材及结果 \ 草原风光 .jpg"文件，使用工具箱中的 T.（横排文字工具）输入文字"仙人掌"，此时会自动产生一个文本图层，如图 4-18 所示。

图 4-18　输入文字后的效果

2）如果要将文本图层转换为普通图层，则可以执行菜单中的"图层 | 栅格化 | 文字"命令，此时的图层分布如图 4-19 所示。

3）执行菜单中的"编辑 | 变换 | 透视"命令，对栅格化的图层进行处理，效果如图 4-20 所示。

> 提示：在文字图层上只能执行"变换"命令中的"缩放""旋转""斜切""变形"操作，不能执行"扭曲"和"透视"操作。只有将其栅格化后，才能执行这两个操作。

图 4-19　栅格化文字

图 4-20　对文字进行透视处理

4.3.5　填充图层

填充图层可以在当前图层中进行"纯色""渐变"和"图案"3 种类型的填充，并结合图层蒙版的功能产生一种遮罩效果。

建立填充图层的操作步骤如下。

1）新建一个文件，然后新建一个图层。

2）选择工具箱中的 （横排文字蒙版工具），在新建图层上输入"文化传媒"，效果如图 4-21 所示。

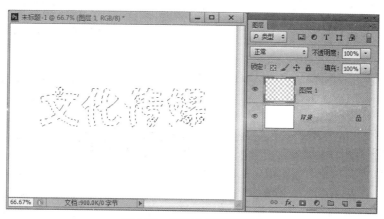

图 4-21　创建文字蒙版区域

3）单击"图层"面板下方的 ⬤（创建新的填充或调整图层）按钮，从弹出的下拉菜单中选择"纯色"命令，然后在弹出的"拾色器"对话框中选择一种颜色，单击"确定"按钮，效果如图 4-22 所示。

4）回到第 1 步，单击"图层"面板下方的 ⬤（创建新的填充或调整图层）按钮，然后从弹出的下拉菜单中选择"渐变"命令，接着在弹出的"渐变填充"对话框中选择一种渐变色（见图 4-23），单击"确定"按钮，效果如图 4-24 所示。

5）回到第 1 步，单击"图层"面板下方的 ⬤（创建新的填充或调整图层）按钮，然后从弹出的下拉菜单中选择"图案"命令，接着在弹出的"图案填充"对话框中选择一种图案（见图 4-25），单击"确定"按钮，效果如图 4-26 所示。

图 4-22 创建纯色填充图层

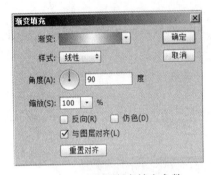

图 4-23 设置渐变填充参数

图 4-24 创建渐变填充图层

图 4-25 设置图案填充参数

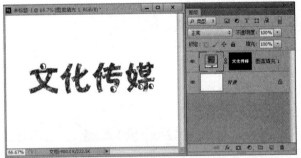

图 4-26 创建图案填充图层

4.3.6 形状图层

当使用工具箱中的 ▣（矩形工具）、▣（圆角矩形工具）、◯（椭圆工具）、⬡（多边形工具）、╱（直线工具）、✿（自定形状工具）6 种形状工具在图像中绘制图形，并在工具选项栏中选择 形状 ▾ 时，如图 4-27 所示，会在"图层"面板中自动产生一个形状图层，如图 4-28 所示。

图 4-27 在工具选项栏中选择 形状 ▾

图 4-28　形状图层

　　形状图层和填充图层很相似，在"图层"面板中均有一个图层预览缩略图、矢量蒙版缩略图和一个链接符号。其中，矢量蒙版表示在路径以外的部分显示为透明，在路径以内的部分显示为图层预览缩略图中的颜色。

4.3.7　智能对象图层

　　智能对象是一个嵌入到当前文档中的文件，它可以包含图像，也可以包含 Illustrator 中创建的矢量图形。智能对象所在的图层就是智能对象图层。智能对象图层与普通图层的区别在于能够保留对象的源内容和所有的原始特征。这样，用户在 Photoshop 中处理智能对象图层时不会直接应用到对象的原始数据。这是一个非破坏性的编辑功能。

1. 智能对象的优势

　　智能对象的优势体现在以下几点：

　　1）智能对象可以进行非破坏性的变换。例如，用户可以根据需要按任意比例缩放、旋转对象等，不会丢失原始图像数据或者降低图像的品质。

　　2）智能对象可以保留非 Photoshop 本地方式处理的数据。例如，在嵌入 Illustrator 中的矢量图像时，Photoshop 会自动将它转换为可识别的内容。

　　3）用户可以将智能对象创建为多个副本，对原始内容进行编辑后，所有与之链接的副本都会自动更新。

　　4）将多个图层内容创建为一个智能对象以后，可以简化"图层"面板中的图层结构。

　　5）应用于智能对象的所有滤镜都是智能滤镜，智能滤镜可以随时修改参数或者撤销，而不会对图像造成任何破坏。相关操作详见"8.2 智能滤镜"。

2. 创建智能对象

　　创建智能对象的方法主要有以下 4 种。

　　1）执行菜单中的"文件 | 打开为智能对象"命令，然后选择一个图像作为智能对象打开，在"图层"面板智能对象图层缩略图的右下角会出现一个智能对象图标，如图 4-29 所示。

图 4-29　创建智能图层

2）先打开一个图像，然后执行菜单中的"文件 | 置入"命令，选择一个图像作为智能对象置入到当前文档。

3）在"图层"面板中选择一个图层，然后执行菜单中的"图层 | 智能对象 | 转换为智能对象"命令，或者在图层名称上单击右键，从弹出的快捷菜单中选择"转换为智能对象"命令。

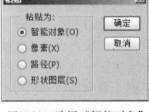

4）在 Illustrator 中选择一个对象，按快捷键〈Ctrl+C〉复制。然后回到 Photoshop CC 2015 中，按快捷键〈Ctrl+V〉粘贴，接着在弹出的"粘贴"对话框中选择"智能对象"，如图 4-30 所示，单击"确定"按钮，即可将矢量图形粘贴为智能对象。

3．编辑智能对象

图 4-30　选择"智能对象"

创建智能对象以后，可以根据实际情况对其进行编辑。在"图层"面板中双击要编辑的智能对象所在的图层，如果源内容为栅格数据或相机原始数据文件，可以在 Photoshop 中打开它；如果源内容为矢量 EPS 或 PDF 文件，则会在 Illustrator 中打开它。当对智能对象进行修改并存储后，文档中所有与之链接的智能对象都会随之修改。

4.4　图层的操作

一般而言，一个好的平面作品需要经过许多操作步骤才能完成，特别是图层的相关操作。因为一个综合性的设计往往由多个图层组成，并且用户需要对这些图层进行多次编辑（例如，调整图层的叠放次序、图层的链接与合并等）后，才能得到好的效果。

4.4.1　创建和使用图层组

Photoshop CC 2015 允许在一幅图像中创建近 8000 个图层，实际上，在一个图像中创建了数十个或上百个图层后，对图层的管理就变得很困难了。此时，可以利用"图层组"来进行图层管理，图层组就像 Windows 中的文件夹一样，可以将多个图层放在一个图层组中。

创建和使用图层组的操作步骤如下。

1）打开网盘中的"随书素材及结果 \ 小西红柿 .psd"文件，如图 4-31 所示。

2）执行菜单中的"图层 | 新建 | 新建组"命令，弹出如图 4-32 所示的对话框。

图 4-31　打开图片

图 4-32　"新建组"对话框

其中，各项参数的说明如下。

● 名称：用于设置图层组的名称。如果不设置，则软件将以默认名称"序列 1""序列 2"进行命名。

● 颜色：此处用于设置图层组的颜色。与图层颜色相同，只用于表示该图层组，不影响组中的图像。

● 模式：设置当前图层组中所有图层与该图层组下方图层的混合模式。

3）单击"确定"按钮，即可新建一个图层组，如图 4-33 所示。

4）将"蒂部阴影""红影"和"阴影"拖入组内，效果如图 4-34 所示。

图 4-33　新建图层组

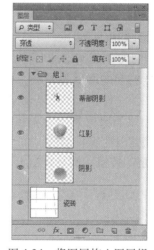

图 4-34　将图层拖入图层组

5）如果要删除图层组，则可以右击图层组，从弹出的快捷菜单中选择"删除组"命令，此时会弹出如图 4-35 所示的对话框。

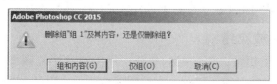

图 4-35　删除组提示对话框

其中，各项参数的说明如下。

● 组和内容：单击该按钮，删除图层组和图层组中的所有图层。

● 仅组：单击该按钮，删除图层组，但保留图层组中的图层。

6）单击"仅组"按钮，即可删除图层组而保留图层组中的图层。

4.4.2 移动、复制和删除图层

实际上，一个图层就是整个图像中的一部分。在实际操作中，经常需要移动、复制和删除图层。下面来讲解移动、复制和删除图层的方法。

1. 移动图层

移动图层的操作步骤如下：

1）选择需要移动的图层中的图像。

2）使用工具箱中的 ![移动工具] （移动工具）将其移动到适当位置。

> 提示：在移动工具选项栏中，选中"自动选择层"复选框，可直接选中图层的图像。在移动时按住键盘上的〈Shift〉键，可以使图层中的图像按 45° 倍数的方向移动。

2. 复制图层

复制图层的操作步骤如下。

1）选择要复制的图层。

2）执行菜单中的"图层 | 复制图层"命令，弹出如图 4-36 所示的对话框。

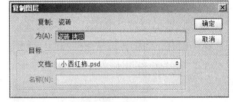

图 4-36 "复制图层"对话框

其中，各项参数的说明如下。

● 为：用于设置复制后图层的名称。

● 目标：为复制后的图层指定一个目标文件。在"文档"下拉列表中会列出当前已打开的所有图像文件，从中可以选择一个文件，以放置复制后的图层。如果选择"新建"选项，表示复制图层到一个新建的图像文件中。此时，"名称"将被置亮，可以为新建图像指定一个文件名称。

3）单击"确定"按钮，即可复制出一个图层。

> 提示：将要复制的图层拖到"图层"面板下方的 ![创建新图层] （创建新图层）按钮上，可以直接复制一个图层，而不会出现对话框。

3. 删除图层

删除图层的操作步骤如下：

1）选中要删除的图层。

2）将其拖到"图层"面板下方的 ![删除图层] （删除图层）按钮上。

4.4.3 调整图层的叠放次序

图像一般由多个图层组成，而图层的叠放次序将直接影响图像的显示效果，上方的图层总是会遮盖其下方图层的图像。因此，在编辑图像时，可以调整图层之间的叠放次序来实

现最终效果。其操作步骤如下。

1）在"图层"面板选择需要调整次序的图层（此时为"形状 1"），如图 4-37 所示。

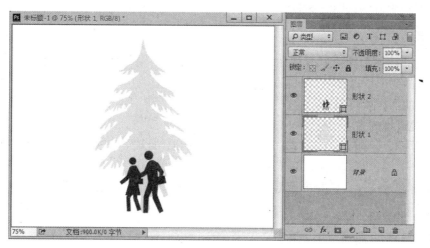

图 4-37　选择要调整次序的图层

2）按下鼠标，将图层拖动到"图层"面板的适当位置，效果如图 4-38 所示。

图 4-38　调整图层次序后的效果

4.4.4　图层的锁定

Photoshop CC 2015 提供了锁定图层的功能，它包括▨（锁定透明像素）、◢（锁定图像像素）、⊞（锁定位置）和🔒（全部锁定）4 种锁定类型。

- ▨（锁定透明像素）：单击该按钮，可以锁定图层中的透明部分，此时只能对有像素的部分进行编辑。
- ◢（锁定图像像素）：单击该按钮，此时无论是透明部分还是图像部分，都不允许再进行编辑。
- ⊞（锁定位置）：单击该按钮，此时当前图层将不能进行移动操作。

● ■（全部锁定）：单击该按钮，将完全锁定该图层。任何绘图操作、编辑操作（包括"删除图层""图层混合模式""不透明度"等功能）均不能在该图层上使用，只能在"图层"面板中调整该图层的叠放次序。

4.4.5　图层的链接

使用图层的链接功能可以方便地移动多个图层图像，同时对多个图层中的图像进行旋转、翻转和自由变形，以及对不相邻的图层进行合并。

链接图层的操作步骤如下：

1）选中要链接的多个图层。

2）单击"图层"面板下方的 ∞（链接图层）按钮。此时，在被链接的图层右侧会出现一个 ∞ 标记。

3）如果要解除链接，选择要解除链接的图层，再次单击"图层"面板下方的 ∞（链接图层）按钮即可。

4.4.6　合并与盖印图层

在制作图像的过程中，如果某些图层的相对位置和显示关系已经确定，不再需要进行修改时，则可以将这几个图层合并。这样不仅可以节省空间、提高程序的运行速度，还可以整体修改合并后的图层。

1. 合并图层

如果要合并两个或多个图层，则可以在"图层"面板中选择要合并的图层，如图 4-39 所示。然后执行菜单中的"图层 | 合并图层"命令，合并以后的图层会使用最上面图层的名称，如图 4-40 所示。

图 4-39　选择要合并的图层

图 4-40　合并图层后的图层分布

2. 向下合并图层

如果要将一个图层与它下面的图层合并，则可以选择该图层，如图 4-41 所示，然后执行菜单中的"图层 | 向下合并"命令（快捷键〈Ctrl+E〉），合并以后的图层会使用下面图层的名称，如图 4-42 所示。

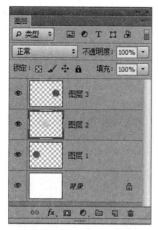

图 4-41 选择要合并的图层

图 4-42 向下合并图层后的图层分布

3. 合并可见图层

如果要合并"图层"面板中所有的可见图层，如图 4-43 所示，则可以执行菜单中的"图层|合并可见图层"命令（快捷键〈Ctrl+Shift+E〉），合并后的图层分布如图 4-44 所示。

图 4-43 合并可见图层前的图层分布

图 4-44 合并可见图层后的图层分布

4. 拼合图像

如果要将所有图层都拼合到"背景"图层中，则可以执行菜单中的"图层|拼合图像"命令，此时如果有隐藏的图层则会弹出如图 4-45 所示的提示对话框，提醒用户是否要扔掉隐藏的图层，单击"确定"按钮，即可删除隐藏图层，合并其余图层，此时图层分布如图 4-46 所示。

5. 盖印图层

盖印是比较特殊的图层合并方法，它可以将多个图层中的图像内容合并到一个新的图层中，同时保持其他图层完好无损。如果想得到某些图层的合并效果，而又要保留原图层完整时，盖印是最佳的解决方法。

图 4-45　提示对话框　　　　　　图 4-46　拼合图像后的图层分布

（1）向下盖印

选择一个图层，如图 4-47 所示。然后按快捷键〈Ctrl+Alt+E〉，可以将该图层盖印到下面的图层中，原图层内容保持不变，如图 4-48 所示。

图 4-47　选择要盖印的图层　　　　图 4-48　向下盖印后的图层分布

（2）盖印多个图层

选择多个图层，如图 4-49 所示，然后按快捷键〈Ctrl+Alt+E〉，可以将它们盖印到一个新的图层中，原图层内容保持不变，如图 4-50 所示。

（3）盖印可见图层

按快捷键〈Ctrl+Shift+Alt+E〉，可以将所有可见图层盖印到一个新的图层中，原图层的内容保持不变，如图 4-51 所示。

（4）盖印图层组

选择图层组，如图 4-52 所示，然后按快捷键〈Ctrl+Alt+E〉，可以将图层组中的所有内容盖印到一个新的图层中，原图层保持不变，此时图层分布如图 4-53 所示。

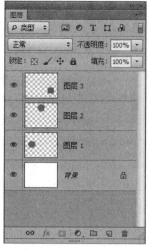
图 4-49　选择要盖印的图层

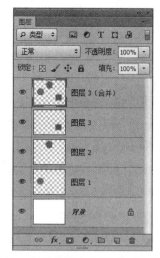
图 4-50　向下盖印多个图层后的图层分布

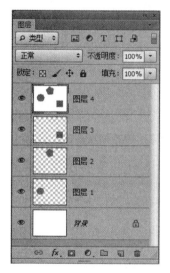
图 4-51　盖印可见图层后的图层分布

图 4-52　选择图层组

图 4-53　盖印图层组后的图层分布

4.4.7　对齐和分布图层

Photoshop CC 2015 提供了对齐和分布图层的相关命令，下面讲解对齐和分布图层的方法。

1. 对齐图层

使用对齐图层命令可将各图层沿直线对齐，但使用时必须有两个以上的图层。对齐图层的操作步骤如下：

1）打开网盘中的"随书素材及结果 \ 对齐图层 .psd"文件，并在每个图层上放置不同的图形，如图 4-54 所示。

2）按住键盘上的〈Ctrl〉键，同时选中"图层 1""图层 2"和"图层 3"。然后执行菜单中的"图层 | 对齐"命令，在其子菜单中会显示所有对齐命令，如图 4-55 所示。

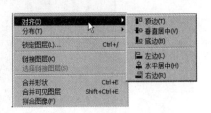

图 4-54　在不同图层上放置不同的图形　　　　图 4-55　"对齐"子菜单

其中，各项参数的说明如下。

● ▯顶边：使选中图层与顶端的图形对齐。

● ▯垂直居中：使选中图层在垂直方向居中对齐。

● ▯底边：使选中图层与底端的图形对齐。

● ▯左边：使选中图层与最左端的图形对齐。

● ▯水平居中：使选中图层在水平方向居中对齐。

● ▯右边：使选中图层与最右端的图形对齐。

3）分别选择 ▯（底边）和 ▯（左边）对齐方式，效果如图 4-56 所示。

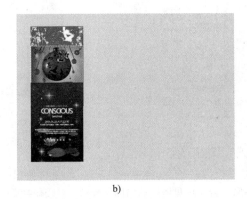

a)　　　　　　　　　　　　　　　　　　b)

图 4-56　不同对齐方式的效果
a) 底边对齐　b) 左边对齐

2. 分布图层

分布图层是根据不同图层上图形间的间距来进行图层分布的。操作步骤如下。

1）打开网盘中的"随书素材及结果 \ 分布图层 .psd"文件，如图 4-57 所示。

2）按住键盘上的〈Ctrl〉键，同时选中"图层 1""图层 2"和"图层 3"。然后执行菜单中的"图层 | 分布"命令，在其子菜单中会显示所有分布命令，如图 4-58 所示。

其中，各项参数的说明如下。

● ▯顶边：使选中图层顶端的间距相同。

● ▯垂直居中：使选中图层垂直中心线的间距相同。

● ▯底边：使选中图层底端的间距相同。

● 左边：使选中图层最左端的间距相同。

● 水平居中：使选中图层水平中心线的间距相同。

● 右边：使选中图层最右端的间距相同。

3）单击（垂直居中）按钮，效果如图 4-59 所示。然后单击（水平居中）按钮，效果如图 4-60 所示。

图 4-57　打开文件

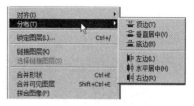

图 4-58　"分布"子菜单

图 4-59　垂直居中效果

图 4-60　水平居中效果

4.5　图层蒙版

图层蒙版用于控制当前图层的显示或者隐藏。通过更改蒙版，可以将许多特殊效果运用到图层中，而不会影响原图像上的像素。图层上的蒙版相当于一个 8 位灰阶的 Alpha 通道。在蒙版中，黑色部分表示隐藏当前图层的图像，白色部分表示显示当前图层的图像，灰色部分表示渐隐渐显当前图层的图像。

4.5.1　建立图层蒙版

建立图层蒙版的操作步骤如下。

1）打开网盘中的"随书素材及结果\图层蒙版 1.jpg"和"图层蒙版 2.jpg"文件，如图 4-61 所示。

2）使用工具箱中的（移动工具），将"图层蒙版 1.jpg"拖入到"图层蒙版 2.jpg"中，效果如图 4-62 所示。

a)

b)

图 4-61　打开图片

a) 图层蒙版 1.jpg　b) 图层蒙版 2.jpg

图 4-62　将"图层蒙版 1.jpg"拖入到"图层蒙版 2.jpg"中

3）单击"图层"面板下方的 （添加蒙版）按钮，给"图层 1"添加一个图层蒙版，如图 4-63 所示。此时，蒙版为白色，表示全部显示当前图层的图像。

4）选择工具箱中的 ■（渐变工具），选择渐变类型为 ■（线性渐变），然后对蒙版进行黑-白渐变处理，效果如图 4-64 所示。此时，蒙版右侧为黑色，左侧为白色。"图层 1"的右侧会隐藏当前图层的图像，从而显示出背景中的图像；左侧会依然显示当前图层的图像，而灰色部分会渐隐渐显当前图层的图像。

图 4-63　给"图层 1"添加蒙版

图 4-64　对蒙版进行黑-白渐变处理

4.5.2　删除图层蒙版

删除图层蒙版的操作步骤如下：

1）选择要删除的蒙版，将其拖到"图层"面板下方的 🗑 按钮上。

2）此时会弹出如图 4-65 所示的对话框。如果单击"应用"按钮，蒙版会被删除，但蒙版后的效果会保留在图层中，如图 4-66 所示；如果单击"删除"按钮，在删除蒙版的同时蒙版效果也会被随之删除，如图 4-67 所示。

图 4-65　删除蒙版时弹出的对话框

图 4-66　单击"应用"按钮后删除蒙版效果

图 4-67　单击"删除"按钮后删除蒙版效果

4.6　图层样式

图层样式是指图层中的一些特殊修饰效果。Photoshop CC 2015 提供了"阴影""内发光""外发光"与"斜面和浮雕"等样式。通过这些样式不仅可以为作品增色，还可以节省许多空间。下面讲解这些样式的设置和使用方法。

4.6.1　设置图层样式

设置图层样式的操作步骤如下：

1）选中要应用样式的图层。

2）执行菜单中的"图层 | 图层样式"命令（见图 4-68），在子菜单中选择一种样式命令，或单击"图层"面板下方的 fx （添加图层样式）按钮，在弹出的下拉菜单中选择一种样式，如图 4-69 所示。

3）选择"投影"命令，弹出如图 4-70 所示的对话框。在此对话框中设置相应参数后单击"确定"按钮，则在"图层"面板中会显示出相应效果，如图 4-71 所示。

图 4-68 "图层样式"子菜单

图 4-69 单击 fx 按钮后弹出下拉菜单

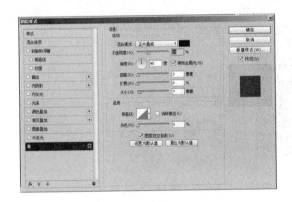

图 4-70 "投影"对话框

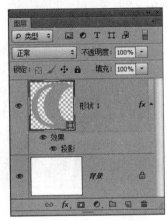

图 4-71 在"图层"面板中显示"投影"效果

4.6.2 图层样式的种类

Photoshop CC 2015 提供了 10 种图层样式，下面讲解它们的用途。

1. 投影

对于平面处理来说，"投影"样式的使用非常频繁。无论是文字、按钮、边框还是物体，如果为其添加投影效果，就会产生层次感，为图像增色不少。

在"投影"对话框中，各项参数的意义如下。

- 混合模式：选定投影的图层混合模式，在其右侧有一个颜色框，用于设置投影颜色。
- 不透明度：设置阴影的不透明度，值越大，阴影颜色越深。
- 角度：用于设置光线照明角度，阴影方向会随光照角度的变化而发生变化。
- 使用全局光：为同一图像中的所有图层样式设置相同的光线照明角度。

- 距离：设置阴影的距离，取值范围为 0 ～ 30000，值越大，距离越远。
- 扩展：设置光线的强度，取值范围为 0% ～ 100%，值越大，投影效果越强烈。
- 大小：设置投影柔化程度，取值范围为 0 ～ 250，值越大，柔化程度越高。当取值为 0 时，该选项将不产生任何效果。
- 等高线：单击"等高线"右侧的下拉按钮，会弹出如图 4-72 所示的面板，从中可以选择一种等高线。如果要编辑等高线，则可以单击等高线图案，在弹出的如图 4-73 所示的"等高线编辑器"对话框中对其进行再次编辑。图 4-74 为使用等高线制作的投影效果。

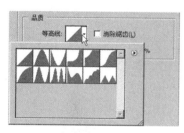

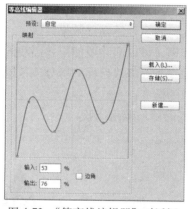

图 4-72　弹出"等高线"面板　　图 4-73　"等高线编辑器"对话框　　图 4-74　投影效果

- 杂色：用于控制投影中杂质的多少。
- 图层挖空投影：控制投影在半透明图层中的可视性或闭合。

2. 内阴影

"内阴影"样式用于为图层添加位于图层内容边缘内的阴影，从而使图层产生凹陷的外观效果。"内阴影"对话框如图 4-75 所示，其参数设置与"投影"基本相同，图 4-76 为添加内阴影样式的前后效果比较。

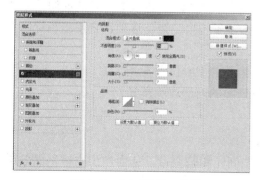

图 4-75　"内阴影"对话框　　图 4-76　添加内阴影样式的前后效果比较
a) 添加内阴影前　b) 添加内阴影后

3. 外发光

"外发光"样式用于在图层内容的边缘以外添加发光效果。"外发光"对话框如图 4-77 所示，其中各项参数的意义如下。

- 混合模式：用于选择外发光的图层混合模式。
- 不透明度：用于设置外发光的不透明度，值越大，阴影颜色越深。
- 杂色：用于设置外发光效果的杂质多少。
- 方法：用于选择"精确"或"柔化"的发光效果。
- 扩展：用于设置外发光的强度，取值范围为 0% ~ 100%，值越大，扩展效果越强烈。
- 大小：用于设置外发光的柔化程度，取值范围为 0 ~ 250，值越大，柔化程度越高。当取值为 0 时，该选项将不产生任何效果。
- 等高线：用于设置外发光的多种等高线效果。
- 消除锯齿：选中该复选框，可以消除所使用等高线的锯齿。
- 范围：用于调整发光中作为等高线目标的部分或范围。
- 抖动：用于调整发光中的渐变。

图 4-78 为添加外发光样式的前后效果比较。

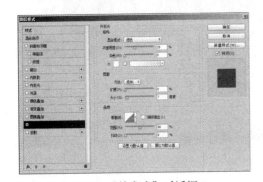

图 4-77 "外发光"对话框

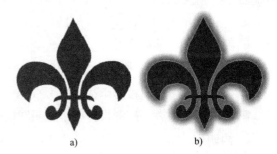

a)　　　　　　　　　　b)

图 4-78　添加外发光样式的前后效果比较

a) 添加外发光前　b) 添加外发光后

4. 内发光

"内发光"样式用于在图层内容的边缘以内，添加发光效果。"内发光"对话框如图 4-79 所示，其参数设置与"外发光"基本相同，区别在于多了一个"源"选项，它用于指定内发光的发光位置。其参数意义如下。

- 居中：单击"居中"单选按钮，可指定图层内容的中心位置发光。
- 边缘：单击"边缘"单选按钮，可指定图层内容的内部边缘发光。

图 4-80 为添加内发光样式后的前后效果比较。

5. 斜面和浮雕

"斜面和浮雕"样式用于在图层的边缘添加一些高光和暗调带，从而产生立体斜面效果或浮雕效果。"斜面和浮雕"对话框如图 4-81 所示，其各项参数的意义如下。

- 样式：包括"内斜面""外斜面""浮雕效果""枕状浮雕"和"描边浮雕"5 种浮雕效果。图 4-82 为不同浮雕效果的比较。

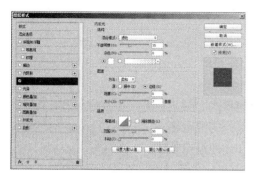

图 4-79　"内发光"对话框

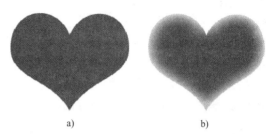

图 4-80　添加内发光样式的前后效果比较

a) 添加内发光前　b) 添加内发光后

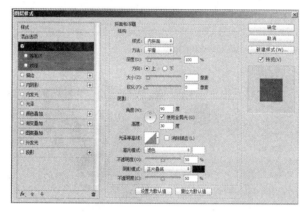

图 4-81　"斜面和浮雕"对话框

ChinaDV　ChinaDV

a)　　　　　　　　　　　　　　　　b)

ChinaDV　ChinaDV

c)　　　　　　　　　　　　　　　　d)

ChinaDV

e)

图 4-82　不同浮雕效果的比较

a) 内斜面　b) 外斜面　c) 浮雕效果　d) 枕状浮雕　e) 描边浮雕

● **方法**：用于选择一种斜面表现方式，包括"平滑""雕刻清晰""雕刻柔和"3 种类型。

● **深度**：用于调整斜面或浮雕效果凸起（或凹陷）的幅度。

- 方向：有"上""下"两个选项可供选择。
- 大小：用于调整斜面的大小。
- 软化：用于调整斜面的柔和度。
- 角度：用于设置光线的照射角度。
- 高度：用于设置光线的照射高度。
- 光泽等高线：用于选择一种等高线作为阴影的样式。
- 高光模式：用于选择斜面或浮雕效果中高光部分的混合模式。
- 阴影模式：用于选择斜面或浮雕效果中阴影部分的混合模式。

6. 光泽

"光泽"样式用于在图层内部根据图层的形状，应用阴影来创建光滑的磨光效果。"光泽"对话框如图 4-83 所示，其选项在前面基本上都已经介绍过，在此不再重复。图 4-84 为添加光泽样式的前后效果比较。

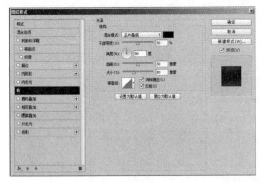

图 4-83 "光泽"对话框

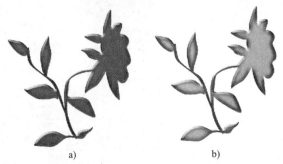

图 4-84 添加光泽样式的前后效果比较
a) 添加光泽前　b) 添加光泽后

7. 颜色叠加

"颜色叠加"样式用于在图层内容上叠加颜色。"颜色叠加"对话框如图 4-85 所示，其各项参数的意义如下。

- 混合模式：用于控制右侧颜色块中的颜色与原来颜色进行混合的方式。
- 不透明度：用于控制右侧颜色块中的颜色与原来颜色进行混合的不透明度。

图 4-86 为添加红色叠加样式的前后效果比较。

8. 渐变叠加

"渐变叠加"用于在图层内容上叠加渐变色。"渐变叠加"对话框如图 4-87 所示，其各项参数的意义如下。

- 混合模式：用于控制渐变色与原来颜色进行混合的方式。
- 不透明度：用于控制渐变色与原来颜色进行混合的不透明度。
- 渐变：用于设置渐变色。
- 样式：有"线性""径向""角度""对称的"和"菱形"5 种渐变样式可供选择。

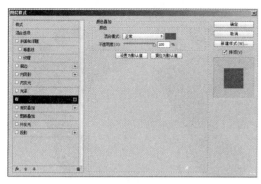

图 4-85 "颜色叠加"对话框

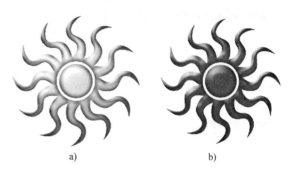

a)　　　　　　　　b)

图 4-86 添加红色叠加样式的前后效果比较
a) 添加红色叠加前 b) 添加红色叠加后

- 角度：用于调整渐变的角度。
- 缩放：用于调整渐变范围的大小。

图 4-88 为添加渐变叠加样式的前后效果比较。

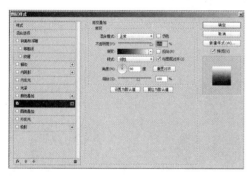

图 4-87 "渐变叠加"对话框

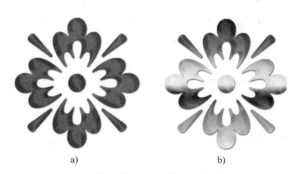

a)　　　　　　　　b)

图 4-88 添加渐变叠加样式的前后效果比较
a) 添加渐变叠加前 b) 添加渐变叠加后

9. 图案叠加

"图案叠加"样式用于在图层内容上叠加图案。"图案叠加"对话框如图 4-89 所示，其各项参数的意义如下。

- 混合模式：用于控制图案与原来颜色进行混合的方式。
- 不透明度：用于控制图案与原来颜色进行混合的不透明度。
- 图案：用于选择进行图案叠加的图案。
- 缩放：用于调整图案的显示比例。

图 4-90 为添加图案叠加样式的前后效果比较。

10. 描边

"描边"样式是指使用纯色、渐变色或图案在图层内容的边缘上描画轮廓，适合于处理一些边缘清晰的形状（如文字）。"描边"对话框如图 4-91 所示，其各项参数的意义如下。

- 大小：用于设置描边的宽度。

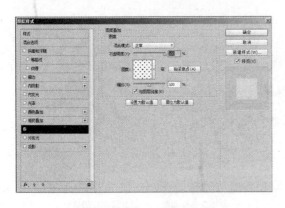

图 4-89 "图案叠加"对话框

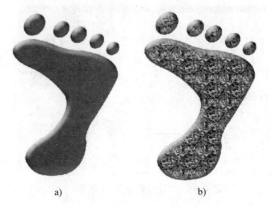

图 4-90 添加图案叠加样式的前后效果比较
a) 添加图案叠加前 b) 添加图案叠加后

● 位置：用于设置描边的位置，有"外部""内部"和"居中"3 种类型可供选择。
● 混合模式：用于设置描边颜色与原来颜色进行混合的模式。
● 不透明度：用于设置描边颜色与原来颜色进行混合的不透明度。
● 填充类型：用于设置描边的类型，有"颜色""渐变"和"图案"3 种类型可供选择。
● 颜色：用于设置描边的颜色。

图 4-92 为添加描边样式的前后效果比较。

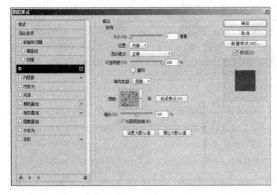

图 4-91 "描边"对话框

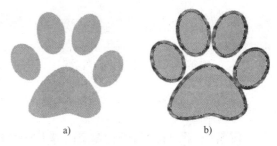

图 4-92 添加描边样式的前后效果比较
a) 添加描边前 b) 添加描边后

4.6.3 使用"样式"面板

Photoshop CC 2015 提供了一个"样式"面板，该面板用于保存图层样式，以便下次调用。下面来具体讲解该面板的使用方法。

1. 应用和新建样式

应用和新建样式的操作步骤如下。

1）新建一个文件，然后单击"图层"面板下方的 ▣（创建新图层）按钮，新建一个图层。接着使用工具箱中的 ▨（自定义图形工具），选择类型为 像素 ▵，在选择一个图形后进行绘制，效果如图 4-93 所示。

2）执行菜单中的"窗口 | 样式"命令，调出"样式"面板，如图 4-94 所示。

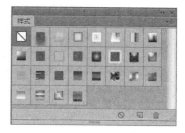

图 4-93　绘制图形

图 4-94　"样式"面板

3）选中"图层 1"，在"样式"面板中单击某种样式，即可将该样式添加到图形上，效果如图 4-95 所示。

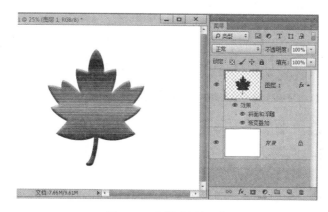

图 4-95　将样式添加到图形上

4）对"图层 1"添加的样式进行修改，如图 4-96 所示。然后单击"样式"面板下方的 （创建新样式）按钮，弹出如图 4-97 所示的对话框，单击"确定"按钮，即可将该种样式添加到"样式"面板中，如图 4-98 所示。

图 4-96　修改添加的样式

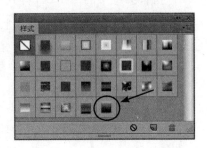

图 4-97 "新建样式"对话框 　　　　　　　图 4-98 新建的样式

2. 管理样式

在编辑了一个漂亮的图层样式后，可以将其定义到"样式"面板中，以便下次使用。但是如果重新安装 Photoshop CC 2015，该样式就会被删除。为了在下次重新安装时可以载入这种样式，可以将样式保存为样式文件。

保存和载入样式文件的具体操作步骤如下。

1）单击"样式"面板右上角的小三角，从弹出的下拉菜单中选择"存储样式"命令。

2）在弹出的如图 4-99 所示的对话框中选择保存的位置，将其保存为 ASL 的格式。

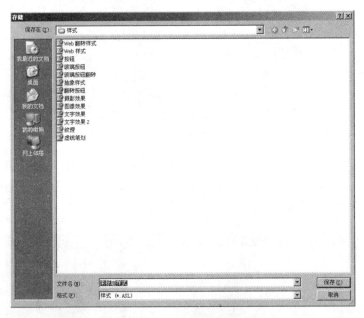

图 4-99 "存储"对话框

3）在重新安装 Photoshop CC 2015 后，可以单击"样式"面板右上角的小三角，从弹出的下拉菜单中选择"载入样式"命令，然后在弹出的"载入样式"对话框中选择上一步保存的样式文件。

4.7　混合图层

混合图层分为一般图层混合和高级图层混合两种模式。

4.7.1　一般图层混合模式

一般图层混合模式包括"图层不透明度""填充不透明度"和"混合模式"功能，通过这 3 个功能可以制作出许多图像合成效果。其中，"图层不透明度"用于设置图层的总体不透明度；"填充不透明度"用于设置图层内容的不透明度；"混合模式"用于设置图像叠加时，上方图像的像素如何与下方图像的像素进行混合，以得到结果图像。

Photoshop CC 2015 提供了 27 种图层混合模式，如图 4-100 所示。

1. 正常模式

正常模式是系统默认的模式，当图层不透明度为 100% 时，设置为该模式的图层将完全覆盖其下层图像。

打开网盘中的"随书素材及结果\图层混合 1.jpg、图层混合 2.jpg"文件。然后利用工具箱中的 （移动工具）将"图层混合 1.jpg"拖入"图层混合 2.jpg"中，图 4-101 为正常模式下的图层分布和画面显示。

2. 溶解模式

溶解模式是根据本层像素位置的不透明度，随机分布下层像素，产生一种两层图像互相融合的效果。该模式对于经过羽化的边缘作用非常显著，图 4-102 为溶解模式下的图层分布和画面显示。

图 4-100　27 种图层混合模式

图 4-101　正常模式下的图层分布和画面显示

图 4-102　溶解模式下的图层分布和画面显示

3. 变暗模式

在变暗模式下进行颜色混合时，会比较所绘制颜色与底色之间的亮度，较亮的像素会被较暗的像素取代，而较暗的像素不变。图 4-103 为变暗模式下的画面显示。

4. 变亮模式

变亮模式正好与变暗模式相反，它是选择底色或绘制颜色中较亮的像素作为结果颜色，较暗的像素被较亮的像素取代，而较亮的像素不变。图 4-104 为变亮模式下的画面显示。

图 4-103　变暗模式下的画面显示　　　　图 4-104　变亮模式下的画面显示

5. 正片叠底模式

正片叠底模式是将两个颜色的像素相乘，然后除以 255，得到最终颜色的像素值。通常，在执行正片叠底模式后，其颜色会比原来的两种颜色都深。例如，任何颜色和黑色结合得到的仍然是黑色；任何颜色和白色结合会保持原来的颜色不变。简单地说，正片叠底模式的功能就是突出黑色的像素。图 4-105 为正片叠底模式下的画面显示。

6. 滤色模式

滤色模式的作用效果和正片叠底正好相反，它是将两个颜色的互补色的像素值相乘，然后除以 255，得到最终颜色的像素值。通常，执行滤色模式后的颜色都较浅。任何颜色和黑色执行滤色模式，原颜色不受影响；任何颜色和白色执行滤色模式，得到的是白色；而与其他颜色执行此模式时，会产生漂白效果。简单地说，滤色模式的功能就是突出白色的像素。图 4-106 为滤色模式下的画面显示。

図 4-105　正片叠底模式下的画面显示　　　　　図 4-106　滤色模式下的画面显示

7. 颜色加深模式

在使用颜色加深模式时，首先查看每个通道的颜色信息，通过增加对比度使底色的颜色变暗来反映绘图色，和白色混合则没有变化。图 4-107 为颜色加深模式下的画面显示。

8. 线性加深模式

在使用线性加深模式时，首先查看每个通道的颜色信息，通过降低对比度使底色的颜色变暗来反映绘图色，和白色混合则没有变化。图 4-108 为线性加深模式下的画面显示。

図 4-107　颜色加深模式下的画面显示　　　　　図 4-108　线性加深模式下的画面显示

9. 颜色减淡模式

在使用颜色减淡模式时，首先查看每个通道的颜色信息，通过降低对比度使底色的颜色变亮来反映绘图色，和黑色混合则没有变化。图 4-109 为颜色减淡模式下的画面显示。

10. 线性减淡（添加）模式

在使用线性减淡模式时，首先查看每个通道的颜色信息，通过增加亮度使底色的颜色变亮来反映绘图色，和黑色混合则没有变化。图 4-110 为线性减淡模式下的画面显示。

11. 叠加模式

在叠加模式下，图像的颜色被叠加到底色上，但保留底色的高光和阴影部分。底色的颜色没有被取代，而是与图像颜色混合，以体现原图的亮部和暗部。图 4-111 为叠加模式下的画面显示。

图 4-109 颜色减淡模式下的画面显示

图 4-110 线性减淡模式下的画面显示

12. 柔光模式

柔光模式根据图像的明暗程度来决定最终颜色是变亮，还是变暗。如果图像色比 50% 的灰要亮，则底色图像变亮；如果图像色比 50% 的灰要暗，则底色图像变暗；如果图像色是纯黑色或者纯白色，则最终颜色将稍稍变暗或者变亮；如果底色是纯白色或者纯黑色，则没有任何效果。图 4-112 为柔光模式下的画面显示。

图 4-111 叠加模式下的画面显示

图 4-112 柔光模式下的画面显示

13. 强光模式

强光模式是根据图像色来决定是执行叠加模式，还是滤色模式。如果图像色比 50% 的灰要亮，则底色变亮，就像执行滤色模式一样；如果图像色比 50% 的灰要暗，则就像执行叠加模式一样；当图像色为纯白色或者纯黑色时，得到的是纯白色或者纯黑色。图 4-113 为强光模式下的画面显示。

14. 亮光模式

亮光模式是根据图像色，通过增加（或者降低）对比度来加深（或者减淡）颜色。如果图像色比 50% 的灰要亮，则图像通过降低对比度被照亮；如果图像色比 50% 的灰要暗，则图像通过增加对比度变暗。图 4-114 为亮光模式下的画面显示。

15. 线性光模式

线性光模式是根据图像色，通过增加（或者降低）亮度来加深（或者减淡）颜色。如果图像色比 50% 的灰要亮，则图像通过增加亮度被照亮；如果图像色比 50% 的灰要暗，则图像通过降低亮度变暗。图 4-115 为线性光模式下的画面显示。

图 4-113　强光模式下的画面显示

图 4-114　亮光模式下的画面显示

16. 点光模式

点光模式是根据图像色来替换颜色。如果图像色比 50% 的灰要亮，则图像色被替换，但比图像色亮的像素不会变化；如果图像色比 50% 的灰要暗，则比图像色亮的像素被替换，比图像色暗的像素不会变化。图 4-116 为点光模式下的画面显示。

图 4-115　线性光模式下的画面显示

图 4-116　点光模式下的画面显示

17. 实色混合模式

通常情况下，实色混合模式的两个图层混合的结果为亮色更亮了，暗色更暗了。图 4-117 为实色混合模式下的画面显示。

18. 差值模式

差值模式通过查看每个通道中的颜色信息，比较图像色和底色，用较亮像素点的像素值减去较暗像素点的像素值，将差值作为最终色的像素值。与白色混合将使底色反相，与黑色混合则不产生变化。图 4-118 为差值模式下的画面显示。

19. 排除模式

排除模式与差值模式类似，但是比差值模式生成的颜色对比度小，因而颜色较柔和。与白色混合将使底色反相，与黑色混合则不产生变化。图 4-119 为排除模式下的画面显示。

图 4-117　实色混合模式下的画面显示

图 4-118　差值模式下的画面显示

20. 减去

减去上面图层颜色的同时，也减去了上面图层的亮度。越亮减得越多，越暗减得越少，黑色等于全不减。图 4-120 为减去模式下的画面显示。

图 4-119　排除模式下的画面显示

图 4-120　减去模式下的画面显示

21. 划分

选择"划分"，则下面的可见图层根据上面这个图层颜色的纯度，相应减去了同等纯度的该颜色，同时上面颜色的明暗度不同，被减去区域图像明度也不同，上面图层颜色越亮，图像亮度变化就会越小；上面图层越暗，被减区域图像就会越亮。也就是说，如果上面图层是白色，那么不会减去颜色也不会提高明度；如果上面图层是黑色，那么所有不纯的颜色都会被减去，只留着最纯的光的三原色，以及其混合色青品黄与白色。图 4-121 为划分模式下的画面显示。

22. 深色模式

深色模式可以对一幅图片的局部（而不是整幅图片）进行变暗处理。图 4-122 为深色模式下的画面显示。

23. 浅色模式

浅色模式可以对一幅图片的局部（而不是整幅图片）进行变亮处理。图 4-123 为浅色模式下的画面显示。

24. 色相模式

色相模式采用底色的亮度、饱和度，以及图像色的色相来创建最终颜色。图 4-124 为色相模式下的画面显示。

图 4-121　划分模式下的画面显示

图 4-122　深色模式下的画面显示

图 4-123　浅色模式下的画面显示

图 4-124　色相模式下的画面显示

25. 饱和度模式

饱和度模式采用底色的亮度、色相，以及图像色的饱和度来创建最终颜色。如果绘图色的饱和度为 0，则原图没有变化。图 4-125 为饱和度模式下的画面显示。

26. 颜色模式

颜色模式能保留原有图像的灰度细节，用于给黑白或者不饱和的图像上色。图 4-126 为颜色模式下的画面显示。

图 4-125　饱和度模式下的画面显示

图 4-126　颜色模式下的画面显示

27. 明度模式

与颜色模式正好相反，明度模式采用底色的色相、饱和度，以及绘图色的亮度来创建最终颜色。图 4-127 为明度模式下的画面显示。

图 4-127　明度模式下的画面显示

4.7.2　高级图层混合模式

除了一般图层混合模式外, Photoshop CC 2015 还提供了高级混合图层的方法, 即使用"混合选项"功能进行混合。其操作步骤如下。

1) 在"图层"面板中选择要设置"混合选项"的图层, 然后执行菜单中的"图层 | 图层样式 | 混合选项"命令, 此时会弹出如图 4-128 所示的"混合选项"对话框。

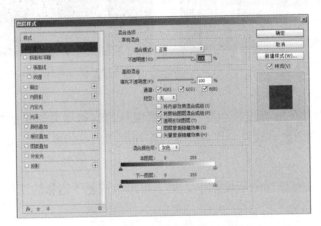

图 4-128　"混合选项"对话框

2) 在"常规混合"选项组中提供了一般图层混合的方式, 可以设置混合模式和不透明度, 这两项功能与"图层"面板中的图层混合模式和不透明度调整功能相同。

3) 在"高级混合"选项组中提供了高级混合选项。其中, 各项参数的说明如下。

● 填充不透明度：用于设置不透明度。其填充内容由"通道"选项中的 R、G、B 复选框来控制。例如, 如果取消选择 R、G 复选框, 那么在图像中将只显示蓝通道的内容, 而隐藏红和绿通道的内容。

● 挖空：用于指定哪一个图层被穿透, 从而显示出下一层的内容。如果使用了图层组, 则可以挖空图层组中最底层的图层, 或者挖空背景图层中的内容, 或者挖空调整图层使其显示出原图像的颜色。在其下拉列表中选择"无", 表示不挖空任何图层；选择"浅", 表示挖空当前图层组最底层或剪贴组图层的最底层；选择"深", 表示挖空背景图层。

● 将内部效果混合成组：选中此复选框，可挖空在同一组中拥有内部图层样式的图层，如内阴影和外发光样式。

● 将剪贴图层混合成组：选中此复选框，可挖空在同一剪贴组图层中的每一个对象。

● 透明形状图层：选中此复选框，将禁用图层样式和不透明区域的挖空；不选中此复选框，将可以对图层应用这些效果。

● 图层蒙版隐藏效果：选中此复选框，将在图层蒙版所定义的区域中禁用图层样式。

● 矢量蒙版隐藏效果：选中此复选框，将在形状图层所定义的区域中禁用图层样式。

● 混合颜色带：此下拉列表用于指定混合效果将对哪一个通道起作用。如果选择"灰色"，则表示作用于所有通道；如果选择其他选项，则表示作用于图像中选择的某一原色通道。

4.8　剪贴蒙版

剪贴蒙版可以用一个图层中的图像来控制处于它上层的图像显示范围，并且可以针对多个图像。另外，可以为一个或多个调整图层创建剪贴蒙版，使其只针对一个图层进行调整。

4.8.1　创建剪贴蒙版

下面通过一个实例来讲解一下创建剪贴蒙版的方法。操作步骤如下。

1）打开网盘中的"随书素材及结果 \4.8.1 创建剪贴蒙版 \ 原图 .psd"文件，如图 4-129 所示。

图 4-129　"原图 .psd"文件

2）隐藏人物所在的"图层 1"，然后在"背景"层上方新建"图层 2"，此时图层分布如图 4-130 所示。

3）选择工具箱中的 ![自定形状工具] （自定形状工具），然后在选项栏中选择 ![像素] ，接着在自定形状中选择红心形状，如图 4-131 所示，最后在"图层 2"上绘制一个黑色心形，如图 4-132 所示。

4）显示并选择"图层 1"，然后执行菜单中的"图层 | 创建剪贴蒙版"命令，或者按快捷键〈Ctrl+Alt+G〉，再或者按住键盘上的〈Alt〉键，在"图层 1"和"图层 2"之间的边界处单击鼠标，从而将该图层与它下面的"图层 1"创建为一个剪贴蒙版组。接着利用工具箱中的 ![移动工具] （移动工具）移动一下"图层 1"中人物的位置，使之与心形形状匹配，如图 4-133 所示。

图 4-130　新建"图层 2"

图 4-131　设置自定形状参数

图 4-132　在"图层 2"上绘制黑色心形

图 4-133　使人物与心形形状匹配

5）为了美观，给心形添加一个白边效果。方法：在图层面板中单击下方的 ⨍. （添加图层样式）按钮，从弹出的快捷菜单中选择"描边"命令，接着在弹出的"图层样式"对话框中将描边"大小"设置为 15 像素，描边颜色设置为白色，如图 4-134 所示，单击"确定"按钮，效果如图 4-135 所示。

6）显示出"装饰"图层，最终效果如图 4-136 所示。

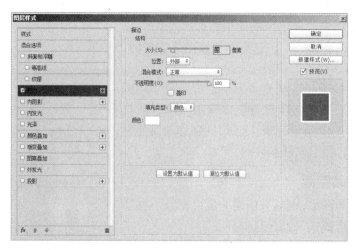

图 4-134 设置"描边"参数

图 4-135 "描边"效果

图 4-136 最终效果

4.8.2 剪贴蒙版的结构

在剪贴蒙版组中，最下面的图层叫作"基底图层"，它的名称带有下划线；位于它上面的图层叫作"内容图层"，它们的缩览图是缩进的，并带有╔状图标（指向基底图层），如图 4-137 所示。

基底图层中的透明区域充当了整个剪贴蒙版组的蒙版，也就是说，它的透明区域就像蒙版一样，可以将内容图层中的图像隐藏起来，因此只要移动基底图层，就会改变内容图层的显示区域。

4.8.3 编辑剪贴蒙版

剪贴蒙版作为图层，也具有图层的属性，可以对"不透明度"及"混合模式"进行调整。

1. 编辑内容图层

当对内容图层的"不透明度"和"混合模式"进行调整时，不会影响到剪贴蒙版组中的其他图层，而只与基底图层混合。

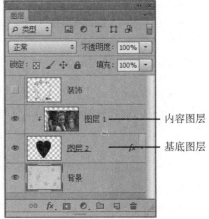

图 4-137　剪贴蒙版的结构

2. 编辑基底图层

当对基底图层的"不透明度"和"混合模式"进行调整时，整个剪贴蒙版组中的所有图层都会以设置的不透明度数值以及混合模式进行混合。

4.8.4 释放剪贴蒙版

创建了剪贴蒙版后，如果要释放剪贴蒙版，可以采用以下 3 种方法来完成：

1）选择人物所在的"图层 1"，然后执行菜单中的"图层 | 释放剪贴蒙版"命令，或按快捷键〈Ctrl+Alt+G〉，即可释放剪贴蒙版，如图 4-138 所示。释放剪贴蒙版后，人物所在的"图层 1"不再受黑色心形所在的"图层 2"的控制。

图 4-138　释放剪贴蒙版的效果

2）在人物所在的"图层 2"名称上单击鼠标右键，从弹出的快捷菜单中选择"释放剪贴蒙版"命令，即可释放剪贴蒙版。

3）按住键盘上的〈Alt〉键，在"图层 1"和"图层 2"之间的边界处单击鼠标，即可释放剪贴蒙版。

4.9　图层复合

图层复合类似于历史记录，只是历史记录是自动记录的，而图层复合需要手动进行记录。图层复合可以记录当前图层的可见性、位置和外观效果，通过图层复合可以快速切换图像的显示效果，如图 4-139 所示。

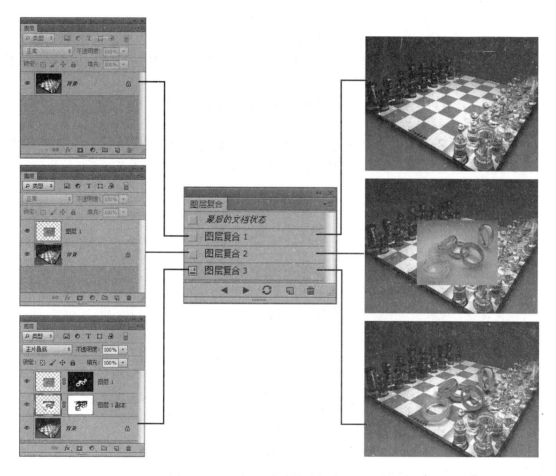

图 4-139　通过图层复合快速切换图像显示效果

4.9.1　"图层复合"面板

执行菜单中的"窗口 | 图层复合"命令，打开"图层复合"面板，如图 4-140 所示。该面板中主要含义如下。

● 应用图层复合标志 ⊟：如果图层复合前面有该标志，表示该图层复合为当前使用的图层复合。

● 应用选中的上一图层复合 ◄：单击该按钮，可以切换到上一个图层复合。

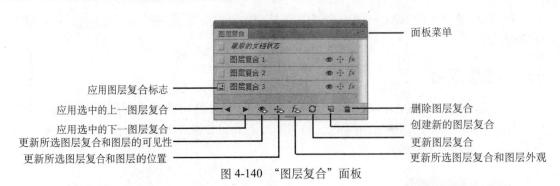

图 4-140 "图层复合"面板

- 应用选中的下一图层复合 ▶：单击该按钮，可以切换到下一个图层复合。
- 更新所选图层复合和图层的可见性 ⊛：单击该按钮，可以更新所选的图层复合和图层的可见性。
- 更新所选图层复合和图层的位置 ⊕：单击该按钮，可以更新所选的图层复合和图层的位置。
- 更新所选图层复合和图层外观 ƒ×：单击该按钮，可以更新所选的图层复合和图层外观。
- 更新图层复合 ↻：如果对图层复合进行重新编辑，单击该按钮可以更新编辑后的图层复合。
- 创建新的图层复合 ▢：单击该按钮可以新建一个图层复合。
- 删除图层复合 ⊞：将要删除的图层复合拖动到该按钮上，可以将其删除。
- 面板菜单 ▤：单击该按钮，可以弹出如图 4-141 所示的面板下拉菜单。通过选择下拉菜单中的相关命令，可以实现图层复合中的相关操作。

4.9.2 创建图层复合

当创建好一个图像后，单击"图层复合"面板下方的 ▢（创建新的图层复合）按钮，此时 Photoshop 会弹出如图 4-142 所示的"新建图层复合"对话框，在该对话框中可以选择"应用于图层"的选项，包括"可见性""位置"和"外观"，同时也可以为图层复合添加文本注释。单击"确定"按钮，即可创建一个图层复合，如图 4-143 所示。

图 4-141 "图层复合"面板下拉菜单

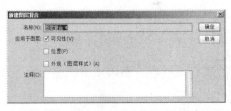

图 4-142 "新建图层复合"对话框

图 4-143 新建图层复合

4.9.3　应用并查看图层复合

如果要应用某个图层复合，则可以将鼠标定位在该复合的前面，如图 4-144 所示，然后单击鼠标，当显示（应用图层复合标志）后，表示当前文档已经应用了该图层复合，如图 4-145 所示。

图 4-144　将鼠标定位在要应用的图层复合的前面

图 4-145　应用图层复合

4.9.4　更改与更新图层复合

如果要更改创建好的图层复合，则可以在面板菜单中执行"图层复合选项"命令，然后在弹出的如图 4-146 所示的"图层复合选项"对话框进行设置；如果要更新重新设置的图层复合，则可以在"图层复合"面板底部单击（更新图层复合）按钮。

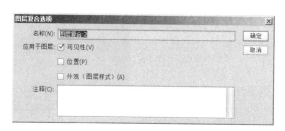

图 4-146　"图层复合选项"对话框

4.9.5　删除图层复合

如果要删除创建的图层复合，将其拖到"图层复合"面板下方的（删除图层复合）按钮上，或者直接单击（删除图层复合）按钮，即可将其删除。

4.10　实例讲解

本节将通过 4 个实例来讲解图层在实践中的应用，旨在帮助读者快速掌握图层的相关知识。

4.10.1　制作变天效果

　要点：

本例将制作变天效果，如图 4-147 所示。通过本例的学习，读者应掌握利用"贴入"命令制作图层蒙版以及改变图层透明度的方法。

a)

b)

c)

图 4-147　变天效果

a) 原图 1　b) 原图 2　c) 结果图

操作步骤：

1）打开网盘中的"随书素材及结果 \4.10.1 制作变天效果 \ 原图 1.jpg"文件，如图 4-147 所示。

2）选择工具箱中的  （魔棒工具），设置容差值为 50，并选中"连续"复选框。然后选择图中的天空部分，效果如图 4-148 所示。

3）打开网盘中的"随书素材及结果 \4.10.1 制作变天效果 \ 原图 2.jpg"图片，然后执行菜单中"选择 | 全选"命令（快捷键〈Ctrl+A〉），接着执行菜单中的"编辑 | 复制"命令（快捷键〈Ctrl+C〉）进行复制。

4）回到"原图 1.jpg"文件中，执行菜单中的"编辑 | 选择性粘贴 | 贴入"命令，则晚霞的图片被贴入到选区范围以内，选区以外的

图 4-148　创建选区

部分被遮住。此时，"图层"面板中会产生一个新的"图层 1"和图层蒙版。接着使用  （移动工具）选中蒙版图层上的蓝天部分，将晚霞移动到合适的位置，效果如图 4-149 所示。

图 4-149　贴入晚霞效果

5）此时，树木与背景的融合处有白色边缘，为了解决这个问题，需要使用 ![画笔图标]（画笔工具）。选择一个柔化笔尖，然后确定前景色为白色，当前图层为蒙版图层，使用画笔在树冠部分涂抹，从而使蓝天白云画面和原图结合得更好，如图 4-150 所示。

6）制作水中倒影效果。方法：使用工具箱中的 ![套索图标]（多边形套索工具），设置羽化值为 0，将水塘部分圈画起来，效果如图 4-151 所示。

图 4-150　处理树木顶部边缘

图 4-151　创建水中倒影的选区

7）执行菜单中的"编辑 | 选择性粘贴 | 贴入"命令，将蓝天白云的图片粘贴入选区，此时"图层"面板中出现了一个新的"图层 2"及其蒙版图层，如图 4-152 所示。

图 4-152　贴入蓝天白云效果

8）选择"图层 2"，然后执行菜单中的"编辑 | 变换 | 垂直翻转"命令，制作出晚霞的倒影。接着利用 ![移动工具图标]（移动工具）选中蒙版图层上的晚霞部分，将晚霞移动到合适的位置。最后确定当前图层为倒影图层（即"图层 2"），将"图层"面板上的透明度调整为 50%，效果如图 4-153 所示。

9）使陆地的色彩与晚霞相匹配。确定当前图层为"背景层"，执行菜单中的"图像 | 调整 | 色相 / 饱和度"命令（快捷键〈Ctrl+U〉），在弹出的对话框中设置参数，如图 4-154 所示，然后单击"确定"按钮，效果如图 4-155 所示。

图 4-153　制作水中倒影效果

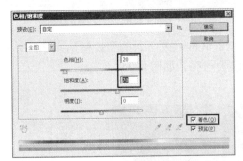

图 4-154　设置水中倒影参数

图 4-155　变天效果

4.10.2　制作带阴影的图片合成效果

要点：

　　本例将把一幅图像中的海螺及其阴影放置到另一幅图片中，如图 4-156 所示。通过本例学习应掌握色阶和图层蒙版的综合应用。

a)　　　　　　　　　　　　　　b)　　　　　　　　　　　　　　c)

图 4-156　带阴影的图片效果

a) 原图 1　b) 原图 2　c) 结果图

操作步骤：

1）打开网盘中的"随书素材及结果 \4.10.2 制作带阴影的图片合成效果 \ 原图 1.bmp"和"原图 2.bmp"文件，如图 4-156a 和图 4-156b 所示。

2）选择工具箱中的 （移动工具），将"原图 1.bmp"拖动到"原图 2.bmp"中，结果如图 4-157 所示。

3）将海螺实体和阴影分离。首先分离出海螺部分，方法：创建海螺选区，然后单击图层面板下方的 按钮（添加蒙版）按钮，对"图层 1"添加一个图层蒙版，如图 4-158 所示，此时画面中只显示出海螺实体。

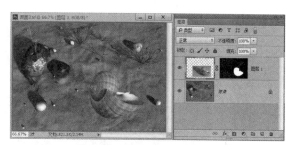

图 4-157　将"原图 1.bmp"拖动到"原图 2.bmp"中　　　　图 4-158　复制"图层 1"

4）分离出海螺以外部分。方法：将"图层 1"拖到 （创建 新图层）按钮上，从而复制出一个"图层 1 副本"层。然后将复制出的"图层 1 副本"层移动到"图层 1"的下方（快捷键〈Ctrl+[〉），如图 4-159 所示。接着选择"图层 1 副本"层的蒙版，按快捷键〈Ctrl+I〉，进行反相。下面为了便于观看，关闭"图层 1"前面的 （指示图层可见性）图标，效果如图 4-160 所示。

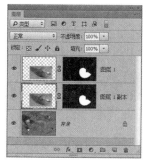
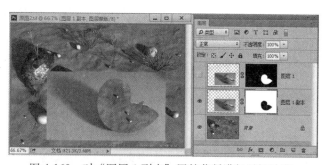

图 4-159　"图层 1 副本"层移动　　　　图 4-160　对"图层 1 副本"层的蒙版进行反相处理
　　　　　到"图层 1"的下方

5）对海螺阴影进行处理。方法：选择"图层 1 副本"层（注意不是蒙版层），执行菜单中的"图像 | 调整 | 色阶"命令，然后在弹出的"色阶"对话框中设置如图 4-161 所示，单击"确定"按钮，效果如图 4-162 所示。

6）将"图层 1 副本"的图层混合方式设定为"正片叠底"，然后打开"图层 1 副本"层前的 （指示图层可见性）图标，效果如图 4-163 所示。

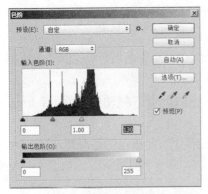

图 4-161　调整色阶参数

图 4-162　调整色阶后效果

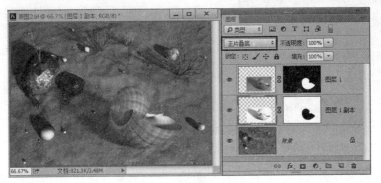

图 4-163　"正片叠底"的效果

7) 此时海螺阴影效果基本制作完成，但是有些细部需要进一步进行蒙版处理，将其去掉。方法：选择工具箱上的 （画笔工具），设定前景色为黑色，处理"图层1副本"的蒙版，将多余的部分遮住，最终效果如图 4-164 所示。

图 4-164　最终效果

4.10.3　图像合成——恐龙

要点：

本例将利用两张图片进行合成处理，如图 4-165 所示。通过本例的学习，读者应掌握图层蒙版和调节图层的使用。

操作步骤：

1. 调整恐龙的颜色及对比度

1）打开网盘中的"随书素材及结果 \4.10.3 图像合成——恐龙 \ 原图 2.bmp"图片，如图 4-165 所示。

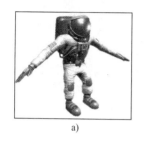
a)

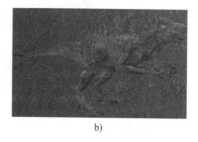
b)

c)

图 4-165　图像合成——恐龙

a) 原图 1　b) 原图 2　c) 结果图

2）　选择工具箱中的 （魔棒工具），创建如图 4-166 所示的选区。然后通过执行菜单中的"选择|反选"命令，创建恐龙选区，如图 4-167 所示。

图 4-166　创建恐龙以外的选区

图 4-167　创建恐龙选区

3）执行菜单中的"图像|调整|色阶"命令，在弹出的对话框中设置参数如图 4-168 所示，单击"确定"按钮，效果如图 4-169 所示。

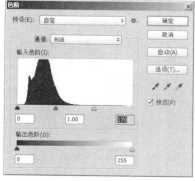

图 4-168　调整"色阶"参数

图 4-169　调整"色阶"后的效果

4）此时，恐龙图像的对比度增强了，清晰度也提高了，但是恐龙的色彩不是很理想，下面就来解决这个问题。方法：选择恐龙选区，执行菜单中的"图像 | 调整 | 色彩平衡"命令，在弹出的对话框中设置参数如图 4-170 所示，单击"确定"按钮，效果如图 4-171 所示。

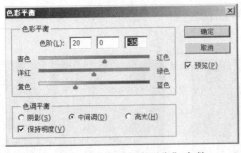

图 4-170　调整"色彩平衡"参数　　　　图 4-171　调整"色彩平衡"后的效果

2. 合成图像

1）打开网盘中的"随书素材及结果 \4.10.3　图像合成——恐龙 \ 原图 1.bmp"图片，选择工具箱中的 （移动工具），将"原图 1.bmp"拖动到"原图 2.bmp"中，效果如图 4-172 所示。

2）选择工具箱中的 （魔棒工具），创建如图 4-173 所示的宇航员选区。

图 4-172　将"原图 1.bmp"拖入"原图 2.bmp"　　　图 4-173　创建宇航员选区

3）单击"图层"面板下方的 （添加蒙版）按钮，对"图层 1"添加一个图层蒙版，效果如图 4-174 所示。

图 4-174　创建宇航员图层蒙版

4）执行菜单中的"编辑|自由变换"命令（快捷键〈Ctrl+T〉），将宇航员旋转一定的角度，效果如图 4-175 所示。

图 4-175　将宇航员旋转一定的角度

5）选择工具箱中的 （画笔工具），将前景色设置为黑色，处理"图层 1"的蒙版，从而制作出恐龙抓住宇航员的效果，最终效果如图 4-176 所示。

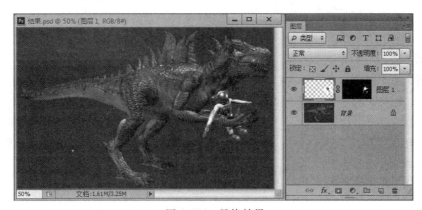

图 4-176　最终效果

4.10.4　名片效果

 要点：

本例将制作一张个性化名片，效果如图 4-177 所示。通过本例的学习，读者应掌握制作模拟撕边效果、图形的描边、图像的颜色处理、剪贴蒙版的综合应用。

操作步骤：

1）执行菜单中的"文件｜新建"命令，在弹出的对话框中设置"名称"为"名片制作"，并设置其他参数如图 4-178 所示，然后单击"确定"按钮，新建一个文件。

图 4-177　名片效果

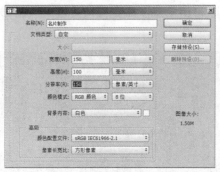

图 4-178　建立新文件

2）制作深暗的渐变背景。方法：选择工具箱中的 （渐变工具），然后单击工具选项栏左部的 ▇▇▇▇▇ ·（点按可编辑渐变）按钮，从弹出的"渐变编辑器"对话框中设置参数，如图 4-179 所示，单击"确定"按钮。接着按住〈Shift〉键在画面中由下至上拖动鼠标，从而在画面中创建出"黑-白"的线性渐变，效果如图 4-180 所示。

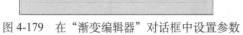

图 4-179　在"渐变编辑器"对话框中设置参数　　图 4-180　创建"黑-白"渐变效果

3）绘制确定尺寸的矩形。方法：单击图层面板下方的 ▣（创建新图层）按钮，新建一个名称为"名片"的图层，如图 4-181 所示，然后选择工具箱中的 ▣（矩形选框工具），并将工具选项栏中的宽度、高度分别设置为 600 像素、350 像素，如图 4-182 所示。接着在图像窗口中单击鼠标左键，此时会出现一个固定尺寸的矩形选框，如图 4-183 所示。最后将前景色设置为白色，再按快捷键〈Alt+Delete〉，将其填充为白色，效果如图 4-184 所示。

图 4-181　新建名称为"名片"的图层　　图 4-182　在工具选项栏中设置矩形选框的宽度和高度

图 4-183　绘制固定尺寸的矩形选框

图 4-184　将矩形选框填充为白色

4）绘制名片上部的模拟撕边形状。方法：首先单击图层面板下方的 （创建新图层）按钮，新建"上撕边"图层，如图 4-185 所示，然后选择工具箱中的 （多边形套索工具），在画面中绘制一个不规则的选区，效果如图 4-186 所示。接着将前景色设置为黑色，再按快捷键〈Alt+Delete〉，将选区填充为黑色，如图 4-187 所示。

5）同理，绘制出名片中下半部分的撕边形状，效果如图 4-188 所示。

图 4-185　新建"上撕边"图层

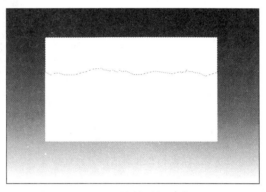

图 4-186　绘制不规则选区

图 4-187　将选区填充为黑色

图 4-188　名片下半部分撕边形状

6）将素材图片加入名片中。方法：打开网盘中的"素材及结果 \4.10.4 制作名片效果\涂鸦 1.jpg"图片文件，如图 4-189 所示，然后选择工具箱中的 （移动工具），将"涂鸦 1.jpg"图像拖入"名片制作 .psd"文件中，接着按快捷键〈Ctrl+T〉键，调出自由变换控制框来调整图像的大小与位置，如图 4-190 所示，最后按〈Enter〉键确认变换操作。

图 4-189　素材"涂鸦 1.jpg"

图 4-190　调整图像的大小与位置

7）将"涂鸦 1"图像的颜色调整为棕黄色。方法：执行菜单中的"图像｜调整｜色相 /
饱和度"命令，在弹出的对话框中设置参数，如图 4-191 所示（注意勾选"着色"选项），
然后单击"确定"按钮，此时照片会变为棕黄色调，效果如图 4-192 所示。

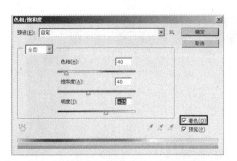

图 4-191　在"色相 / 饱和度"对话框中设置参数

图 4-192　将图像调整为棕黄色调效果

8）利用图层间建立"剪贴蒙版"的功能将棕黄色涂鸦图置入上撕边图形内。方法：将
"图层 1"移动到"上撕边"图层的上方，如图 4-193 所示，然后在图层面板中右键单击"图
层 1"和"下撕边"之间的位置，从弹出的快捷菜单中选择"创建剪贴蒙版"命令，此时位
于下撕边图形之外的图像部分会被裁掉，效果如图 4-194 所示，图层分布如图 4-195 所示。

图 4-193　将"图层 1"移动到"上
撕边"图层的上方

图 4-194　创建剪贴蒙版效果

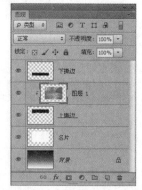

图 4-195　创建剪贴蒙版后
的图层分布

9）接下来打开网盘中的"素材及结果 \4.10.4　制作名片效果 \ 涂鸦 2.jpg"图片文件，如图 4-196 所示，然后使用与制作名片上半部分撕边图形相同的的方法来处理名片下半部分撕边图形（调整"色相 / 饱和度"参数，如图 4-197 所示），调整后整体名片的色彩效果如图 4-198 所示，此时图层分布如图 4-199 所示。

图 4-196　素材"涂鸦 2.jpg"

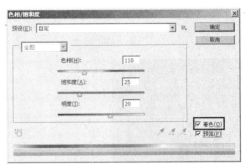

图 4-197　在"色相 / 饱和度"对话框中设置参数

图 4-198　将下半部分撕边效果处理为绿色调

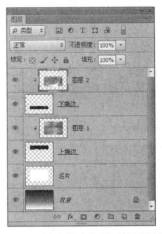

图 4-199　创建剪贴蒙版后的图层分布

10）选择"名片"图层，然后将前景色设置为黄色（颜色参考数值为 CMYK（5，1，80，0）），接着在按住〈Ctrl〉键的同时用鼠标单击"名片"图层的图层缩览图，载入名片形状的选区，最后按快捷键〈Alt+Delete〉，将其填充为黄色，效果如图 4-200 所示。

图 4-200　填充黄色的名片底色

11）为了强调撕边的效果，下面沿撕边的边缘扩充出一圈白色纸边。方法：在"名片"图层上方新建 "上撕边 1"图层，如图 4-201 所示，然后将工具箱中的前景色设置为白色。在按住 〈Ctrl〉键的同时用鼠标单击"上撕边"图层的图层缩览图，从而得到"上撕边"形状的选区，接着执行菜单中的"选择｜修改｜扩展"命令，在弹出的对话框中设置"扩展量"为 3 像素，如图 4-202 所示，单击"确定"按钮，此时撕纸形状向外扩出一圈白边，效果如图 4-203 所示。

图 4-201　新建"上撕边 1"图层　　图 4-202　设置"扩展选区"参数　　图 4-203　向外扩出一圈白边效果

12）将撕边图像左、右、上部的白色边线去掉，只保留下部的白线。方法：按住〈Ctrl〉键的同时用鼠标单击"名片"图层的图层缩览图，从而得到名片的矩形选区，然后执行菜单中的"选择｜反向"命令，反选选区，再按〈Delete〉键将名片形状之外的白色区域删除，效果如图 4-204 所示。

图 4-204　将名片之外的白色区域删除

13）为"上撕边 1"图层添加向下的投影 。方法：单击图层面板下方的 ƒx （添加图层样式）按钮，从弹出的快捷菜单中选择"投影"命令，然后在弹出的"图层样式"对话框中设置参数，如图 4-205 所示，单击"确定"按钮，此时撕纸边缘会出现浅浅的投影，与底图间呈现出一定的距离感，效果如图 4-206 所示。

14）同理，制作出名片下半部分撕边的描边与投影效果，如图 4-207 所示 。

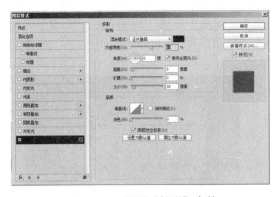

图 4-205　设置"投影"参数

图 4-206　撕纸边缘出现投影效果

图 4-207　名片下半部分撕边与投影效果

15）为名片整体添加投影的效果。方法：首先选择"名片"图层，然后单击图层面板下方 *fx* （添加图层样式）按钮，从弹出的快捷菜单中选择"投影"命令，再在弹出的"图层样式"对话框中设置参数，如图 4-208 所示，单击"确定"按钮，此时名片在背景中会形成左下方的投影效果，效果如图 4-209 所示。

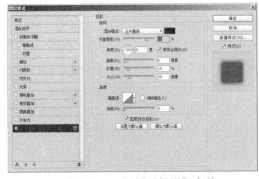

图 4-208　设置"投影"参数

图 4-209　名片在背景中形成左下方的投影效果

16）在名片中间空白部分添加文字。该名片是以图像设计为主的个性化名片，因此文字版式较简单。方法：选择工具箱中的 T （横排文字工具），在名片中输入相关文字（字体、字号读者可自行选择），然后单击工具选项栏中的 ▤（居中对齐文本）按钮，将文字居中对齐，效果如图 4-210 所示。接着选中"名片"图层和文字图层，单击工具选项栏中的 ▣（水平居中对齐）按钮，将文字放置于名片的正中间位置，效果如图 4-211 所示。

图 4-210　文本的居中对齐效果

图 4-211　文字的排列居中效果

17）至此，名片效果制作完毕。

4.11　课后练习

1. 填空题

1）填充图层的填充内容可为 _____、_____ 和 _____ 3 种。

2）蒙版是图像合成的重要手段，蒙版图层中的黑、白和灰色像素控制着图层中相应位置图像的透明程度，其中，_____ 表示显现当前图层的区域，_____ 表示隐藏当前图层的区域，_____ 表示半透明区域。

3）_____ 是比较特殊的图层合并方法，它可以将多个图层中的图像内容合并到一个新的图层中，同时保持其他图层完好无损。

2. 选择题

1）Photoshop CC 2015 提供了 _____ 种图层混合模式。

　　A. 20　　　　　　B. 23　　　　　　C. 25　　　　　　D. 27

2）_____ 模式根据图像的明暗程度来决定最终颜色是变亮，还是变暗。如果图像色比 50% 的灰要亮，则底色图像变亮；如果图像色比 50% 的灰要暗，则底色图像变暗，如果图像色是纯黑色或者纯白色，则最终颜色将稍稍变暗或者变暗；如果底色是纯白色或者纯黑色，则没有任何效果。

　　A. 叠加　　　　　B. 滤色　　　　　C. 颜色　　　　　D. 柔光

3）在移动图层上的图像时，按住键盘上的 _____ 键，可以使图层中的图像按 45° 倍数的方向移动。

　　A. Shift　　　　　B. Ctrl　　　　　C. Alt　　　　　D. Tab

3. 问答题

1）简述将背景图层转换为普通图层的方法。

2）简述创建剪贴蒙版的方法。

3）简述创建和删除图层复合的方法。

4. 操作题

1）练习 1：利用网盘中的"课后练习 \4.11 课后练习 \ 练习 1\Big sky.tif"图片，制作出如图 4-212 所示的映射在背景上的浮雕效果。

2）练习 2：利用网盘中的"课后练习 \4.11 课后练习 \ 练习 2\ 竹子 .jpg"图片，制作出如图 4-213 所示的扇子效果。

图 4-212 映射在背景上的浮雕效果

图 4-213 扇子效果

第 5 章 通道与蒙版的使用

通道和蒙版是 Photoshop CC 2015 图像处理中两个不可缺少的利器。利用这两个利器能够使用户更完美地表现艺术才华，使创意设计达到更高的境界。通过本章的学习，读者应掌握通道和蒙版的使用方法。

本章内容包括：

- 通道概述
- "通道"面板和 Alpha 通道
- 通道的操作
- "应用图像"和"计算"命令
- 蒙版的操作

5.1 通道概述

通道分为颜色通道、Alpha 通道和专色通道 3 种类型。下面介绍这几种类型的功能。

- 颜色通道用于保存图像的颜色数据。例如，一幅 RGB 模式的图像，其每一个像素的颜色数据是由红、绿、蓝 3 个通道记录的，这 3 个色彩通道组合定义后，合成为一个 RGB 主通道，如图 5-1 所示。因此，任意改变红、绿、蓝 3 个通道之一的颜色数据，都会马上反映到 RGB 主通道中。而在 CMYK 模式的图像中，颜色数据分别是由青色、洋红色、黄色和黑色 4 个单独的通道组合成的一个 CMYK 主通道，如图 5-2 所示。这 4 个通道相当于四色印刷中的四色胶片，即 CMYK 图像在彩色输出时可以分色打印，将 CMYK 四原色的数据分别输出成青色、洋红色、黄色和黑色 4 张胶片。在印刷时这 4 张胶片叠合，即可印刷出色彩斑斓的彩色图像。
- Alpha 通道用于保存蒙版。即将一个选取范围保存后，就会成为一个蒙版保存在一个新增的通道中，如图 5-3 所示（在 5.3 节中将具体介绍）。
- 专色通道用于出专色版。

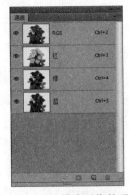

图 5-1 RGB 模式图像的通道　　图 5-2 CMYK 模式图像的通道　　图 5-3 Alpha 通道

5.2　"通道"面板

执行菜单中的"窗口 | 通道"命令，调出"通道"面板，如图 5-4 所示。通过该面板可以完成新建、删除、复制、合并及拆分通道等操作。

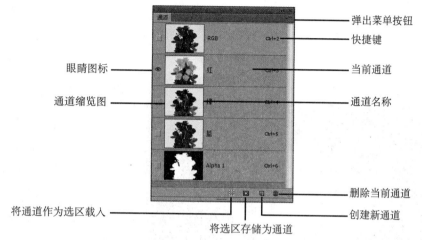

图 5-4　"通道"面板

"通道"面板中各项参数的说明如下。

● 眼睛图标：用于显示或隐藏当前通道。

● 通道缩览图：在通道名称左侧有一个缩览图，用于显示该通道的内容，从中可以迅速识别每一个通道。在任一图像通道中进行编辑修改后，该缩览图中的内容会随之改变。如果对图层中的内容进行编辑和修改，则各原色通道的缩览图也会随之改变。

● 弹出菜单按钮：单击此按钮，会弹出下拉菜单，如图 5-5 所示，从中可以选择相应的菜单命令。

● 快捷键：按下快捷键可以快速、准确地选中所指定的通道。

● 当前通道：选中某一通道后，会以蓝色显示这一通道。此时，图像中只显示这一通道的整体效果。

图 5-5　弹出的下拉菜单

● 通道名称：每一个通道都有一个不同的名称以便于区分。在新建 Alpha 通道时，如果不为新通道命名，则 Photoshop CC 2015 会自动依序命名为 Alpha1、Alpha2，依此类推。如果新建的是专色通道，则 Photoshop CC 2015 会自动依序命名为专色 1、专色 2，依此类推。

● 将通道作为选区载入：单击此按钮，可将当前通道中的内容转换为选取范围。

● 将选区存储为通道：单击此按钮，可以将当前图像中的选取范围转换为一个蒙版，保存到一个新增的 Alpha 通道中。该功能与执行菜单中的"选择 | 存储选区"命令相同，只不过更加快捷而已。

● 创建新通道：单击此按钮，可以快速新建 Alpha 通道。

● 删除当前通道：单击此按钮，可以删除当前通道。注意，主通道不可以被删除。

5.3 Alpha 通道

Alpha 通道与选区有着密切的关系，使用它可以创建从黑到白共 256 级灰度色。Alpha 通道中的纯白色区域为选区，纯黑色区域为非选区，而灰色区域为羽化选区。不仅可以将通道转换为选区，还可以将选区保存为通道。图 5-6 为一幅图像中的 Alpha 通道，图 5-7 为将其转换为选区后的效果。

图 5-6　Alpha 通道

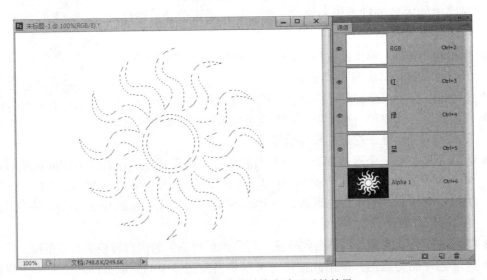

图 5-7　将 Alpha 通道转换为选区后的效果

图 5-8 为一个图形选区，图 5-9 为将其保存为 Alpha 通道后的效果。

图 5-8 图形选区

图 5-9 将图形选区保存为 Alpha 通道后的效果

5.3.1 新建 Alpha 通道

新建 Alpha 通道有以下两种方法。

● 单击"通道"面板下方的 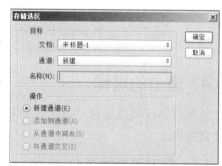（创建新通道）按钮。
默认情况下，Alpha 通道被依次命名为"Alpha
1""Alpha 2""Alpha 3"……。

● 单击"通道"面板右上角的小三角，从弹出的
下拉菜单中选择"新建通道"命令，此时，会
弹出如图 5-10 所示的对话框，该对话框中主
要选项的含义如下。

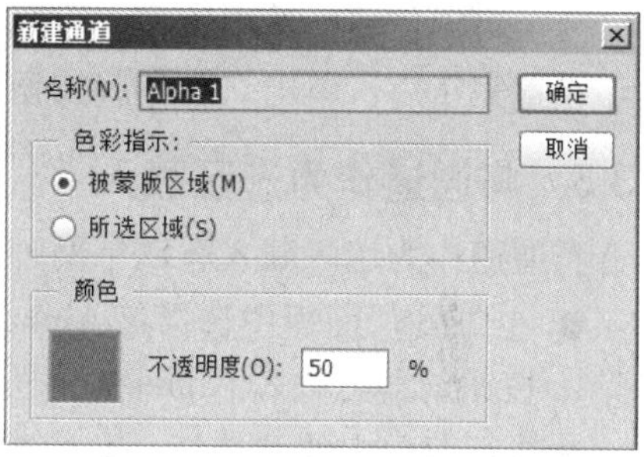

图 5-10 "新建通道"对话框

❖ 名称：用于设置新建通道的名称。默认名称
为 Alpha1。

❖ 色彩指示：用于确认新建通道的颜色显示方式。如果选择"被蒙版区域"单选按
钮，则新建通道中的黑色区域代表蒙版区，白色区域代表保存的选区；如果选择"所
选区域"单选按钮，则含义相反。

设置完毕后，单击"确定"按钮，即可创建一个 Alpha 通道。

5.3.2 将选区保存为通道

将选区保存为通道有以下两种方法。

● 单击"通道"面板下方的 （将选区存储为
通道）按钮，即可将选区保存为通道。

● 执行菜单中的"选择 | 存储选区"命令，此时
会弹出如图 5-11 所示的对话框，该对话框中
主要选项的含义如下。

❖ 文档：该下拉列表用于显示所有已打开文件
的名称，选择相应文件的名称，即可将选区
保存在该图像文件中。如果在该下拉列表中

图 5-11 "存储选区"对话框

选择"新建"选项，则可以将选区保存在一个新文件中。

❖ 通道：该下拉列表中包括当前文件已存在的 Alpha 通道名称及"新建"选项。如

果选择已有的 Alpha 通道，则可以替换该 Alpha 通道所保存的选区；如果选择"新建"选项，则可以创建一个新的 Alpha 通道。

❖ 新建通道：选中该项，可以创建一个新通道。如果在"通道"下拉列表中选择一个已存在的 Alpha 通道，此时"新建通道"选项将转换为"替换通道"选项。选中"替换通道"，则可用当前选区生成的新通道替换所选的通道。

❖ 添加到通道：该项只有在"通道"下拉列表中选择一个已存在的 Alpha 通道时才可以使用。选中该项，可以在原通道的基础上添加当前选区所定义的通道。

❖ 从通道中减去：该项只有在"通道"下拉列表中选择一个已存在的 Alpha 通道时才可以使用。选中该项，可以在原通道的基础上减去当前选区所创建的通道，即在原通道中以黑色填充当前选区所确定的区域。

❖ 与通道交叉：该项只有在"通道"下拉列表中选择一个已存在的 Alpha 通道时才可以使用。选中该项，可以将原通道与当前选区的重叠部分创建为新通道。

设置完毕后，单击"确定"按钮，即可将选区保存为 Alpha 通道。

5.3.3　将通道作为选区载入

将通道作为选区载入有以下两种方法。

● 在"通道"面板中选择该 Alpha 通道，然后单击该面板下方的 ▦ （将通道作为选区载入）按钮，即可载入 Alpha 通道所保存的选区。

● 执行菜单中的"选择 | 载入选区"命令，弹出如图 5-12 所示的"载入选区"对话框，该对话框中的选项与"存储选区"对话框中的选项含义相同，在此就不再赘述。

图 5-12　"载入选区"对话框

提示：如果在按住键盘上的〈Ctrl〉键的同时单击通道，可以直接载入该通道所保存的选区；如果在按住键盘上的〈Ctrl+Shift〉组合键的同时单击通道，则可以在当前选区中添加该通道所保存的选区；如果在按住键盘上的〈Ctrl+Alt〉组合键的同时单击通道，则可以在当前选区中减去该通道所保存的选区；如果在按住键盘上的〈Ctrl+Alt+Shift〉组合键的同时单击通道，则可以得到当前选区与该通道所保存选区相重叠的选区。

5.4　通道的操作

用户不仅可以通过"通道"面板创建新通道，还可以对通道进行复制、删除、合并和分离操作。

5.4.1　复制和删除通道

在保存一个选取范围后对该选取范围（即通道中的蒙版）进行编辑时，通常要先将该通道的内容复制后再进行编辑，以免编辑后不能还原，此时可以复制通道。为了节省硬盘的存储空间，提高程序的运行效率，还可以将没有用的通道删除。

1. 复制通道

复制通道的操作步骤如下。

1）选中要复制的通道。

2）单击"通道"面板右上角的小三角，从弹出的下拉菜单中选择"复制通道"命令，弹出如图 5-13所示的对话框。该对话框中主要选项的含义如下。

图 5-13　"复制通道"对话框

- 为：用于设置复制后的通道名称。
- 文档：用于选择要复制的目标图像文件。
- 名称：如果在"文档"下拉列表中选择"新建"选项，此时"名称"文本框会变为可用状态，在其中可以输入新文件的名称。
- 反相：如果选中"反相"复选框，相当于执行菜单中的"图像 | 调整 | 反相"命令。此时，复制后的通道颜色会以反相显示，即黑变白、白变黑。

3）单击"确定"按钮，完成复制通道的操作。

2. 删除通道

删除通道的操作步骤如下：

1）选中要删除的通道，如图 5-14 所示。

2）单击"通道"面板下方的 （删除当前通道）按钮，在弹出的如图 5-15 所示的对话框中单击"确定"按钮，完成删除通道的操作。

提示：如果将当前通道拖到 （删除当前通道）按钮，可直接删除当前通道而不出现提示对话框。

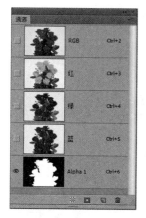

图 5-14　选中要删除的通道

图 5-15　删除通道提示对话框

5.4.2　分离和合并通道

对于一幅包含多个通道的图像，可以将每个通道分离出来。然后对分离后的通道进行编辑、修改，再重新合并成一幅图像。

1. 分离通道

分离通道的操作步骤如下。

1) 打开一幅要分离通道的图像，如图 5-16 所示。

图 5-16　打开要分离通道的图像

2) 单击"通道"面板右上角的小三角，从弹出的下拉菜单中选择"分离通道"命令，此时每个通道都会从原图像中分离出来，同时关闭原图像文件，分离后的图像将以单独的窗口显示在屏幕上。这些图像都是灰度图，不含有任何彩色，并在标题栏上显示其文件名。文件名是由原文件的名称和当前通道的英文缩写组成的，例如"红"通道，分离后的名称为"鲜花 _R. 扩展名"（其中，"鲜花"为原文件名）。图 5-17 为一幅含有 Alpha 通道的 RGB 图像通道分离后的效果。

提示：执行"分离通道"命令的图像必须是只含有一个背景层的图像，如果当前图像含有多个图层，则需要先合并图层，否则"分离通道"命令不可用。

图 5-17　RGB 图像通道被分离后的效果

2. 合并通道

合并通道的操作步骤如下。

1) 选择一个分离后经过编辑修改的通道图像。

2）单击"通道"面板右上角的小三角，从弹出的下拉菜单中选择"合并通道"命令，此时会弹出如图 5-18 所示的对话框。其中，各项参数的说明如下。

● 模式：用于指定合并后图像的颜色模式。

● 通道：用于输入合并通道的数目。

3）单击"确定"按钮，弹出如图 5-19 所示的对话框。在该对话框中，可以分别为红、绿、蓝三原色通道选定各自的源文件。注意三者之间不能有相同的选择，并且如果三原色选定的源文件不同，会直接关系到合并后的图像效果。单击"确定"按钮，即可完成合并通道的操作。

图 5-18　"合并通道"对话框

图 5-19　"合并 RGB 通道"对话框

5.5　"应用图像"和"计算"命令

使用"应用图像"和"计算"命令，可以将图像内部和图像之间的通道组合成新图像。这些命令提供了"图层"面板中没有的两个附加混合模式，即"添加"和"减去"。尽管通过将通道复制到"图层"面板的图层中可以创建通道的新组合，但采用"计算"命令来混合通道信息会更加迅速。

5.5.1　使用"应用图像"命令

使用"应用图像"命令可以将图像的图层和通道（源）与现用图像（目标）的图层和通道混合。使用"应用图像"命令的操作步骤如下。

1）打开网盘中的"随书素材及结果＼应用图像 1.jpg"和"应用图像 2.jpg"两张像素尺寸相同的图片，如图 5-20 所示。

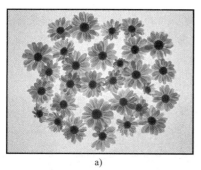

a)

b)

图 5-20　打开两张像素尺寸相同的图片

a) 应用图像 1.jpg　b) 应用图像 2.jpg

2）选择"应用图像 1.jpg"为当前图像，执行菜单中的"图像|应用图像"命令，在弹出的对话框中设置"源"为"应用图像 2.jpg"，"混合"为"正片叠底"，不透明度为 70%（见图 5-21），单击"确定"按钮，效果如图 5-22 所示。

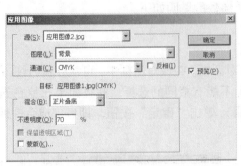

图 5-21 在"应用图像"对话框中设置参数　　　　图 5-22 设置"应用图像"后的效果

3）如果要通过蒙版应用混合，则可以选中"蒙版"复选框，此时的"应用图像"对话框如图 5-23 所示。然后选择包含蒙版的图像和图层，对于"通道"，可以选择任何颜色通道或 Alpha 通道作为蒙版，单击"确定"按钮，效果如图 5-24 所示。

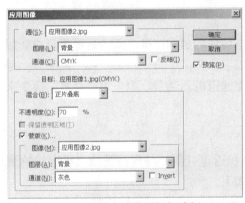

图 5-23 选中"蒙版"复选框　　　　图 5-24 使用"蒙版"后的"应用图像"效果

5.5.2 使用"计算"命令

使用"计算"命令可以混合两个来自一个或多个源图像的单个通道，然后将结果应用到新图像、新通道或现用图像的选区中。使用"计算"命令的操作步骤如下。

1）打开网盘中的"随书素材及结果 \ 计算 .jpg"图片，如图 5-25 所示。

2）新建一个通道，然后输入文字"广场夜景"，如图 5-26 所示。

图 5-25 打开图片　　　　图 5-26 在通道中输入文字

3）执行菜单中的"滤镜|模糊|高斯模糊"命令，在弹出的"高斯模糊"对话框中设置参数如图 5-27 所示，单击"确定"按钮。

4）执行菜单中的"滤镜|风格化|浮雕效果"命令，在弹出的对话框中设置参数如图 5-28 所示，单击"确定"按钮，效果如图 5-29 所示。

图 5-27　设置"高斯模糊"参数

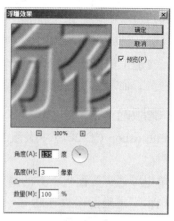

图 5-28　设置"浮雕效果"参数

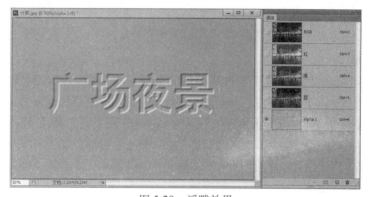

图 5-29　浮雕效果

5）执行菜单中的"图像|计算"命令，在弹出的对话框中设置参数如图 5-30 所示，单击"确定"按钮，效果如图 5-31 所示。

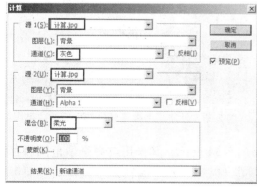

图 5-30　在"计算"对话框中设置参数

图 5-31　设置"计算"后的效果

5.6 蒙版的产生和编辑

蒙版用来保护被遮盖的区域，让被遮盖的区域不受任何编辑操作的影响。蒙版与选取范围的功能相同，两者之间可以互相转换，但它们在本质上是有区别的。选取范围是一个透明无色的虚框，在图像中只能看出它的虚框形状，不能看出经过羽化边缘后的选取范围效果。而蒙版则是以一个实实在在的形状出现在"通道"面板中，可以对它进行修改和编辑（如选择滤镜功能、旋转和变形等），然后转换为选取范围应用到图像上。事实上，蒙版是一个灰色图像，在通道中将有颜色的区域设为遮盖的区域时，白色的区域为透明的区域（即图像的选取范围），而灰色的区域则是半透明的区域。

5.6.1 蒙版的产生

在 Photoshop CC 2015 中蒙版的应用非常广泛，产生蒙版的方法有很多。常用的方法有以下几种：

- 单击"通道"面板下方的 ▣（将选区存储为通道）按钮，将选取范围转换为蒙版。
- 利用"通道"面板先建立一个 Alpha 通道，然后利用绘图工具或其他编辑工具，在该通道上进行编辑，也可以产生一个蒙版。
- 利用图层蒙版功能，可在"通道"面板中产生一个蒙版，具体请参考"4.5 图层蒙版"。
- 使用工具箱中的快速蒙版功能产生一个快速蒙版。

5.6.2 快速蒙版

利用快速蒙版可以快速地将一个选取范围转换为一个蒙版，然后对该蒙版进行修改和编辑，以完成精确的选取范围，此后再转换为选区范围使用。应用快速蒙版的操作步骤如下。

1）打开网盘中的"随书素材及结果\快速蒙版 .jpg"图片，如图 5-32 所示。

2）利用工具箱中的 ▨（魔棒工具）选取画笔，会发现笔尖部分由于和阴影颜色十分接近，很难选取，如图 5-33 所示。此时，可以单击工具箱中的 ▣（以快速蒙版模式编辑）按钮（快捷键〈Q〉），进入快速蒙版状态。

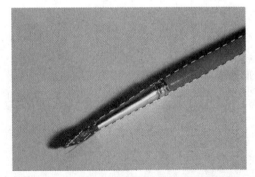

图 5-32　打开图片　　　　　　图 5-33　使用"魔棒工具"选取后的效果

3）此时，通道中会产生一个快速蒙版，如图 5-34 所示。其作用与将选取范围保存到通道中相同，只不过它是临时蒙版，一旦单击 ▣（以标准模式编辑）按钮，快速蒙版就会消失。

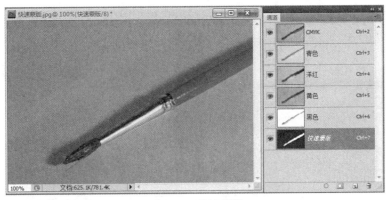

图 5-34　快速蒙版

4）　在快速蒙版状态下设置前景色为白色，利用工具箱中的 在笔尖部分进行涂抹，从而选取使用 不易选取的笔尖部分，如图 5-35 所示。

5）单击 按钮，效果如图 5-36 所示。

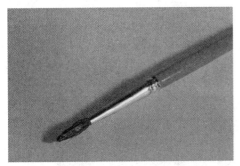

图 5-35　利用 （画笔工具）涂抹笔尖部分

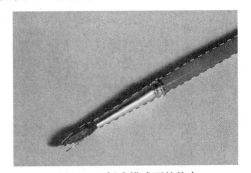

图 5-36　标准模式下的状态

5.7　实例讲解

本节将通过 3 个实例对 Photoshop CC 2015 中通道与蒙版的相关知识进行具体应用，旨在帮助读者快速掌握通道和蒙版的相关知识。

5.7.1　制作边缘效果文字

 要点：

本例将利用通道制作边缘效果文字，如图 5-37 所示。通过本例的学习，读者应掌握利用 Alpha 通道制作特效文字的方法。

操作步骤：

1）执行菜单中的"文件 | 新建"命令，在弹出的对话框中设置参数如图 5-38 所示，然后单击"确定"按钮，新建一个图像文件。

图 5-37　边缘效果文字

2）确定前景色为红色，背景色为白色，然后执行菜单中的"滤镜 | 渲染 | 云彩"命令，效果如图 5-39 所示。

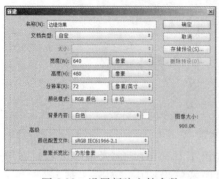

图 5-38　设置新建文件参数

图 5-39　"云彩"效果

3）进入"通道"面板，单击该面板下方的 （创建新通道）按钮，新建一个名称为"Alpha1"的通道，效果如图 5-40 所示。

4）选择工具箱中的 （横排文字蒙版工具），在图像文件上输入文字"天"（字体为隶书，字号 500 点），效果如图 5-41 所示。

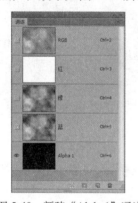

图 5-40　新建"Alpha1"通道

图 5-41　利用"横排文字蒙版工具"输入文字"天"

5）右击，从弹出的快捷菜单中选择"描边"命令，然后在弹出的对话框中设置参数，如图 5-42 所示，单击"确定"按钮，效果如图 5-43 所示。

图 5-42　"描边"对话框

图 5-43　"描边"效果

6）拖动"Alpha1"通道到 （创建新通道）按钮上，复制出"Alpha 2"通道。

7）在"Alpha2"通道上执行菜单中的"滤镜 | 模糊 | 高斯模糊"命令，在弹出的对话框中设置参数如图 5-44 所示，然后单击"确定"按钮，效果如图 5-45 所示。

图 5-44　设置"高斯模糊"参数

图 5-45　"高斯模糊"效果

8）执行菜单中的"滤镜 | 风格化 | 浮雕效果"命令，在弹出的对话框中设置参数，如图 5-46 所示，然后单击"确定"按钮，效果如图 5-47 所示。

图 5-46　设置"浮雕效果"参数

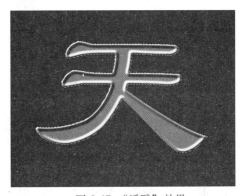

图 5-47　"浮雕"效果

9）执行菜单中的"选择 | 修改 | 扩展选区"命令，在弹出的对话框中设置参数，如图 5-48 所示，然后单击"确定"按钮，效果如图 5-49 所示。

图 5-48　设置"扩展选区"参数

图 5-49　"扩展选区"后的效果

10）执行菜单中的"选择|存储选区"命令，在弹出的对话框中设置参数，如图 5-50 所示，然后单击"确定"按钮，产生"Alpha 3"通道，效果如图 5-51 所示。

11）切换到 RGB 通道中，如图 5-52 所示。

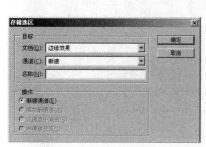
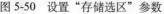

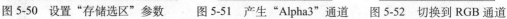

图 5-50　设置"存储选区"参数　　　图 5-51　产生"Alpha3"通道　　　图 5-52　切换到 RGB 通道

12）执行菜单中的"选择|载入选区"命令，在弹出的对话框中设置参数，如图 5-53 所示，然后单击"确定"按钮，效果如图 5-54 所示。

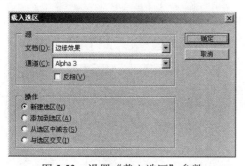
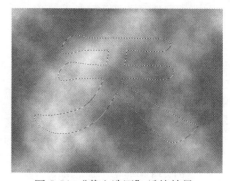

图 5-53　设置"载入选区"参数　　　　　　　　图 5-54　"载入选区"后的效果

13）执行菜单中的"选择|反向"命令（快捷键〈Ctrl+Shift+I〉），然后用白色填充选区，如图 5-55 所示。接着按快捷键〈Ctrl+D〉，取消选区。

14）同理，载入"Alpha 2"选区，效果如图 5-56 所示。

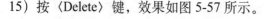

图 5-55　用白色填充文字以外的部分　　　　　图 5-56　载入"Alpha 2"选区

15）按〈Delete〉键，效果如图 5-57 所示。

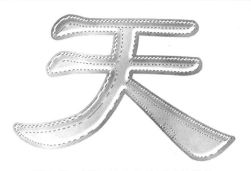

图 5-57　删除 Alpha2 选区后的效果

5.7.2　制作木板雕花效果

　要点：

　　本例将制作印第安头像在木板上的雕花效果，如图 5-58 所示。通过本例的学习，读者应掌握在 Photoshop 中置入 Illustrator 文件，以及应用图像的方法。

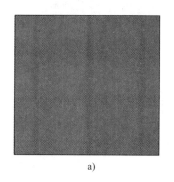　　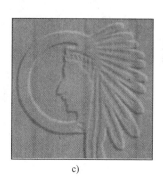

a)　　　　　　　　　　　　b)　　　　　　　　　　　　c)

图 5-58　木板雕花效果

a) 原图　b) 印第安头像　c) 结果图

　操作步骤：

　　1）打开网盘中的"随书素材及结果 \5.7.2 制作木板雕花效果 \ 原图 .jpg"文件，如图 5-58 所示。

　　2）单击"通道"面板上的▫（创建新通道）按钮，建立一个新的 Alpha1 通道，如图 5-59 所示。

　　3）执行菜单中的"文件 | 打开"命令，打开网盘中的"随书素材及结果 \5.7.2 制作木板雕花效果 \ 印第安头像 .ai"文件，然后在弹出的如图 5-60 所示的对话框中单击"确定"按钮，效果如图 5-61 所示。接着执行菜单中的"图像 | 调整 | 反相"命令（快捷键〈Ctrl+I〉），对图像进行反相处理，效果如图 5-62 所示。

　　4）执行菜单中的"编辑 | 全选"命令，全选反相后的图像。然后执行菜单中的"编辑 | 复制"命令，对其进行复制。接着回到"原图 .jpg"文件中，选择新建的 Alpha1 通道，按快捷键〈Ctrl+V〉进行粘贴。再按快捷键〈Ctrl+T〉，对其进行适当缩放，效果如图 5-63 所示。

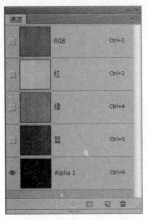

图 5-59　新建 Alpha1 通道

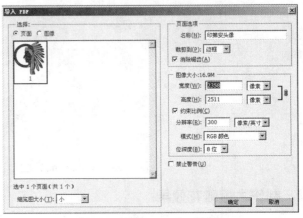

图 5-60　"导入 PDF" 对话框

图 5-61　置入图像

图 5-62　反相处理效果

图 5-63　将反相后的图像拖入到 Alpha1 通道中并进行适当缩放

5）对头像进行模糊处理。执行菜单中的"滤镜 | 模糊 | 高斯模糊"命令，在弹出的对话框中设置参数如图 5-64 所示，然后单击"确定"按钮，效果如图 5-65 所示。

6）执行菜单中的"滤镜 | 风格化 | 浮雕效果"命令，然后在弹出的对话框中设置参数如图 5-66 所示，单击"确定"按钮，效果如图 5-67 所示。

图 5-64 设置"高斯模糊"参数

图 5-65 "高斯模糊"后的效果

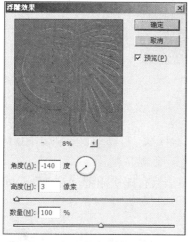

图 5-66 设置"浮雕效果"参数

图 5-67 浮雕效果

7）切换到 RGB 通道中，执行菜单中的"图像 | 应用图像"命令，在弹出的对话框中设置参数，如图 5-68 所示，单击"确定"按钮，效果如图 5-69 所示。

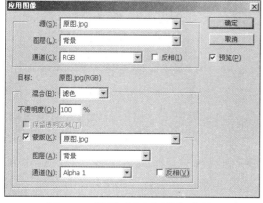

图 5-68 设置"应用图像"参数

图 5-69 "应用图像"后的效果

5.7.3 制作五彩三维圆环效果

 要点：

本例将制作五彩三维圆环效果，如图 5-70 所示。通过本例的学习，读者应掌握通道、色彩平衡和高斯模糊滤镜的综合应用。

图 5-70 五彩三维圆环效果

 操作步骤：

1）执行菜单中的"文件 | 新建"（快捷键为〈Ctrl+N〉）命令，在弹出的对话框中设置参数如图 5-71 所示，然后单击"确定"按钮，新建一个文件。

2）确定前景色为黑色（RGB 值为（0，0，0）），然后按快捷键〈Alt+Delete〉，用前景色填充画面，效果如图 5-72 所示。

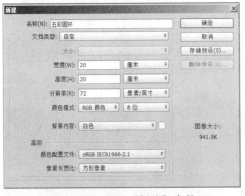

图 5-71 设置"新建"参数　　　　　　　　图 5-72 用黑色填充画面

3）按快捷键〈Ctrl+R〉，调出标尺。然后在标尺处右击，从弹出的快捷菜单中选择"厘米"选项，接着从标尺中拉出参考线，如图 5-73 所示。

4）新建"图层 1"，然后选择工具箱中的 ⬤（椭圆选框工具），配合快捷键〈Shift+Alt〉，以参考线的交叉点为轴心创建一个正圆形选区。接着用白色（RGB 值为（255，255，255））填充选区，效果如图 5-74 所示。此时，图层的分布如图 5-75 所示。

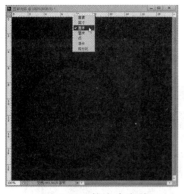

图 5-73　拉出参考线

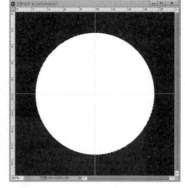

图 5-74　绘制并填充选区

图 5-75　图层的分布

5）按快捷键〈Ctrl+D〉取消选区，然后以参考线的交叉点为中心创建一个稍小的正圆形。接着按〈Delete〉键删除选区内的白色部分，效果如图 5-76 所示。

6）使用工具箱中的 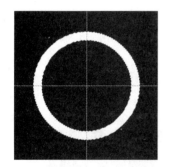（魔棒工具）创建画面上的白色选区。然后执行菜单中的"选择 | 存储选区"命令，在弹出的对话框中设置参数如图 5-77 所示，单击"确定"按钮。此时，"通道"面板中产生了一个"Alpha 1"通道，如图 5-78 所示。

图 5-76　创建并删除正圆形选　　图 5-77　设置"存储选区"参数　　图 5-78　产生"Alpha 1"通道
　　　　　区中的白色部分

7）按快捷键〈Ctrl+R〉隐藏标尺。接着在"Alpha 1"通道上执行菜单中的"滤镜 | 模糊 | 高斯模糊"命令，在弹出的对话框中设置参数如图 5-79 所示，然后单击"确定"按钮，效果如图 5-80 所示。

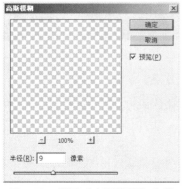

图 5-79　设置"高斯模糊"参数

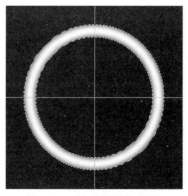

图 5-80　"高斯模糊"效果

8）此时，圆环的三维效果不太明显，下面通过"曲线"命令来增强三维感。方法：执行菜单中的"图像 | 调整 | 曲线"命令（快捷键为〈Ctrl+M〉），在弹出的对话框中设置参数如图5-81所示，然后单击"确定"按钮，效果如图5-82所示。

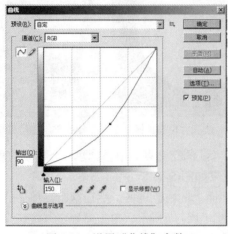

图5-81 设置"曲线"参数   图5-82 调整"曲线"后的效果

9）回到"图层"面板，选择"图层1"，按〈Delete〉键删除"图层1"中的白色圆环，然后执行菜单中的"选择 | 载入选区"命令，在弹出的对话框中设置参数如图5-83所示，再单击"确定"按钮，载入Alpha 1选区。

10）确认前景色为白色，然后按快捷键〈Alt+Delete〉，用前景色填充选区。接着按快捷键〈Ctrl+D〉取消选区，效果如图5-84所示。

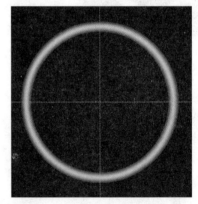

图5-83 设置"载入选区"参数   图5-84 用白色填充选区

11）至此，三维圆环制作完毕，下面为其添加颜色效果。方法：选择"图层1"，单击"图层"面板下方的 ⦿.（创建新的填充或调节图层）按钮，在弹出的快捷菜单中选择"色彩平衡"命令，然后在弹出的对话框中设置参数如图5-85所示，单击"确定"按钮，效果如图5-86所示。此时，图层的分布如图5-87所示。

12）利用"黑-白"线性渐变处理"色彩平衡1"的图层蒙版（见图5-88），效果如图5-89所示。

图 5-85 设置"色彩平衡"参数

图 5-86 "色彩平衡"效果

图 5-87 图层的分布

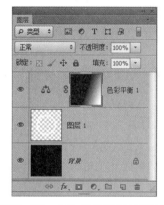

图 5-88 利用"黑 - 白"线性渐变处理图层蒙版

图 5-89 处理图层蒙版后的效果

13）同理，对"图层 1"添加"色彩平衡"调节图层，最终效果如图 5-90 所示。此时，图层的分布如图 5-91 所示。

图 5-90 最终效果

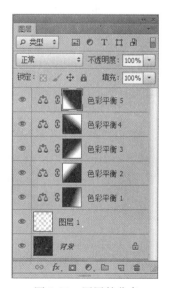

图 5-91 图层的分布

5.8 课后练习

1. 填空题

1）通道可以分为 _____、_____ 和 _____ 3 种。

2）如果已经有一个 Alpha 选区，在执行菜单中的"选择 | 载入选区"命令后，将出现 _____、_____、_____ 和 _____ 4 个选项可供选择。

3）如果在按住键盘上的 _____ 键的同时单击通道，可以直接载入该通道所保存的选区；如果在按住键盘上的 _____ 键的同时单击通道，可在当前选区中添加该通道所保存的选区；如果在按住键盘上的 _____ 键的同时单击通道，可以在当前选区中减去该通道所保存的选区；如果在按住键盘上的 _____ 键的同时单击通道，可以得到当前选区与该通道所保存选区相重叠的选区。

2. 选择题

1）启动快速蒙版的快捷键是 _____。

    A. Q   B. K   C. D   D. X

2）按住 _____ 键，单击"通道"面板下方的 ▫（创建新通道）按钮，可弹出"新建通道"对话框。

    A. Ctrl   B. Shift   C. Alt   D. Ctrl+Shift

3. 问答题

1）简述 Alpha 通道的使用方法。

2）简述"应用图像"和"计算"命令的使用方法。

4. 操作题

1）练习 1：制作如图 5-92 所示的金属文字效果。

2）练习 2：利用网盘中的"课后练习 \5.8 课后练习 \ 练习 2\ 原图 .jpg"图片，制作如图 5-93 所示的木板雕花效果。

图 5-92　金属文字效果

图 5-93　木板雕花效果

第6章 图像色彩和色调的调整

调整图像颜色是 Photoshop CC 2015 的重要功能之一，在 Photoshop 中有十几种调整图像颜色的命令，利用它们可以对拍摄或扫描后的图像进行处理，从而得到所需的效果。通过本章的学习，读者应掌握对图像色彩和色调进行调整的方法。

本章内容包括：

■ 整体色彩的快速调整
■ 图像色调的精细调整
■ 特殊效果的色调调整

6.1 整体色彩的快速调整

当需要处理图像的要求不是很高时，可以使用"亮度／对比度""自动色调""自动对比度"和"自动颜色"等命令对图像的色彩或色调进行快速而简单的总体调整。

6.1.1 亮度／对比度

使用"亮度／对比度"命令，可以简便、直观地完成图像亮度和对比度的调整。使用其调整图像色调的操作步骤如下。

1）打开网盘中的"随书素材及结果 \6.1.1 亮度／对比度 \ 原图 .jpg"图片，如图 6-1 所示。

2）执行菜单中的"图像 | 调整 | 亮度／对比度"命令，弹出如图 6-2 所示的对话框。

图 6-1 原图 .jpg

图 6-2 "亮度／对比度"对话框

3）在该对话框中将亮度滑块向右移动可增加色调值并扩展图像高光，将亮度滑块向左移动可减少色调值并扩展图像阴影；拖动对比度滑块可扩展或收缩图像中色调值的总体范围。

4）若未选中"使用旧版"复选框，则使用"亮度／对比度"命令与使用"色阶"和"曲线"命令调整一样，都是按比例（非线性）调整图像像素；如果选中"使用旧版"复选框，则在调整亮度时只是简单地增大或减小所有像素值，由于这样会导致修剪或丢失高光（或阴影）区域中的图像细节，因此对于高端输出，建议不要选中"使用旧版"复选框。

5）设置参数如图 6-3 所示，单击"确定"按钮，效果如图 6-4 所示。

图 6-3　调整"亮度／对比度"参数　　　　图 6-4　调整"亮度／对比度"参数后的效果

6.1.2　自动色调

"自动色调"命令可以自动调整图像中的黑场和白场，将每个颜色通道中最亮的像素设置为白色，最暗的像素设置为黑色，中间像素值按比例重新分布。图 6-5 为原图（见网盘中的随书素材及结果 \6.1.2　自动色调 \ 原图 .jpg），图 6-6 为执行菜单中的"图像 | 调整 | 自动色调"命令后的效果。

图 6-5　原图　　　　　　　　　　图 6-6　"自动色调"后的效果

6.1.3　自动对比度

"自动对比度"命令可以自动调整图像的对比度，使图像中的高光部分看上去更亮，阴影部分看上去更暗。图 6-7a 为原图（见网盘中的随书素材及结果 \6.1.3　自动对比度 \ 原图 .jpg），图 6-7b 为执行菜单中的"图像 | 调整 | 自动对比度"命令后的效果。

6.1.4　自动颜色

"自动颜色"命令可以自动搜索图像中的阴影、中间调和高光区域，从而调整图像的对比度和颜色。图 6-7c 为原图（见网盘中的随书素材及结果 \6.1.4　自动颜色 \ 原图 .jpg），图 6-7d 为执行菜单中的"图像 | 调整 | 自动颜色"命令后的效果。

图 6-7　自动对比度和自动颜色效果

a) 原图 1　b)"自动对比度"后的效果　c) 原图 2　d)"自动颜色"后的效果

6.2　色调的精细调整

当要对图像的细节、局部进行精确的色彩和色调调整时，可以使用"色阶""曲线""色彩平衡"和"匹配颜色"等命令来完成。

6.2.1　色阶

使用"色阶"命令，可以通过调整图像的暗调、中间调和高光等强度级别，校正图像的色调范围和色彩平衡。使用其调整图像色调的操作步骤如下。

1）打开网盘中的"随书素材及结果 \6.2.1　变化 \ 原图 .jpg"图片，如图 6-8 所示。

2）执行菜单中的"图像 | 调整 | 色阶"命令（快捷键〈Ctrl+L〉），弹出如图 6-9 所示的对话框。

图 6-8　原图 .jpg

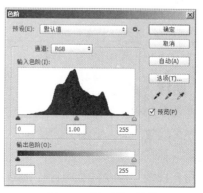

图 6-9　"色阶"对话框

该对话框中主要选项的含义如下。

● 通道：该下拉列表用于选定要进行色调调整的通道。如果选中"RGB"，则色调调整将对所有通道起作用；如果只选中"R""G""B"通道中的单一通道，则"色阶"命令只对当前选中的通道起作用。

● 输入色阶：在"输入色阶"下面有 3 个文本框，分别对应通道的暗调、中间调和高光。这 3 个文本框分别与直方图下的 3 个小三角形滑块一一对应，分别拖动 3 个滑块可以很方便地调整图像暗调、中间调和亮部色调。缩小"输入色阶"的范围，可以提高图像的对比度。

● 输出色阶：使用"输出色阶"可以限定处理后图像的亮度范围，缩小"输出色阶"的范围会降低图像的对比度。

● 吸管工具：该对话框右下角的工具从左到右依次为 、和 。选择其中任何一个吸管，然后将鼠标指针移到图像窗口中，鼠标指针会变成相应的吸管形状，此时单击即可进行色调调整。选择 后在图像中单击，图像中所有像素的亮度值将减去吸管单击处的像素亮度值，从而使图像变暗。与 相反，Photoshop CC 2015 将所有像素的亮度值加上吸管单击处的像素的亮度值，从而提高图像的亮度。所选中的像素的亮度值用来调整图像的色调分布。

● 自动：单击"自动"按钮，将以所设置的自动校正选项对图像进行调整。

3）设置"输入色阶"的 3 个值分别为 40，1.00，200，如图 6-10 所示。然后单击"确定"按钮，效果如图 6-11 所示。

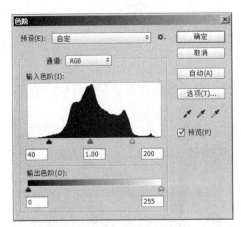

图 6-10　调整"色阶"参数

图 6-11　调整"色阶"参数后的效果

6.2.2　曲线

"曲线"命令是使用非常广泛的色调控制方式。其功能和"色阶"命令相同，只不过比"色阶"命令可以做更多、更精密的设置。"色阶"命令只是用 3 个变量（高光、暗调、中间调）进行调整，而"曲线"命令可以调整 0 ～ 255 范围内的任意点，最多可同时使用 16 个变量。

使用"曲线"命令调整图像色调的具体操作步骤如下。

1）打开网盘中的"随书素材及结果\6.2.2　曲线\原图.jpg"图片，如图 6-12 所示。

2）执行菜单中的"图像|调整|曲线"命令（快捷键〈Ctrl+M〉），弹出如图 6-13 所示的对话框。

图 6-12　原图.jpg

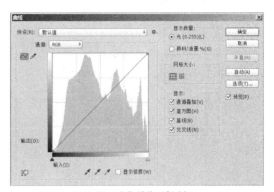

图 6-13　"曲线"对话框

该对话框中主要选项的含义如下。

- 坐标轴：坐标轴中的 X 轴（横轴）代表图像调整前的色阶，从左到右分别代表图像从最暗区域到最亮区域的各个部分，Y 轴（纵轴）代表图像调整后的色阶，从上到下分别代表调整后图像从最暗区域到最亮区域的各个部分。在未做编辑前图像中显示一条 45°的直线，即输入值与输出值相同。

- ∿（编辑点以修改曲线）：通过该按钮，可以添加控制点以控制曲线的形状。激活该按钮，就可以通过在曲线上添加控制点来改变曲线的形状。移动鼠标指针到曲线上方，此时鼠标指针呈"+"形状，单击即可产生一个节点（见图 6-14），同时该点的"输入/输出"值显示在对话框左下角的"输入"和"输出"数值框中。移动鼠标到节点上方，当鼠标指针呈双向十字箭头形状时，按住鼠标左键并拖动鼠标，或者按键盘上的方向键，即可移动节点（见图 6-15），从而改变曲线的形状。

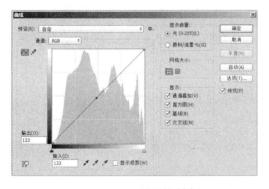

图 6-14　添加控制点

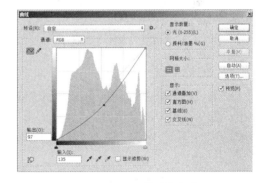

图 6-15　移动控制点

- ✐（通过绘制来修改曲线）：通过该按钮，可直接在该对话框的编辑区中手动绘制自由线型的曲线形状。激活该按钮，然后移动鼠标指针到网格中，按住鼠标左键进行绘制即可，如图 6-16 所示。此时绘制的曲线不平滑，单击"平滑"按钮，可使曲线自动变得平滑，如图 6-17 所示。

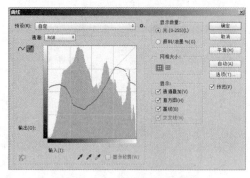
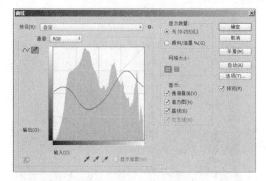

图 6-16　绘制曲线形状　　　　　　　　　　　　图 6-17　平滑曲线

- ✐ ✐ ✐（在图像中取样以设置黑场、灰场、白场）：单击 ✐ 按钮后在图像中单击，即可将该点设置为图像的黑场；单击 ✐ 按钮后在图像中单击，即可将该点设置为图像的灰场；单击 ✐ 按钮后在图像中单击，即可将该点设置为图像的白场。

3）设置参数如图 6-18 所示，单击"确定"按钮，效果如图 6-19 所示。

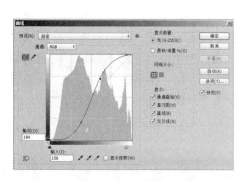

图 6-18　调整"曲线"参数　　　　　　　　　　图 6-19　调整"曲线"参数后的效果

6.2.3　色彩平衡

使用"色彩平衡"命令可在彩色图像中改变颜色的混合，从而使整体图像的色彩平衡。使用"色彩平衡"命令调整图像色彩的操作步骤如下。

1）打开网盘中的"随书素材及结果 \6.2.3　色彩平衡 \原图 .jpg"图片，如图 6-20 所示。

2）执行菜单中的"图像 | 调整 | 色彩平衡"命令，弹出如图 6-21 所示的"色彩平衡"对话框。在该对话框中包含 3 个滑块，分别对应"色阶"右侧的 3 个文本框，拖动滑块或者直接在文本框中输入数值均可以调整色彩。3 个滑块的取值范围均为 $-100 \sim +100$。

图 6-20　原图 .jpg

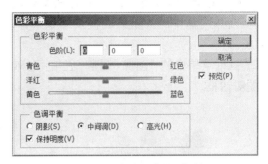

图 6-21　"色彩平衡"对话框

3）选择"中间调"单选按钮，调整滑块的位置（见图 6-22），效果如图 6-23 所示。

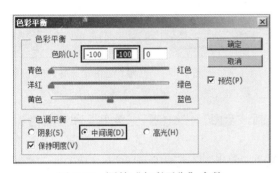

图 6-22　调整"色彩平衡"参数

图 6-23　调整"色彩平衡"参数后的效果

4）选择"高光"单选按钮，调整 3 个滑块的位置（见图 6-24），单击"确定"按钮，效果如图 6-25 所示。

提示：如果选中"保持明度"复选框，则可以保持图像的亮度不变，而只改变色彩。

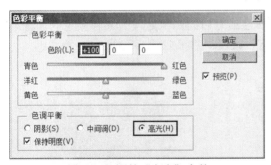

图 6-24　调整"高光"参数

图 6-25　调整"高光"参数后的效果

6.2.4　色相 / 饱和度

"色相 / 饱和度"命令主要用于改变像素的色相及饱和度，并且通过给像素指定新的色相及饱和度，可以实现给灰度图像添加色彩的功能。在 Photoshop CC 2015 中，还可以存储和载入"色相 / 饱和度"的设置，以供其他图像重复使用。

使用"色相/饱和度"命令调整图像色彩的操作步骤如下:

1）打开网盘中的"随书素材及结果\6.2.4 色相饱和度\原图.jpg"图片,如图6-26所示。

2）执行菜单中的"图像|调整|色相/饱和度"命令（快捷键〈Ctrl+U〉）,弹出如图6-27所示的对话框。

图6-26 原图.jpg

图6-27 "色相/饱和度"对话框

该对话框中主要选项的含义如下。

● 编辑:用于选择调整颜色的范围,包括"全图""红色""黄色"和"绿色"等多个选项。

● 色相/饱和度/明度:按住鼠标左键拖动"色相"（范围为 −180～+180）、"饱和度"（范围为 −100～+100）和"明度"（范围为 −100～+100）的滑块,或在其数值框中输入数值,可以分别控制图像的色相、饱和度、明度。

● 吸管:单击 🖋（吸管工具）按钮后,在图像中单击,可选定一种颜色作为调整的范围;单击 🖋（添加到取样）按钮后,在图像中单击,可以在原有颜色变化范围上添加当前单击处的颜色范围;单击 🖋（从取样中减去）按钮后,在图像中单击,可以在原有颜色变化范围上减去当前单击处的颜色范围。

● 着色:选中该复选框后,可以将一幅灰色或黑白的图像处理为某种颜色的图像。

3）设置参数如图6-28所示,单击"确定"按钮,效果如图6-29所示。

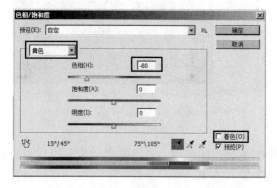

图6-28 调整"色相/饱和度"参数

图6-29 调整"色相/饱和度"参数后的效果

6.2.5　匹配颜色

"匹配颜色"命令用于匹配不同图像、多个图层或者多个颜色选区之间的颜色，即将源图像的颜色匹配到目标图像上，使目标图像虽然保持原来的画面，却有与源图像相似的色调。使用该命令，还可以通过更改亮度和色彩范围来调整图像中的颜色。

使用"匹配颜色"命令调整图像色彩的操作步骤如下。

1）打开网盘中的"随书素材及结果\6.2.5　匹配颜色\原图 1.jpg、原图 2.jpg"两幅图片，如图 6-30 所示。

a)　　　　　　　　　　　　　　　　　　b)

图 6-30　打开图片
a) 匹配颜色 1.jpg　b) 匹配颜色 2.jpg

2）确认当前图像为"原图 1.jpg"，执行菜单中的"图像|调整|匹配颜色"命令，弹出如图 6-31所示的对话框。

该对话框中主要选项的含义如下。

● 明亮度：用于增加或降低目标图像的亮度。
　取值范围为 1 ～ 200，最小值为 1，默认值
　为 100。

● 颜色强度：用于调整目标图层中颜色像素值
　的范围。最大值为 200，最小值为 1（灰度
　图像），默认值为 100。

● 渐隐：用于控制图像的调整量。向右拖动滑
　块可增大调整量，该值越大，得到的图像越
　接近于颜色区域前后的效果；反之，匹配的
　效果越明显。

图 6-31　"匹配颜色"对话框

● 源：用于将选区颜色与目标图像中的颜色相匹配的源图像。当用户不希望参考另一
　个图像来计算色彩调整时，应选择"无"选项，此时，目标图像和源图像相同。

● 图层：用于选择当前选择图像的图层。

● 应用调整时忽略选区：如果在当前操作图像中存在选区，则选中该复选框后，可以
　忽略选区对于操作的影响。

● 使用源选区计算颜色：选中该复选框后，在匹配颜色时仅计算源文件选区中的图像，选区以外的图像的颜色不在计算范围之内。

● 使用目标选区计算调整：选中该复选框后，在匹配颜色时仅计算目标文件选区中的图像，选区以外的图像的颜色不在计算范围之内。

3）设置参数如图 6-32 所示，单击"确定"按钮，效果如图 6-33 所示。

图 6-32　调整"匹配颜色"参数

图 6-33　调整"匹配颜色"参数后的效果

6.2.6　替换颜色

"替换颜色"命令允许先选定图像中的某种颜色，然后改变其色相、饱和度、亮度值。它相当于执行菜单中的"选择 | 色彩范围"命令和"色相 / 饱和度"命令。

使用"替换颜色"命令调整图像色彩的操作步骤如下。

1）打开网盘中的"随书素材及结果 \6.2.6　替换颜色 \ 原图 .jpg"图片，如图 6-34 所示。

2）执行菜单中的"图像 | 调整 | 替换颜色"命令，弹出如图 6-35 所示的对话框。在该对话框中可以选择是预览"选区"还是"图像"。

图 6-34　原图 .jpg

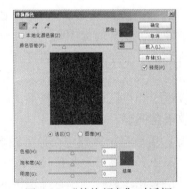

图 6-35　"替换颜色"对话框

3）选择 🖋（吸管工具），在图像中单击花瓣主体，确定选区范围。然后选择 🖋（添加到取样），在花瓣边缘增加当前的颜色；选择 ✎ （从取样中减去），在取样区域减少当前的颜色。

4）拖动"颜色容差"滑块可调整选区的大小。容差越大，选取的范围越大，在此设置"颜色容差"为 150。然后在"替换"选项组中调整所选颜色的"色相""饱和度"和"亮度"，如图 6-36 所示。单击"确定"按钮，效果如图 6-37 所示。

图 6-36　调整"替换颜色"参数

图 6-37　调整"替换颜色"参数后的效果

6.2.7　可选颜色

使用"可选颜色"命令可校正不平衡的色彩和调整颜色，它是高端扫描仪和分色程序使用的一项技术，用于在图像中的每个原色中添加或减少 CMYK 印刷色的量。

使用"可选颜色"命令调整图像色彩的具体操作步骤如下。

1）打开网盘中的"随书素材及结果 \6.2.7　可选颜色 \ 原图 .jpg"图片，如图 6-38 所示。

2）执行菜单中的"图像 | 调整 | 可选颜色"命令，弹出如图 6-39 所示的对话框。在该对话框中可以通过"颜色"下拉列表设置颜色，有针对性地选择红色、绿色、蓝色、青色、洋红色、黄色、黑色、白色和中性色进行调整。

3）选择"红色"选项，将"青色"数值设置为 –100%，如图 6-40 所示。然后单击"确

图 6-38　原图 .jpg

图 6-39　"可选颜色"对话框

定"按钮，效果如图 6-41 所示。

图 6-40　调整"可选颜色"参数

图 6-41　调整"可选颜色"参数后的效果

6.2.8　通道混合器

使用"通道混合器"命令可以通过从每个颜色通道中选取其所占的百分比来创建高品质的灰度图像，还可以创建高品质的棕褐色调或其他彩色图像。该命令使用图像中现有（源）颜色通道的混合来修改目标（输出）颜色通道。使用"通道混合器"命令可以通过源通道向目标通道加、减灰度数据。

使用"通道混合器"命令调整图像色彩的操作步骤如下。

1）打开网盘中的"随书素材及结果 \6.2.8　通道混合器 \原图 .jpg"图片，如图 6-42 所示。

2）执行菜单中的"图像 | 调整 | 通道混合器"命令，弹出如图 6-43 所示的对话框。

图 6-42　原图 .jpg

图 6-43　"通道混合器"对话框

该对话框中主要选项的含义如下。

● 输出通道：用于选择要设置的颜色通道。

● 源通道：拖动"红色""绿色"和"蓝色"滑块，可以调整各个原色的值。不论是 RGB 模式还是 CMYK 模式的图像，其调整方法都是一样的。

● 常数：拖动滑块或在数值框中输入数值（取值范围是 –200 ~ 200），可以改变当前所指定通道的不透明度。

● 单色：选中该复选框后，可以将彩色图像变成灰度图像。此时，图像值包含灰度值，所有的色彩通道使用相同的设置。

3）设置参数如图 6-44 所示，单击"确定"按钮，效果如图 6-45 所示。

图 6-44　调整"通道混合器"参数　　　图 6-45　调整"通道混合器"参数后的效果

6.2.9　照片滤镜

"照片滤镜"命令用于模拟传统光学滤镜特效，能够使照片呈现暖色调、冷色调及其他颜色的色调。

使用"照片滤镜"命令调整图像色彩的操作步骤如下。

1）打开网盘中的"随书素材及结果 \6.2.9　照片滤镜 \ 原图 .jpg"图片，如图 6-46 所示。

2）执行菜单中的"图像 | 调整 | 照片滤镜"命令，弹出如图 6-47 所示的对话框。

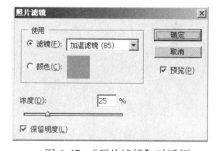

图 6-46　原图 .jpg　　　　　　图 6-47　"照片滤镜"对话框

该对话框中主要选项的含义如下。

● 滤镜：在该下拉列表中可以选择预设的选项，对图像进行调节。
● 颜色：单击该色块，在弹出的"选择滤镜颜色"对话框中可指定一种照片滤镜颜色。
● 浓度：拖动该滑块，可以设置原图像的亮度。
● 保留明度：选中该复选框，可在调整颜色的同时保留原图像的亮度。

3）设置参数如图 6-48 所示，单击"确定"按钮，效果如图 6-49 所示。

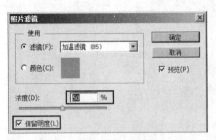

图 6-48　调整"照片滤镜"参数

图 6-49　调整"照片滤镜"参数后的效果

6.2.10　阴影 / 高光

"阴影 / 高光"命令能够基于阴影或高光中的局部相邻像素来校正每个像素，当调整阴影区域时，对高光区域的影响很小；当调整高光区域时，对阴影区域影响很小。该命令非常适合校正由强逆光而形成的剪影照片，也可以校正由于太接近相机闪光灯而有些发白的焦点。使用"阴影 / 高光"命令调整图像色彩的操作步骤如下。

1）打开网盘中的"随书素材及结果 \6.2.10　阴影 / 高光 \ 原图 .jpg"图片，如图 6-50 所示。

2）执行菜单中的"图像 | 调整 | 阴影 / 高光"命令，弹出如图 6-51 所示的对话框。

图 6-50　原图 .jpg

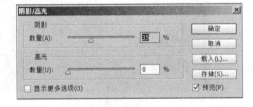

图 6-51　"阴影 / 高光"对话框

3）勾选"显示更多选项"复选框，显示出更多选项，然后设置参数如图 6-52 所示。该对话框中主要选项的含义如下。

● "阴影"选项组："数量"选项用来控制阴影区域的亮度，数值越大，阴影区域就越亮；"色调"选项用来控制色调的修改范围，数值越小，修改的范围就只针对较暗的区域；"半径"选项用来控制像素是在阴影中还是在高光中。

● "高光"选项组:"数量"选项用来控制高光区域的黑暗程度,数值越大,高光区域越暗;"色调"用来控制色调的修改范围,数值越小,修改的范围就只针对较亮的区域;"半径"选项用来控制像素是在阴影中还是在高光中。

● "调整"选项组:"颜色"选项用来调整已修改区域的颜色;"中间调对比度"选项用来调整中间调的对比度;"修剪黑色"和"修剪白色"决定了在图像中将多少阴影和高光剪到新的阴影中。

● 存储默认值:单击该按钮,则可以将当前设置的参数设置为默认值,当再次打开"阴影 / 高光"对话框时,就会显示该参数。

4) 单击"确定"按钮,效果如图 6-53 所示。

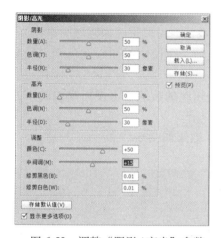

图 6-52　调整"阴影 / 高光"参数

图 6-53　调整"阴影 / 高光"参数后的效果

6.2.11　曝光度

"曝光度"命令用于对曝光不足或曝光过度的照片进行修正。与"阴影 / 高光"命令不同的是,"曝光度"命令是对图像整体进行加亮或调暗。

使用"曝光度"命令调整图像色彩的操作步骤如下。

1) 打开网盘中的"随书素材及结果\6.2.11　曝光度\原图 .jpg"图片,如图 6-54 所示。

图 6-54　原图 .jpg

2）执行菜单中的"图像 | 调整 | 曝光度"命令，弹出如图 6-55 所示的对话框。

图 6-55 "曝光度"对话框

该对话框中主要选项的含义如下。

● 曝光度：拖动该滑块或在数值框中输入相应的数值，可调整图像区域的高光。

● 位移：拖动该滑块或在数值框中输入相应的数值，可使阴影和中间色调区域变暗，
但对高光区域的影响很小。

● 灰度系数校正：拖动该滑块或在数值框中输入相应的数值，可使用简单的乘方函数
调整图像的灰度区域。

3）设置参数如图 6-56 所示，单击"确定"按钮，效果如图 6-57 所示。

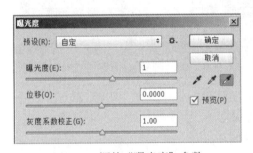

图 6-56 调整"曝光度"参数

图 6-57 调整"曝光度"参数后的效果

6.2.12 HDR 色调

使用"HDR 色调"命令可以修补太亮或太暗的图像，从而制作出高动态范围的图像效果。
使用"HDR 色调"命令调整图像色彩的操作步骤如下。

1）打开网盘中的"随书素材及结果 \6.2.12 HDR 色调 \ 原图 .jpg"图片，如图 6-58
所示。

2）执行菜单中的"图像 | 调整 |HDR 色调"命令，弹出如图 6-59 所示的对话框。

该对话框中主要选项的含义如下。

● 预设：在下拉列表中可以选择预设的 HDR 效果。

● 方法：用于选择调整图像采用何种 HDR 方法。

● "边缘光"选项组：用于调整图像边缘光的强度。

- "色调和细节"选项组：用于调整图像的色调和细节，从而使图像的色调和细节更丰富细腻。
- "高级"选项组：用于调整图像的整体色彩。
- "色调曲线和直方图"：用于通过曲线来调整 HDR 图像。

图 6-58　原图 .jpg

图 6-59　"HDR 色调"对话框

3）单击"确定"按钮，效果如图 6-60 所示。

图 6-60　最终效果

6.3　特殊效果的色调调整

使用"去色""渐变映射""反相""色调均化""阈值"和"色调分离"命令可以更改图像中的颜色或亮度值，从而产生特殊效果，但它们不用于校正颜色。

6.3.1　去色

"去色"命令的主要作用是去除图像中的饱和色彩，即将图像中所有颜色的饱和度都变为 0，使图像变为灰色色彩的图像。

与使用"灰度"命令将彩色图像转换成灰度图像有所不同,使用"去色"命令处理后的图像不会改变颜色模式,只不过失去了图像的颜色。此外,"去色"命令可以只对图像的某一选择范围进行转换,不像"灰度"命令那样不加选择地对整个图像产生作用。

6.3.2 渐变映射

"渐变映射"命令的主要功能是将相等的图像灰度范围映射到指定的渐变填充色上。如果指定双色渐变填充,图像中的暗调将映射到渐变填充的一个端点颜色,高光将映射到另一个端点颜色,中间调将映射到两个端点间的层次。

使用"渐变映射"命令的操作步骤如下。

1)打开网盘中的"随书素材及结果\6.3.2 渐变映射\原图.jpg"图片,如图6-61所示。

2)执行菜单中的"图像 | 调整 | 渐变映射"命令,弹出如图6-62所示的对话框。

图6-61 原图.jpg

图6-62 "渐变映射"对话框

3)单击"渐变映射"对话框中的渐变条右边的小三角,从弹出的渐变填充列表中选择相应的渐变填充色(见图6-63),单击"确定"按钮,效果如图6-64所示。

图6-63 选择渐变填充色

图6-64 "渐变映射"效果

6.3.3 反相

使用"反相"命令可以将像素颜色改变为其互补色,如黑变白、白变黑等。该命令是不损失图像色彩信息的变换命令。

使用"反相"命令的操作步骤如下：

1）打开网盘中的"随书素材及结果 \6.3.3　反相 \ 原图 .jpg"图片，如图 6-65 所示。

2）执行菜单中的"图像 | 调整 | 反相"命令，效果如图 6-66 所示。

图 6-65　原图 .jpg

图 6-66　"反相"效果

6.3.4　色调均化

使用"色调均化"命令可以重新分布图像中像素的亮度值，以便更均匀地呈现所有范围的亮度级。在应用此命令时，Photoshop CC 2015 会查找复合图像中最亮和最暗的值并重新映射这些值，以使最亮的值表示白色，最暗的值表示黑色。然后，Photoshop CC 2015 尝试对亮度进行色调均化处理，即在整个灰度范围内均匀地分布中间像素值。

使用"色调均化"命令的操作步骤如下：

1）打开网盘中的"随书素材及结果 \6.3.4　色调均化 \ 原图 .jpg"图片，如图 6-67 所示。

2）执行菜单中的"图像 | 调整 | 色调均化"命令，效果如图 6-68 所示。

图 6-67　原图 .jpg

图 6-68　"色调均化"效果

6.3.5　阈值

使用"阈值"命令可将一幅彩色图像或灰度图像转换为只有黑、白两种色调的高对比度的黑白图像。该命令主要根据图像像素的亮度值把它们一分为二，一部分用黑色表示，另一部分用白色表示。

使用"阈值"命令的操作步骤如下：

1）打开网盘中的"随书素材及结果 \6.3.5　阈值 \ 原图 .jpg"图片，如图 6-69 所示。

2）执行菜单中的"图像 | 调整 | 阈值"命令，弹出如图 6-70 所示的对话框。在该对话框的"阈值色阶"文本框中输入亮度的阈值，则大于此亮度的像素会转换为白色，小于

此亮度的像素会转换为黑色。

3）保持默认参数，单击"确定"按钮，效果如图 6-71 所示。

图 6-69　原图 .jpg

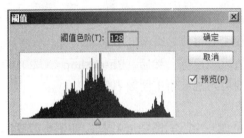

图 6-70　"阈值"对话框

图 6-71　"阈值"效果

6.3.6　色调分离

使用"色调分离"命令可以指定图像中每个通道的色调级（或亮度值）的数目，然后将这些像素映射为最接近的匹配色调。"色调分离"命令与"阈值"命令的功能类似，所不同的是，"阈值"命令在任何情况下都只考虑两种色调，而"色调分离"的色调可以指定 0～255 的任何一个值。

使用"色调分离"命令的操作步骤如下。

1）打开网盘中的"随书素材及结果 \6.3.6　色调分离 \ 原图 .jpg"图片，如图 6-72 所示。

2）执行菜单中的"图像 | 调整 | 色调分离"命令，弹出如图 6-73 所示的对话框。在该

图 6-72　原图 .jpg

对话框的"色阶"数值框中输入数值，确定色调等级。数值越大，颜色过渡越细腻；反之，图像的色块效果显示越明显。

3）保持默认参数，单击"确定"按钮，效果如图 6-74 所示。

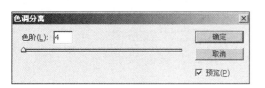

图 6-73　"色调分离"对话框　　　　　　　图 6-74　"色调分离"效果

6.4　实例讲解

本节通过 5 个实例来讲解使用 Photoshop CC 2015 对图像进行色调和色彩调整的相关知识，旨在帮助读者快速掌握图像色调和色彩调整的方法。

6.4.1　制作变色的郁金香效果

 要点：

本例将对图片中的红色郁金香进行处理，使其成为黄色，如图 6-75 所示。通过本例的学习，读者应掌握通过"色相 / 饱和度"命令对单一颜色进行调整的方法。

a)　　　　　　　　　　　　　　　b)

图 6-75　变色的郁金香
a) 原图　b) 结果图

 操作步骤：

1）打开网盘中的"随书素材及结果 \6.4.1　制作变色的郁金香效果 \ 原图 .jpg"文件，如图 6-75 所示。

2）将红色的郁金香处理为黄色。方法：执行菜单中的"图像 | 调整 | 色相 / 饱和度"命令（快捷键〈Ctrl+U〉），在弹出的对话框下拉列表中选择"红色"选项，如图 6-76 所示。接着调整参数如图 6-77 所示，单击"确定"按钮，效果如图 6-78 所示。

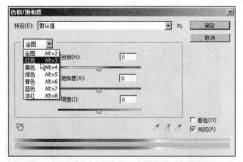
图 6-76　选择"红色"选项

图 6-77　调整"色相 / 饱和度"参数

图 6-78　最终效果

6.4.2　黑白老照片去黄效果

 要点：

本例将去除一张黑白照片上的水印，如图 6-79 所示。学习本例，读者应掌握利用通道去除水印的方法，利用"自动色阶"命令增加照片对比度的方法，利用橡皮图章除去折痕以及改变老照片色彩的方法。

a)

b)

图 6-79　带水印的黑白老照片去黄
a) 原图　b) 结果图

操作步骤：

1）打开网盘中的"随书素材及结果\6.4.2　制作黑白老照片去黄效果\原图 .bmp"图片，如图 6-79 所示。

2）进入"通道"面板逐一单击红、绿、蓝 3 个通道，会发现红色通道的杂质最少，下面选择红色通道将其拖到 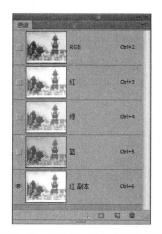（创建新通道）按钮上，从而复制出一个红色通道，如图 6-80 所示。

3）将红、绿、蓝通道分别拖入"通道"面板下方的 （删除当前通道）上，从而删除这 3 个通道，如图 6-81 所示。

4）选择工具箱中的 （套索工具），将羽化值设置为 10，以便于使选区处理后与周围颜色柔和过渡，然后创建如图 6-82 所示的选区。

图 6-80　复制出"红 副本"通道　　图 6-81　删除通道　　图 6-82　创建羽化选区

5）执行菜单中的"图像 | 调整 | 曲线"命令，在弹出的对话框中设置参数如图 6-83 所示，单击"确定"按钮。然后按快捷键〈Ctrl+D〉取消选区，效果如图 6-84 所示。

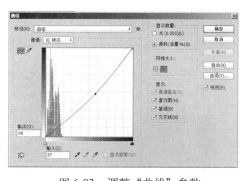

图 6-83　调整"曲线"参数　　　　　图 6-84　"曲线"效果

6）此时水印被去掉了，但照片的明亮对比度不强，这是一般老照片经常出现的情况，解决这个问题的方法很简单，只要执行菜单中的"图像 | 自动对比度"命令即可，最终效果

如图 6-85 所示。

图 6-85　去除水印效果

7）处理照片上的折痕。选择工具箱中的 ![缩放工具]（缩放工具）放大局部，如图 6-86 所示。然后选择工具箱中的 ![仿制图章工具]（仿制图章工具），配合键盘上的〈Alt〉键修复照片上的折痕，效果如图 6-87 所示。

图 6-86　放大局部　　　　　　　　　　　图 6-87　修复折痕

8）制作照片的上色效果。首先双击工具箱中的 ![抓手工具]（抓手工具），使照片满屏显示。然后执行菜单中的"图像|模式|灰度"命令，再执行"图像|模式|RGB 颜色"命令，将照片转化为 RGB 模式。接着执行菜单中的"图像|调整|色相/饱和度"命令，在弹出的对话框中设置参数如图 6-88 所示，单击"确定"按钮，最终效果如图 6-89 所示。

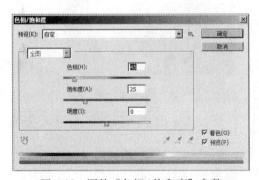

图 6-88　调整"色相/饱和度"参数　　　　图 6-89　调整"色相/饱和度"参数后的效果

6.4.3 颜色匹配效果

要点：

本例将把一张正午的照片处理为黄昏的照片，如图 6-90 所示。通过本例的学习，读者应掌握图像调整中"色阶"以及"颜色匹配"命令的综合应用。

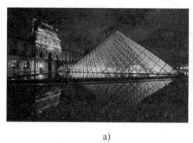  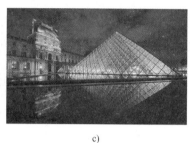

a)   b)   c)

图 6-90   匹配颜色效果

a) 原图 1   b) 原图 2   c) 结果图

操作步骤：

1）打开网盘中的"随书素材及结果 \6.4.3   颜色匹配效果 \ 原图 1.jpg"和"原图 2.jpg"图片，如图 6-90a 和图 6-90b 所示。

2）选择执行菜单中的"图像 | 调整 | 匹配颜色"命令，然后在弹出的"匹配颜色"对话框中将"数量"设置为 30%，如图 6-91 所示，此时画面效果如图 6-92 所示。

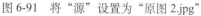

图 6-91   将"源"设置为"原图 2.jpg"

图 6-92   画面效果

3）此时画面大体效果已经有了，但画面过亮，色彩也过于鲜艳，下面就来解决这个问题。方法：在"匹配颜色"对话框中将"明亮度"设置为 30，将"颜色强度"设置为 1，如图 6-93 所示，单击"确定"按钮，最终效果如图 6-94 所示。

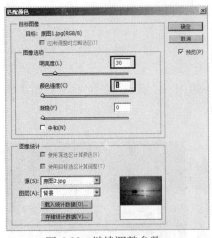

图 6-93　继续调整参数　　　　　　　　　　　　图 6-94　最终效果

6.4.4　Lab 通道调出明快色彩

　要点：

　　本例将利用"曲线"调整 Lab 通道，从而将一幅图像调出明快色彩，如图 6-95 所示。通过本例学习应掌握利用"曲线"调整 Lab 通道来调整图像色彩的方法。

a)　　　　　　　　　　　　　　　　　　　　b)

图 6-95　Lab 通道调出明快色彩效果

a) 原图　b) 结果图

　操作步骤：

　　1）打开网盘中的"随书素材及结果 \6.4.4　Lab 通道调出明快色彩 \ 原图 .jpg"文件，如图 6-95a 所示。

2）执行菜单中的"图像 | 模式 | Lab 颜色"命令，将图像转换为 Lab 颜色模式。

3）执行菜单中的"图像 | 调整 | 曲线"（快捷键为〈Ctrl+M〉）命令，然后在弹出的图 6-96 所示的"曲线"对话框中按住〈Alt〉键，在网格上单击，从而以 25% 的增量显示网格线，如图 6-97 所示，以便后面将控制点对齐到网格上。

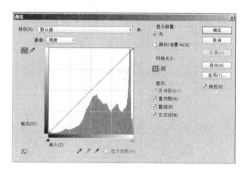

图 6-96　"曲线"对话框

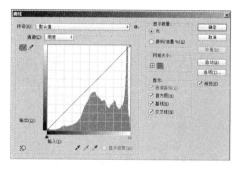

图 6-97　以 25% 的增量显示网格线

4）在"通道"下拉列表中选择 a，然后将上面的控制点水平向左移动两个网格线，将下面的控制点水平向右移动两个网格线，如图 6-98 所示，效果如图 6-99 所示。

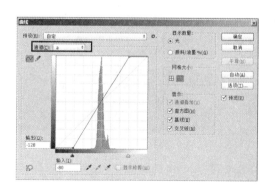

图 6-98　调整通道 a 的曲线

图 6-99　调整通道 a 的曲线后的效果

5）在"通道"下拉列表中选择 b，然后将上面的控制点水平向左移动两个网格线，将下面的控制点水平向右移动两个网格线，如图 6-100 所示，效果如图 6-101 所示。

6）在"通道"下拉列表中选择"明度"，然后调整曲线的形状如图 6-102 所示，使画面增亮，最终效果如图 6-103 所示。

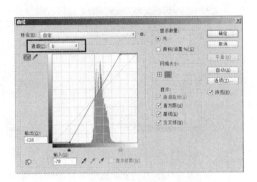

图 6-100　调整通道 b 的曲线

图 6-101　调整通道 b 的曲线后的效果

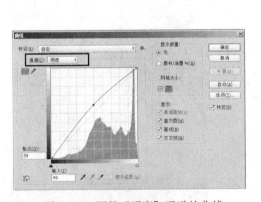

图 6-102　调整"明度"通道的曲线

图 6-103　最终效果

6.4.5　老照片效果

要点：

本案例将把一张鲜艳的风景照片制作成残缺的、有点偏黄的破旧老照片效果，如图 6-104 所示。该案例的制作大致分为 3 个步骤：首先需要将图片进行调色，然后添加破旧的纹理效果，最后制作照片残缺的边角效果。通过本案例的学习，读者应掌握照片色调的调整方法、滤镜以及图层蒙版的运用。

a)   b)

图 6-104   光效图像效果

a)"风景 .jpg"素材   b) 结果图

操作步骤:

1）打开网盘中的"素材及结果\6.4.5 老照片制作\风景 .jpg"图片文件，如图 6-104a 所示，再利用模糊滤镜功能稍微降低图片的清晰度。方法：执行菜单中的"滤镜｜模糊｜表面模糊"命令，然后在弹出的"表面模糊"对话框中将模糊半径设置为"1"像素，如图 6-105 所示，单击"确定"按钮，模糊后的图像效果如图 6-106 所示。

图 6-105   在"表面模糊"对话框中设置参数   图 6-106   模糊后的图像效果

2）下面通过一系列命令将图像调整为理想的黑白效果。方法：执行菜单中的"图像｜调整｜渐变映射"命令，然后在弹出的"渐变映射"对话框中选择"黑 - 白"渐变类型，如图 6-107 所示，单击"确定"按钮，此时图像会变为如图 6-108 所示的黑白效果。

3）执行菜单中的"图像｜调整｜色阶"命令，然后在弹出的"色阶"对话框中设置参数，如图 6-109 所示，单击"确定"按钮，此时图像会变亮且黑白层次更加丰富，效果如图 6-110 所示。

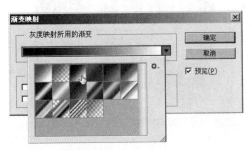

图 6-107　在"渐变映射"对话框中选择"黑 - 白"　　图 6-108　图像变为黑 - 白效果
　　　　　渐变类型

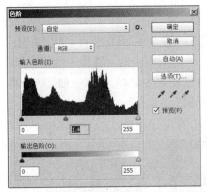

图 6-109　在"色阶"对话框中设置参数　　　　图 6-110　调整"色阶"后的图像效果

　　4）执行菜单中的"图像 | 调整 | 曲线"命令，在弹出的"曲线"对话框中进行参数的设置，如图 6-111 所示，单击"确定"按钮，此时图像亮度会进一步提高，效果如图 6-112所示。

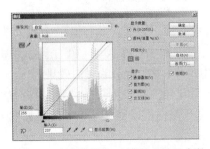

图 6-111　在"曲线"对话框中设置参数　　　　图 6-112　调整"曲线"后的图像效果

5）下面将图像处理成微微偏黄，具有年代感的效果。方法：执行菜单中的"图像｜调整｜照片滤镜"命令，在弹出的对话框中设置参数，如图 6-113 所示（颜色参考数值为 CMYK（5，10，90，0））），单击"确定"按钮，此时画面中的图像效果如图 6-114 所示。

图 6-113　在"照片滤镜"对话框中设置参数　　图 6-114　执行"照片滤镜"后图像微微泛黄

6）图像色调处理完之后，需要将图像四周进行适当的模糊处理。方法：首先选择工具箱中的 （椭圆选框工具），在画面的中心位置按住〈Alt+Shift〉键的同时向外拖动鼠标，在画面中绘制一个正圆选区，如图 6-115 所示。然后执行菜单中的"选择｜修改｜羽化"命令，在弹出的对话框中将羽化值设置为"80"，如图 6-116 所示，单击"确定"按钮。接着执行菜单中的"选择｜反向"命令，再执行菜单中的"滤镜｜模糊｜镜头模糊"命令，在弹出的对话框中设置参数，如图 6-117 所示，单击"确定"按钮。最后按快捷键〈Ctrl+D〉，取消选区，图像四周产生了适当的模糊效果，如图 6-118 所示。

图 6-115　在画面中绘制一个正圆选区

图 6-116　设置羽化半径

提示：利用"镜头模糊"命令，可以向图像中添加模糊并产生明显的景深效果，从而使图像中的一些对象清晰，而另一些对象模糊，产生类似于在相机焦距外的效果。

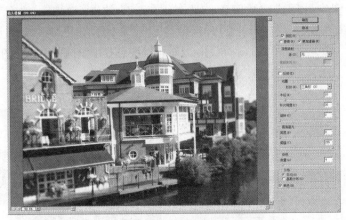

图 6-117 在"镜头模糊"对话框中设置参数

图 6-118 执行"镜头模糊"后的效果

7) 进行图像质感的制作,将图像进一步处理成具有老照片颗粒感的效果。方法:执行菜单中的"滤镜 | 杂色 | 添加杂色"命令,在弹出的对话框中设置参数,如图 6-119 所示,然后单击"确定"按钮,此时图像中增加了一些随机分布的杂点,效果如图 6-120 所示。

图 6-119 在"添加杂色"对话框中设置参数

图 6-120 执行"添加杂色"后的效果

8）将"背景"图层拖至图层面板下方的 （创建新图层）按钮上，复制后得到"背景副本"图层，如图 6-121 所示。然后将背景颜色设置为白色后，执行菜单中的"滤镜｜滤镜库"命令，在弹出的对话框中单击"纹理"选项前的小三角下拉图标，从弹出的列表中选择"颗粒"选项，并进行相关参数的设置，如图 6-122 所示，然后单击"确定"按钮，此时图像中又多了一些随机分布的白色颗粒，效果如图 6-123 所示。

图 6-121　复制"背景"图层

图 6-122　在"颗粒"对话框中设置参数

图 6-123　执行"颗粒"滤镜后的效果

9）将"背景副本"图层的混合模式设置为"叠加"，不透明度设置为"50%"，如图 6-124 所示，此时图像会呈现出一种老照片的颗粒质感，效果如图 6-125 所示。

图 6-124　设置图层的混合模式和不透明度

图 6-125　图像呈现出老照片的颗粒质感

10）再给图像制作一种刮花的破旧效果。方法：打开网盘中的"素材及结果 \6.4.5 老照片制作 \ 刮花纹理 .jpg"图片文件，如图 6-126 所示。然后执行菜单中的"图像 | 调整 | 色阶"命令，在弹出的对话框中设置参数，如图 6-127 所示，单击"确定"按钮，变暗后的图像效果如图 6-128 所示。

图 6-126　"刮花纹理 .jpg"素材

图 6-127　在"色阶"对话框中
设置参数

图 6-128　调整"色阶"后的图像
变暗

11）利用工具箱中的 ![] （移动工具）将调整色阶后的"刮花纹理 .jpg"图像拖至"风景 .psd"文件中，并按快捷键〈Ctrl+T〉，调出自由变换控制框以调整图像的大小和位置，使其填满整个画面。然后在"图层"面板中将该图层的混合模式设置为"柔光"，不透明度为"80%"，如图 6-129 所示，此时图像上就有了如图 6-130 所示的刮痕效果。

图 6-129　设置图层的混合模式和不透明度

图 6-130　图像上有了刮痕的效果

12）将现有的 3 个图层进行合并，并添加"内发光"的图层样式。方法：选中所有图层，然后按快捷键〈Ctrl+E〉将其合并，从而得到"背景"图层，如图 6-131 所示。再在"图层"面板中双击"背景"图层，在弹出的"新建图层"对话框中将名称设置为"照片图像"，如图 6-132 所示，单击"确定"按钮，此时背景图层变为普通图层"照片图像"，"图层"面板如图 6-133 所示。接着单击"图层"面板下方的 ![fx.]（添加图层样式）按钮，从弹出的快捷菜单中选择"内发光"命令，再在弹出的"图层样式"对话框中设置"内发光"的参数（颜色参考数值为 CMYK（0，5，35，0）），如图 6-134 所示，最后单击"确定"按钮，此时图像四周会出现朦胧的微微泛黄的效果，如图 6-135 所示。

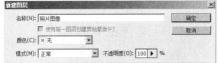

图 6-131　合并图层　　　　图 6-132　将图层名称设置为"照片图像"　　图 6-133　背景图层变为"照片图像"普通图层

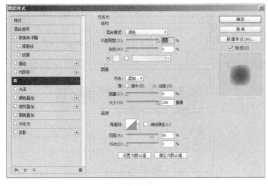

图 6-134　设置"内发光"的参数　　　　　　图 6-135　添加"内发光"后的效果

13）在"照片图像"图层之下添加两个旧纸片纹理图层，制作出老照片残缺边角的效果。方法：打开网盘中的"素材及结果 \6.4.5 老照片制作 \ 旧纸 1.jpg"和"旧纸 2.jpg"图片文件，如图 6-136 和图 6-137 所示。然后利用工具箱中的 (移动工具) 将其分别拖至"风景 .psd"文件中，并置于"照片图像"图层之下，如图 6-138 所示（注意深色旧纸图像位于最下方）。接着单击"照片图像"图层之前的 (指示图层可见性) 图标，将该层图像暂时隐藏，再分别调整两个旧纸图像的大小，使其布满整个画面。

14）选择"旧纸 2"图层，单击"图层"面板下方的 (添加图层蒙版) 按钮，此时图层后面会显示出蒙版图标，如图 6-139 所示。然后将前景色设置为黑色，背景色设置为白色后，再选择工具箱中的 (画笔工具)，并在属性栏中调整画笔的参数，如图 6-140 所示。接着在画面中的边缘部分进行涂抹，此时画面中"旧纸 2"图像的边缘会呈现出不规则的类似手撕边缘的效果，如图 6-141 所示，此时"图层"面板如图 6-142 所示。

图 6-136　"旧纸 1.jpg"素材　　　　　　图 6-137　"旧纸 2.jpg"素材

提示：蒙版中的黑色部分就是画面中被遮盖住的部分，而白色部分就是画面中图像显示的部分。因此可以配合利用黑色画笔和白色画笔进行蒙版形状的修改完善。

图 6-138　图层分布

图 6-139　添加图层蒙版

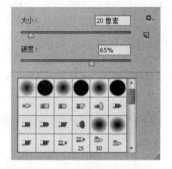
图 6-140　调整画笔参数

图 6-141　"旧纸 2"图像添加图层蒙版后的效果

图 6-142　添加图层蒙版后的"图层"面板

15）单击"照片图像"图层前的 （指示图层可见性）图标，将图像显示出来，然后使用相同的方法为"照片图像"图层添加图层蒙版，使照片图像与下面的"旧纸 2"图像结合产生出照片撕边的残破效果，如图 6-143 所示，此时"图层"面板如图 6-144 所示。

图 6-143　为"照片图像"添加图层蒙版后的效果

图 6-144　"图层"面板

16）选择工具箱中的 （剪裁工具），此时画面边缘会形成剪裁框，如图 6-145 所示，然后按〈Enter〉键确认裁切边框后，再在属性栏的右侧单击 ✔（提交当前剪裁操作）按钮，将画面之外的图像全部裁掉。最后在"图层"面板最下方创建一个新的"图层 3"图层，如图 6-146 所示。

图 6-145　画面边缘形成剪裁框

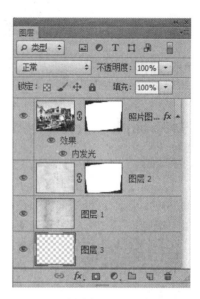

图 6-146　创建新的"图层 3"图层

17）将工具箱中的前景色设置为白色，然后执行菜单中的"图像 | 画布大小"命令，在弹出的对话框中将"宽度"和"高度"各扩充 1 厘米，如图 6-147 所示，单击"确定"按钮，画布向外扩出了 1 厘米，效果如图 6-148 所示。接着按快捷键〈Alt+Delete〉进行白色填充，从而形成了一种边缘衬托的效果，如图 6-149 所示，至此破旧的老照片效果制作完成。最后将其存储为"老照片 .psd"格式文件。

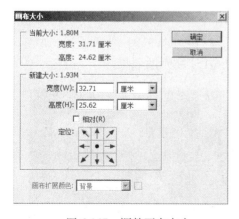

图 6-147　调整画布大小

图 6-148　画布向外扩展的效果

图 6-149 老照片制作最终效果

6.5 课后练习

1. 填空题

1) ＿＿＿＿＿＿ 命令，用于匹配不同图像、多个图层或者多个颜色选区之间的颜色，即将源图像的颜色匹配到目标图像上，使目标图像虽然保持原来的画面，却有与源图像相似的色调。使用该命令，还可以通过更改亮度和色彩范围来调整图像中的颜色。

2) ＿＿＿＿＿＿ 命令，适用于调整由强逆光而形成剪影的照片，或者校正由于太接近相机闪光灯而有些发白的焦点。

2. 选择题

1) 下列 ＿＿＿＿＿＿ 选项属于整体色彩的快速调整命令。

    A. 色阶　　B. 曲线　　　C. 色相 / 饱和度　　　D. 亮度 / 对比度

2) 下列 ＿＿＿＿＿＿ 选项属于色调的精细调整命令。

    A. 色阶　　B. 曲线　　　C. 色相 / 饱和度　　　D. 亮度 / 对比度

3. 问答题

1) 简述"色阶"对话框中主要选项的含义。

2) 简述"色相 / 饱和度"对话框中主要选项的含义。

4. 操作题

1) 练习 1：打开网盘中的"课后练习 \6.5 课后练习 \ 练习 1\ 原图 .jpg"图片，如图 6-150 所示，然后利用"色相 / 饱和度"命令，制作出如图 6-151 所示的效果。

图 6-150 原图 .jpg　　　　　　　　　　图 6-151 结果图

2）练习 2：打开网盘中的"课后练习 \6.5 课后练习 \ 练习 2\ 原图．jpg"图片，如图 6-152 所示，然后利用"色相／饱和度"命令，制作出如图 6-153 所示的效果。

图 6-152　原图 .jpg

图 6-153　结果图

3）练习 3：打开网盘中的"课后练习 \6.5 课后练习 \ 练习 3 \ 原图．tif"图片，如图 6-154 所示，然后利用色彩调整命令、通道和橡皮图章去除水印，制作出如图 6-155 所示的效果。

图 6-154　原图 .tif

图 6-155　结果图

第 7 章　路径和矢量图形的使用

Photoshop CC 2015 是一个以编辑和处理位图为主的图像处理软件，为了应用的需要，也包含了一定的矢量图形处理功能，以此来协助位图的设计。路径是 Photoshop CC 2015 矢量设计功能的充分体现。用户可以利用路径功能绘制线条或曲线，并对绘制后的线条进行填充和描边，从而完成一些绘图工具不能完成的工作。通过本章的学习，读者应掌握路径和矢量图形的使用方法。

本章内容包括：
- 路径概述
- "路径"面板
- 路径的创建和编辑
- 选择和变换路径
- 应用路径
- 创建路径形状

7.1　路径概述

图像有两种基本构成方式，一种是矢量图形；另一种是位图图像。对于矢量图形而言，路径和点是它的两个组成元素。路径指矢量对象的线条，点则是确定路径的基准。在矢量图形的绘制中，图像中每个点和点之间的路径都是通过计算自动生成的。在矢量图形中记录的是图像中每个点和路径的坐标位置。缩放矢量图形，实际上是改变点和路径的坐标位置。当缩放完成时，矢量图仍然是相当清晰的，没有马赛克现象。同时由于矢量图计算模式的限制，一般无法表达大量的图像细节，因此看上去色彩和层次都与位图有一定的差距，总感觉不够真实，缺乏质感。

与矢量图形不同，位图中记录的是像素的信息，整个位图是由像素构成的。位图不必记录烦琐复杂的矢量信息，而是以每个点为图像单元的方式真实地表现了自然界中的任何画面。因此，通常用位图来制作和处理照片等需要逼真效果的图像。但是随着位图的放大，马赛克现象会越来越明显，图像也会变得越来越模糊。

在 Photoshop CC 2015 中，路径功能是其矢量设计功能的充分体现。"路径"是指用户勾绘出来的由一系列点连接起来的线段或曲线。用户可以沿着这些线段或曲线填充颜色，或者进行描边，从而绘制出图像。此外，路径还可以转换成选取范围。这些都是路径的重要功能。

7.2　"路径"面板

执行菜单中的"窗口|路径"命令，调出"路径"面板，如图 7-1 所示。由于此时还未创建路径，因此在面板中还没有任何路径内容。在创建了路径后，就会在"路径"面板中显示相应路径，如图 7-2 所示。

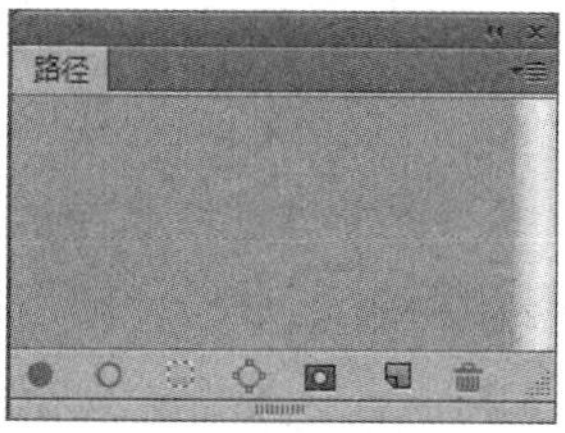

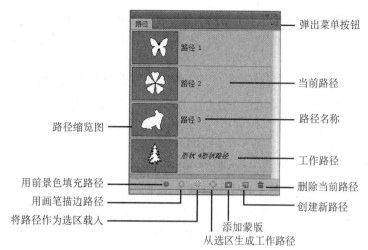

图 7-2　创建了路径后的"路径"面板

图 7-1　未创建路径的"路径"面板

其中，各项功能的说明如下。

图 7-3　弹出"路径"菜单

- 路径缩略图：用于显示当前路径的内容，可以迅速地辨识每一条路径的形状。
- 弹出菜单按钮：单击此按钮，会弹出下拉菜单，如图 7-3 所示。从中可以选择相应的菜单命令。
- 当前路径：选中某一路径后，将以蓝色显示这一路径。此时，图像中只显示这一路径的整体效果。
- 路径名称：便于在多个路径之间进行区分。如在新建路径时不输入新路径的名称，则 Photoshop CC 2015 会自动依次命名为路径 1、路径 2、路径 3，依此类推。
- 工作路径：这是一种临时路径，名称以斜体字表示。当在建立一个新的工作路径时，原有工作路径将被删除。
- 用前景色填充路径：单击此按钮，Photoshop CC 2015 将以前景色填充被路径包围的区域。
- 用画笔描边路径：单击此按钮，可以按设置的绘图工具和前景色颜色沿着路径进行描边。
- 将路径作为选区载入：单击此按钮，可以将当前路径转换为选取范围。
- 从选区生成工作路径：单击此按钮，可以将当前选区转换为工作路径。
- 添加蒙版：单击此按钮，可以根据当前路径创建蒙版。
- 创建新路径：单击此按钮，可以创建一个新路径。
- 删除当前路径：单击此按钮，可以删除当前选中的路径。

7.3　路径的创建和编辑

右击工具箱中的 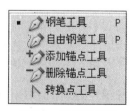（钢笔工具），将弹出路径工作组，如图 7-4 所示。路径工作组中包含 5 个工具，它们的功能如下。

图 7-4　路径工作组

- （钢笔工具）：路径工具组中最精确的绘制路径工具，可以绘制光滑而复杂的路径。
- （自由钢笔工具）：类似于钢笔工具，只是在绘制过程中将自动生成路径。通常情况下，该工具生成的路径还需要再次编辑。
- （添加锚点工具）：用于为已创建的路径添加锚点。
- （删除锚点工具）：用于从路径中删除锚点。
- （转换点工具）：用于将圆角锚点转换为尖角锚点，或将尖角锚点转换为圆角锚点。

7.3.1 使用钢笔工具创建路径

1．使用钢笔工具绘制直线路径

钢笔工具是建立路径的基本工具，使用该工具可创建直线路径和曲线路径。使用钢笔工具绘制一个六边形的操作步骤如下。

1）新建一个文件，然后选择工具箱中的 （钢笔工具），此时，"钢笔工具"选项栏如图 7-5 所示。

图 7-5 "钢笔工具"选项栏

其中，主要参数的说明如下。

- 橡皮带：选中该复选框后，移动鼠标时光标和刚绘制的锚点之间会有一条动态变化的直线或曲线，表明若在光标处设置锚点会绘制什么样的线条，从而对绘图起辅助作用，如图 7-6 所示。
- 自动添加 / 删除：选中该复选框，当光标经过线条中部时指针旁会出现加号，此时单击可在曲线上添加一个新的锚点；当光标在锚点附近时指针旁会出现减号，此时单击会删除此锚点。

2）将光标移到图像窗口，单击确定路径起点（开始点），如图 7-7 所示。

3）将光标移到要建立的第二个锚点的位置上单击，即可绘制连接第二个锚点与开始点的线段，再将鼠标移到第三个锚点的位置单击，效果如图 7-8 所示。

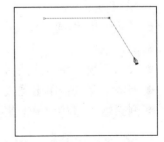

图 7-6　选中"橡皮带"效果　　图 7-7　确定路径起点　　图 7-8　确定第三个锚点位置

4）同理，绘制出其他线段。当绘制线段回到开始点时，在光标右下方会出现 ▵。标记，如图 7-9 所示。单击即可封闭路径，效果如图 7-10 所示。

图 7-9　出现封闭路径标记

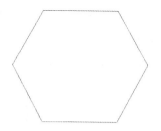

图 7-10　封闭路径效果

2．使用钢笔工具绘制曲线路径

使用钢笔工具除了可以绘制直线路径外，还可绘制曲线路径。使用钢笔工具绘制一个心形的操作步骤如下：

1）选择工具箱中的 ▨（钢笔工具），选中选项栏中的"橡皮带"复选框。

2）将光标移到图像窗口，单击确定路径起点。

3）移动光标，在适当的位置上单击，并不松开鼠标进行拖动，此时将在该锚点处出现一条有两个方向点的方向线（见图 7-11），确定其方向后松开鼠标。

4）同理，继续绘制其他曲线，当光标移到开始点上单击封闭路径，效果如图 7-12 所示。

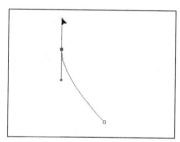

图 7-11　拉出方向线

图 7-12　绘制心形

3．连接曲线和直线路径

在使用钢笔工具绘制路径时，经常需要既包括直线段又包括曲线段。将曲线和直线路径进行连接的操作步骤如下。

1）绘制一条曲线路径，如图 7-13 所示。

2）按键盘上的〈Alt〉键，单击第二个锚点，此时，锚点的一条方向线消失了，如图 7-14 所示。

3）在合适的位置上单击，即可创建直线路径，如图 7-15 所示。

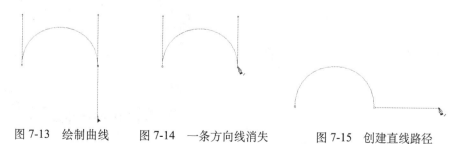

图 7-13　绘制曲线　　　　图 7-14　一条方向线消失　　　　图 7-15　创建直线路径

4）按键盘上的〈Alt〉键，单击第三个锚点即可出现方向线，如图 7-16 所示。

5）在合适的位置上单击并拖动鼠标，即可重新绘制出曲线，如图 7-17 所示。

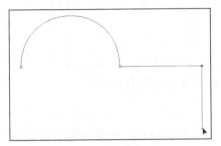
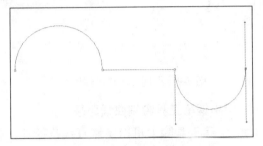

图 7-16　拉出一条方向线　　　　　　　　图 7-17　重新绘制出曲线

7.3.2　使用自由钢笔工具创建路径

自由钢笔工具的功能与钢笔工具基本相同，但是操作方式略有不同。钢笔工具是通过建立锚点来建立路径，自由钢笔工具则是通过绘制曲线来勾绘路径，它会自动添加锚点。

使用自由钢笔工具绘制路径的操作步骤如下。

1）打开一个图像文件。

2）选择工具箱中的 ![icon] （自由钢笔工具），其选项栏如图 7-18 所示。

其中，各项参数的说明如下。

● 曲线拟合：用于控制路径的圆滑程度，取值范围为 0.5 ～ 10 像素，数值越大，创建的路径锚点越少，路径也就越圆滑。

● 磁性的：与磁性套索工具相似，也是通过选取边缘在指定宽度内的不同像素值的反差来确定路径，差别在于使用磁性钢笔生成的是路径，而使用磁性套索工具生成的是选区。

● 钢笔压力：钢笔压力只有在使用钢笔绘图板时才起作用，当选中该复选框时，钢笔压力的增加将导致宽度减小。

3）在图像工作区上按住鼠标不放，沿图像的边缘拖动鼠标，此时，将自动生成锚点，效果如图 7-19 所示。

图 7-18　"自由钢笔工具"选项栏　　　　　　　图 7-19　自动生成的锚点

7.3.3　使用"路径"面板创建路径

通常，用户建立的路径都被系统保存为工作路径，如图 7-20 所示。当用户在"路径"面板的空白处单击取消路径的显示状态后再次绘制新路径时，该工作路径将被替换，如图 7-21 所示。

图 7-20　工作路径

图 7-21　被替换的工作路径

为了避免这种情况发生，在绘制路径前，可以单击"路径"面板下方的 （创建新路径）按钮，创建一个新的路径，然后使用 （钢笔工具）绘制路径。

通常，新建的路径被依次命名为"路径 1""路径 2"……，如果需要在新建路径时重命名路径，则可以在按住〈Alt〉键的同时单击"路径"面板下方的 （创建新路径）按钮，此时会弹出"新建路径"对话框，如图 7-22 所示。然后输入所需的名称，单击"确定"按钮，即可创建新的路径。

7.3.4　添加锚点工具

（添加锚点工具）用于在已创建的路径上添加锚点。添加锚点的操作步骤如下：

1）选择工具箱中的 （添加锚点工具）。

2）将鼠标移到路径上需添加锚点的位置（见图 7-23），然后单击，即可添加一个锚点，效果如图 7-24 所示。

图 7-22　"新建路径"对话框　　　图 7-23　将鼠标移到需添加锚点的位置　　图 7-24　添加锚点的效果

7.3.5　删除锚点工具

（删除锚点工具）用于从路径中删除锚点。删除锚点的操作步骤如下：

1）选择工具箱中的 （删除锚点工具）。

2）将鼠标移动到要删除锚点的位置（见图 7-25），然后单击，即可删除一个锚点，效果如图 7-26 所示。

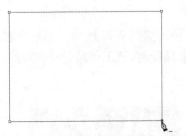

图 7-25　将鼠标移动到要删除锚点的位置

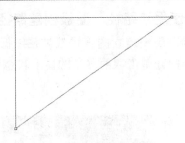

图 7-26　删除锚点的效果

7.3.6　转换锚点工具

利用 █ (转换点工具) 可以将一个两侧没有控制柄的直线形锚点 (见图 7-27) 转换为两侧具有控制柄的圆滑锚点 (见图 7-28) ，或将圆滑锚点转换为曲线形锚点。转换锚点的具体操作步骤如下:

1) 选择工具箱中的 █ (转换点工具) 。

2) 在直线形锚点上按住鼠标左键并拖动，可以将锚点转换为圆滑锚点；反之，在圆滑锚点上单击，则可以将锚点转换成直线形锚点。

图 7-27　直线形锚点

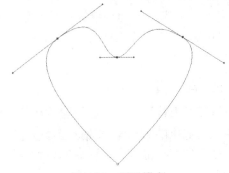

图 7-28　圆滑锚点

7.4　选择和变换路径

初步建立的路径往往很难符合要求，此时，可以通过调整锚点的位置和属性来进一步调整路径。

7.4.1　选择锚点或路径

1. 选择锚点

在对已绘制的路径进行编辑操作时，往往需要选择路径中的锚点或整条路径。如果要选择路径中的锚点，只需选择工具箱中的 █ (直接选择工具) ，然后在路径锚点处单击或框选即可。此时，选中的锚点会变为黑色小正方形；未选中的锚点会变为空心小正方形，如图 7-29 所示。

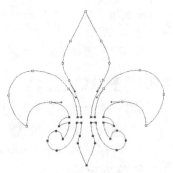

提示: 使用 █ (直接选择工具) 选择锚点时，在按住键盘上的〈Shift〉键的同时单击锚点，可以连续选中多个锚点。

图 7-29　选择锚点

2．选择路径

如果在编辑过程中需要选择整条路径，则可以选择工具箱中的 ⬚（选择工具），然后单击要选择的路径，此时，路径上的全部锚点将显示为黑色小正方形。

> 提示：如果当前使用的工具为 ⬚（直接选择工具），无需切换到 ⬚（选择工具），只需在按住〈Alt〉键的同时单击路径，即可选中整条路径。

7.4.2 移动锚点或路径

1．移动锚点

要改变路径的形状，可以利用 ⬛（直接选择工具）单击锚点，当选中的锚点变为黑色小正方形时，按住鼠标左键拖动锚点即可移动锚点，从而改变路径的形状。

2．移动路径

选择工具箱中的 ⬚（选择工具），在要移动的路径上按住鼠标左键并进行拖动，即可移动路径。

7.4.3 变换路径

选中要变换的路径，执行菜单中的"编辑|自由变换路径"命令或执行菜单中的"编辑|变换路径"子菜单中的命令，即可对当前所选择的路径进行变换操作。

变换路径的操作和变换选区的操作一样，包括"缩放""旋转""透视"和"扭曲"等操作。执行变换路径命令后，其工具属性栏如图 7-30 所示。在该工具属性栏中可以重新定义数值，以精确改变路径的形状。

图 7-30　变换路径的工具属性栏

7.5　应用路径

应用路径包括"填充路径""描边路径""删除路径""剪贴路径""将路径转换为选区"和"将选区转换为路径"操作。

7.5.1　填充路径

对于封闭的路径，Photoshop CC 2015 还提供了用指定的颜色、图案、历史记录等对路径所包围区域进行填充的功能，其操作步骤如下。

1）选中要编辑的图层，然后在"路径"面板中选中要填充的路径。

2）单击"路径"面板右上角的小三角，或者按住键盘上的〈Alt〉键，单击"路径"面板下方的 ⬤（用前景色填充路径）按钮，弹出如图 7-31 所示的"填充路径"对话框。

其中，各项参数的说明如下。

● 使用：设置填充方式，可选择使用前景色、背景色、图案或历史记录等。
● 模式：设置填充的像素与图层原来像素的混合模式，默认为"正常"。
● 不透明度：设置填充像素的不透明度，默认为 100%，即完全不透明。

● 保留透明区域：填充时对图像中的透明区域不进行填充。

● 羽化半径：用于设置羽化边缘的半径，取值范围是0～255像素。使用羽化可使填充的边缘过渡更加自然。

● 消除锯齿：在填充时消除锯齿状边缘。

3）选择一种图案，设置羽化半径为10（见图7-32），然后单击"确定"按钮，效果如图7-33所示。

提示：在填充路径时，如果当前图层处于隐藏状态，则 ● （用前景色填充路径）按钮会呈不可用状态。

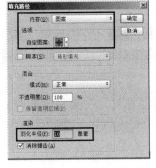

图7-31 "填充路径"对话框　　图7-32 设置"填充路径"参数　　图7-33 "填充路径"效果

7.5.2 描边路径

使用"描边路径"命令可以沿任何路径创建绘画描边。其操作步骤如下。

1）选中要编辑的图层，然后在"路径"面板中选中要描边的路径。

2）选择工具箱中的 ◢ （画笔工具），单击"路径"面板右上角的小三角，或者按住键盘上的〈Alt〉键单击"路径"面板下方的 ○ （用画笔描边路径）按钮，弹出如图7-34所示的对话框。

其中，各项参数的说明如下。

● 工具：可在此下拉列表框中选择要使用的描边工具，如图7-35所示。

● 模拟压力：选中此复选框，可模拟绘画起笔时从轻到重，提笔时从重变轻的变化。

3）选择"画笔"选项，单击"确定"按钮，效果如图7-36所示。

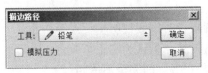

图7-34 "描边路径"对话框　　图7-35 选择描边工具　　图7-36 描边效果

7.5.3　删除路径

删除路径的操作步骤如下:

1) 选中要删除的路径。

2) 单击"路径"面板下方的 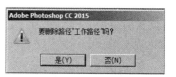（删除当前路径）按钮,在弹出的如图 7-37 所示的对话框中单击"确定"按钮,即可删除当前路径。

图 7-37　提示对话框

提示: 在按住〈Alt〉键的同时,单击 （删除当前路径）按钮,可以在不弹出提示信息框的情况下删除路径。

7.5.4　剪贴路径

"剪贴路径"的功能主要是制作印刷中的去背景效果。也就是说,将使用"剪贴路径"功能输出的图像插入到 InDesign 等排版软件中,路径中的图像会被输出,而路径以外的区域不进行输出。

使用"剪贴路径"命令的操作步骤如下。

1) 在图像中绘制路径,如图 7-38 所示。

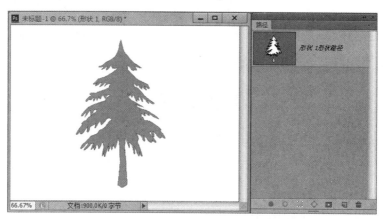

图 7-38　绘制路径

2) 由于工作路径不能作为剪贴路径进行输出,下面将其转换为路径。方法: 在"路径"面板中双击工作路径的名称,在弹出的"存储路径"对话框中设置参数如图 7-39 所示,单击"确定"按钮。

3) 单击"路径"面板右上角的小三角,从弹出的下拉菜单中选择"剪贴路径"命令,然后在弹出的"剪贴路径"对话框中设置参数如图 7-40 所示,单击"确定"按钮。

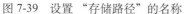

图 7-39　设置"存储路径"的名称

图 7-40　设置"剪贴路径"参数

4) 执行菜单中的"文件 | 存储"命令,将文件保存为"树 .tif"。

5）启动 InDesign 软件，执行菜单中的"文件 | 置入"命令，置入"树 .tif"文件，效果如图 7-41 所示。

7.5.5　将路径转换为选区

在创建比较复杂的选区时（例如将物体从背景图像中抠出来，而物体和周围环境颜色又十分接近），若使用魔棒等工具不易选取，则可以使用 （钢笔工具）先沿着想要的选区边缘进行比较精细的绘制，然后对路径进行编辑操作，满意后，再将其转换为选区。将路径转换为选区的操作步骤如下。

1）在"路径"面板中选中要转换为选区的路径，如图 7-42 所示。

图 7-41　置入后的效果

2）单击"路径"面板右上角的小三角，从弹出的下拉菜单中选择"建立选区"命令，或者按住键盘上的〈Alt〉键，单击"路径"面板下方的 （将路径作为选区载入）按钮，弹出如图 7-43 所示的"建立选区"对话框。

图 7-42　选中要转换为选区的路径

图 7-43　"建立选区"对话框

其中，各项参数的说明如下。

- 羽化半径：用于设置羽化边缘的半径，取值范围是 0 ～ 255 像素。
- 消除锯齿：用于消除锯齿状边缘。
- 操作：设置新建选区与原有选区的操作方式。

3）单击"确定"按钮，即可将路径转换为选区，如图 7-44 所示。

7.5.6　将选区转换为路径

在 Photoshop CC 2015 中，还可以将选区转换为路径，具体操作步骤如下：

1）选中要转换为路径的选区。

图 7-44　将路径转换为选区

2）单击"路径"面板右上角的小三角，从弹出的下拉菜单中选择"建立工作路径"命令，或者按住键盘上的〈Alt〉键，单击"路径"面板下方的 （从选区生成工作路径）按钮，在弹出的对话框中设置参数如图 7-45 所示，然后单击"确定"按钮，即可将选区转换为路径。

图 7-45　设置"建立工作路径"参数

7.6　创建路径形状

在工具箱中的形状工具上右击，将弹出如图 7-46 所示的形状工具组。使用这些工具可快速创建矩形、圆角矩形和椭圆等形状图形。它们的使用方法基本相同，下面以 （矩形工具）为例进行介绍。

图 7-46　形状工具组

使用 （矩形工具）可以绘制出矩形、正方形的路径或形状，其选项栏如图 7-47 所示。

图 7-47　"矩形工具"选项栏

其中，各项参数的说明如下。

● 形状：单击此按钮，从下拉列表中有"形状""路径"和"像素"3 种类型可供选择。图 7-48 所示为选择不同类型后的绘制效果。

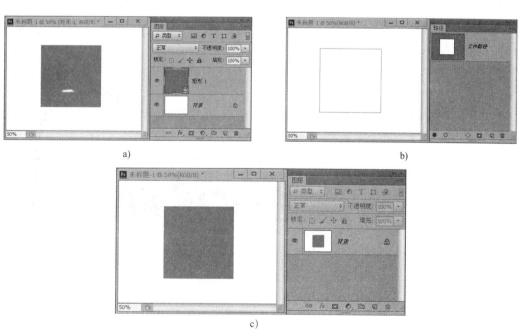

图 7-48　选择不同类型后的绘制效果

a) 选择"形状"　b) 选择"路径"　c) 选择"像素"

● 填充：用于设置绘制形状的填充颜色。
● 描边：用于设置绘制形状的边线颜色。

● ![3点]： 用于设置绘制形状的边线粗细。

● ![边线类型]： 用于设置绘制形状的边线类型。

● "W"和"H"： 用于设置绘制形状的"宽度"和"高度"。

● ![路径操作]： 用于设置路径的相关操作。单击该按钮，在下拉列表中有 ![新建图层]（新建图层）、![合并图层]（合并图层）、![减去顶层形状]（减去顶层形状）、![与形状区域相交]（与形状区域相交）、![排除重叠形状]（排除重叠形状）和 ![合并形状组件]（合并形状组件）6 个选项可供选择。

● ![对齐]： 用于设置路径的对齐和分布方式。单击该按钮，在下拉列表中有 ![左边]（左边）、![水平居中]（水平居中）、![右边]（右边）、![顶边]（顶边）、![垂直居中]（垂直居中）、![底边]（底边）、"对齐到选区""对齐到画布"8 种对齐方式以及 ![按宽度均匀分布]（按宽度均匀分布）和 ![按高度均匀分布]（按高度均匀分布）两种分布方式可供选择。

● ![排列]： 用于设置路径的排列方式。在下拉列表中有"将形状置为顶层""将形状前移一层""将形状后移一层"和"将形状置为底层"4 个选项可供选择。

● ![设置]： 用于设置绘制形状路径的方式。单击该按钮，从下拉列表中有"不受约束""定义的比例""定义的大小""固定大小"和"从中心"5 个选项可供选择。

● 对齐边缘： 使矩形形状边缘对齐。

7.7　实例讲解

本节将通过 3 个实例来讲解路径和矢量图形在实践中的应用，旨在帮助读者快速掌握路径和矢量图形的相关知识。

7.7.1　制作卷页效果

要点：

本例将利用两幅图片制作卷页效果，如图 7-49 所示。通过本例的学习，读者应掌握魔棒工具、路径工具和"贴入"命令的综合应用。

a)　　　　　　　　　　　　b)　　　　　　　　　　　　c)

图 7-49　卷页效果

a) 原图 1　b) 原图 2　c) 效果图

操作步骤：

1）打开网盘中的"随书素材及结果 \ 7.7.1　制作卷页效果 \ 原图 1.jpg"文件，如图 7-49 所示。

2）选择工具箱中的 （钢笔工具），并且选中"钢笔工具"选项栏中的 路径，然后在画面上绘制出如图 7-50 所示的形状。此时，"路径"面板中会出现一个工作路径。

提示：适当使用工具箱中的 （直接选择工具）调整路径上的各个锚点，使锚点与画面边缘相衔接。其目的是为后面利用魔棒工具创建选区做准备。

图 7-50　绘制工作路径

3）确定该路径为当前路径，单击"路径"面板下方的 （将路径作为选区载入）按钮，将路径作为选区载入。然后单击"路径"面板上的工作路径以外的灰色区域，使路径不显示出来，效果如图 7-51 所示。

4）单击"图层"面板下方的 （创建新图层）按钮，新建一个"图层 1"，然后选择工具箱中的 （渐变工具），选择渐变类型为 （线性渐变）。接着单击渐变工具条中的颜色框，在弹出的"渐变编辑器"对话框中设置参数如图 7-52 所示，单击"确定"按钮。

图 7-51　将路径作为选区载入

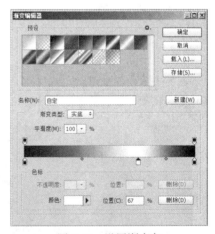

图 7-52　设置渐变色

5）确定当前层为"图层 1"，用设置好的渐变处理选区，效果如图 7-53 所示。

6）制作卷页时的上层页面。方法：选择工具箱中的 （魔棒工具），确认当前图层为"图层 1"，然后单击画面的左半部分，从而创建如图 7-54 所示的选区。

7）打开网盘中的"随书素材及结果 \7.7.1　制作卷页效果 \ 原图 2.jpg"文件，然后执行菜单中的"选择 | 全选"命令，接着执行菜单中的"编辑 | 复制"命令。再回到"原图 1.jpg"图像文件中，执行菜单中的"编辑 | 选择性粘贴 | 贴入"命令，最终效果如图 7-55 所示。

图 7-53　用设置好的渐变处理选区

图 7-54　创建选区

图 7-55　最终效果

7.7.2　照片修复效果

要点：

本例将去除小孩脸部的划痕，如图 7-56 所示。通过本例的学习，读者应掌握 📎（污点修复画笔工具）和 🔲（仿制图章工具）的综合应用。

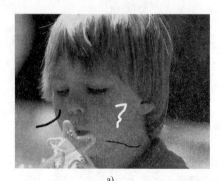

a)

b)

图 7-56　照片修复效果
a) 原图　b) 结果图

操作步骤：

1. 去除人物左脸上的划痕

1）打开网盘中的"随书素材及结果 \7.7.2　照片修复效果 \ 原图 .jpg"图片，如图 7-56a 所示。

2）去除白色的划痕。方法：选择工具箱中的 （污点修复画笔工具），在其选项栏中设置参数如图 7-57 所示。接着在如图 7-58 所示的位置上单击并沿要去除的白色划痕拖动鼠标，此时鼠标拖动的轨迹会以深灰色显示，如图 7-59 所示。当将要去除的白色划痕全部遮挡住后松开鼠标，即可去除白色的划痕，效果如图 7-60 所示。

3）同理，将人物左脸上的另一条划痕去除，效果如图 7-61 所示。

图 7-57　设置 （污点修复画笔工具）参数

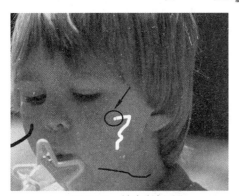

图 7-58　单击鼠标

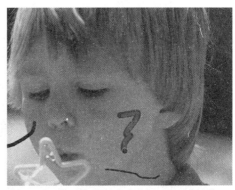

图 7-59　将要去除的白色划痕全部遮挡住

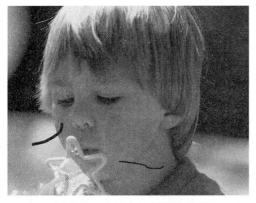

图 7-60　去除白色划痕的效果

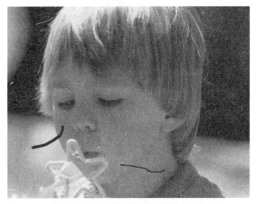

图 7-61　去除蓝色划痕的效果

4）去除人物脖子处的划痕。方法：选择工具箱中的 （污点修复画笔工具），在其选项栏中设置参数如图 7-62 所示。接着在如图 7-63 所示的位置上单击并沿要去除的划痕拖动鼠标，此时鼠标轨迹会以深灰色进行显示，如图 7-64 所示。当将要去除的白色划痕全部遮挡住后松开鼠标，即可去除划痕，效果如图 7-65 所示。

图 7-62　设置 ✐（污点修复画笔工具）参数

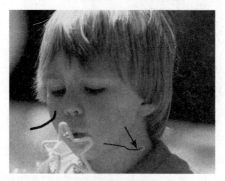

图 7-63　单击鼠标

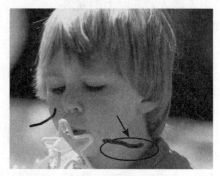

图 7-64　将要去除的划痕全部遮挡住

2.去除人物右脸上的划痕

1）使用工具箱中的 ✐（钢笔工具）沿脸的轮廓绘制路径，如图 7-66 所示。

图 7-65　去除脖子处划痕的效果

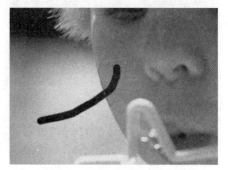

图 7-66　沿脸的轮廓绘制路径

2）单击"路径"面板下方的 ▓（将路径作为选区载入）按钮（见图 7-67），将路径转换为选区，效果如图 7-68 所示。

3）选择工具箱中的 ♨（仿制图章工具），按住键盘上的〈Alt〉键，吸取脸部黑色划痕周围的颜色，然后对脸部黑色划痕进行涂抹，直到将脸部黑色划痕完全去除为止，效果如图 7-69 所示。

图 7-67　单击 ▓（将路径作为选区载入）按钮

图 7-68　将路径转换为选区

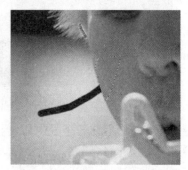

图 7-69　去除右脸上的划痕

4）按快捷键〈Ctrl+D〉取消选区，然后在"路径"面板中单击工作路径，从而在图像中重新显示出路径。接着使用工具箱中的 ▶ （直接选择工具）移动路径锚点的位置，如图 7-70 所示。

提示：此时，一定不要移动沿脸部轮廓绘制的锚点。

5）在"路径"面板中单击下方的 ▒ （将路径作为选区载入）按钮，将路径转换为选区。然后使用工具箱中的 ▲ （仿制图章工具），按住键盘上的〈Alt〉键，吸取黑色划痕周围的颜色。接着松开鼠标，对脸部以外的黑色划痕进行涂抹，直到将黑色划痕完全去除为止，效果如图 7-71 所示。

图 7-70　移动路径锚点的位置

6）按快捷键〈Ctrl+D〉取消选区，然后双击工具箱中的 ✋ （抓手工具）满屏显示图像，最终效果如图 7-72 所示。

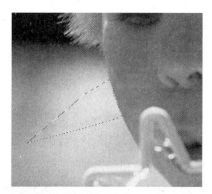

图 7-71　将脸部以外的黑色划痕去除

图 7-72　最终效果

7.7.3　用钢笔工具抠像效果

 要点：

本例将利用钢笔工具抠除一幅图像中的企鹅，然后放置到另一幅图像中，并与背景色彩融合在一起，如图 7-73 所示。通过本例的学习，读者应掌握钢笔工具、将路径转换为选区和"内容识别"填充命令的综合应用。

a)　　　　　　　　　　　　b)　　　　　　　　　　　　c)

图 7-73　卷页效果
a) 原图 1　b) 原图 2　c) 结果图

操作步骤:

1. 去除"原图 2.jpg"中的小鸟

1)打开网盘中的"随书素材及结果\7.7.3 用钢笔工具抠像效果\原图 2.jpg"图片文件,如图 7-73 所示。

2)选择工具箱中的 （套索工具），然后在选项栏中将羽化设置为 0,接着在画面上绘制出小鸟的选区,如图 7-74 所示。

图 7-74 创建小鸟的选区

3)执行菜单中的"编辑 | 填充"命令,然后在弹出的"填充"对话框中将"使用"设置为"内容识别",如图 7-75 所示,单击"确定"按钮。接着按快捷键〈Ctrl+D〉取消选区,效果如图 7-76 所示。

图 7-75 选择"内容识别"   图 7-76 "内容识别"填充后的效果

2. 利用钢笔工具创建企鹅的路径

1)打开网盘中的"随书素材及结果\7.7.3 用钢笔工具抠像效果\原图 1.jpg"文件,如图 7-73 所示。

2)为了便于创建企鹅路径,下面利用工具箱中的 （缩放工具）局部放大企鹅区域。

然后利用工具箱中的 ⬚ （钢笔工具），并且选择"钢笔工具"选项栏"路径"选项，接着创建出企鹅的路径，如图 7-77 所示。

　　3）按键盘上的〈Ctrl+Enter〉键，将路径转换为选区，如图 7-78 所示。

图 7-77　创建企鹅路径

图 7-78　将企鹅路径转换为选区

3．调整企鹅颜色，使之与背景融合在一起

　　1）利用工具箱中的 ⬚ （移动工具）将企鹅移动到"原图 2.jpg"中。

　　2）新建"图层 2"，然后按住键盘上的〈Ctrl+Alt+G〉，将其转换为剪贴蒙版，然后将"图层 2"的混合模式设置为"颜色"，此时图层分布如图 7-79 所示。

　　3）利用工具箱中的 ⬚ （吸管工具）吸取企鹅周围雪地的颜色，然后选择工具箱中的 ⬚ （画笔工具），在选项栏中设置笔尖"大小"为 50，"硬度"为 0%，"不透明度"为 30%，接着在画面中对企鹅进行涂抹，即可使之色彩与背景相融合，效果如图 7-80 所示。

图 7-79　图层分布

图 7-80　对企鹅进行色彩处理

4）制作企鹅在雪地上的投影。方法：在背景层上方新建"图层 3"，然后将前景色设置为一种蓝色（颜色参考值为 RGB（150,190,255）），接着利用工具箱中的 （画笔工具）将"不透明度"设置为 100%，再在企鹅右下方绘制出淡淡的阴影，再将"图层 3"的不透明度设置为 70%，最终效果如图 7-81 所示。

图 7-81　最终效果

7.8　课后练习

1．填空题

1）将使用 ＿＿＿＿＿ 功能输出的图像，插入到 InDesign 等排版软件中，路径之内的图像会被输出，而路径之外的区域不会被输出。

2）路径工作组包括 ＿＿＿＿＿、＿＿＿＿＿、＿＿＿＿＿、＿＿＿＿＿ 和 ＿＿＿＿＿5 种工具。

2．选择题

1）在单击 ▩（将路径作为选区载入）按钮的时候，按住键盘上的 ＿＿＿＿＿ 键，可以弹出"建立选区"对话框。

　　A．Alt　　　　B．Ctrl　　　　C．Shift　　　　D．Ctrl+Shift

2）在使用 ◢（钢笔工具）时，按住 ＿＿＿＿＿ 键可切换到 ▮（直接选择工具），此时，选中路径片段或者锚点后可以直接调整路径。

　　A．Alt　　　　B．Ctrl　　　　C．Shift　　　　D．Ctrl+Shift

3．问答题

简述剪贴路径的使用方法。

4．操作题

1）练习 1：利用网盘中的"课后练习\7.8 课后练习\练习 1\原图 .jpg 图片（见图 7-82），制作出如图 7-83 所示的邮票效果。

图 7-82 原图 .jpg

图 7-83 邮票效果

2）练习 2：利用网盘中的"课后练习\7.8 课后练习 \ 练习 2\ 原图 1.jpg"和"原图 2.jpg"图片（见图 7-84），制作出如图 7-85 所示的海报效果。

a)

b)

图 7-84 素材图
a) 原图 1.jpg b) 原图 2.jpg

图 7-85 海报效果

第8章　滤镜的使用

使用 Photoshop CC 2015 的滤镜功能，可以制作出变化万千的特殊效果。通过本章的学习，读者应掌握 Photoshop CC 2015 自带的常用滤镜的使用方法。

本章内容包括：

■ 滤镜的概念
■ 智能滤镜
■ 特殊滤镜
■ 滤镜组滤镜

8.1　滤镜概述

滤镜来源于摄影中的滤光镜，应用滤光镜的功能可以改进图像和产生特殊效果。通过滤镜的处理，可以为图像加入纹理、变形、艺术风格和光照等多种特效，让平淡无奇的照片瞬间光彩照人。

8.1.1　滤镜的种类

滤镜分为内置滤镜和外挂滤镜两大类。内置滤镜是 Photoshop 自身提供的各种滤镜，外挂滤镜则是由其他厂商开发的滤镜，需要安装在 Photoshop 中才能使用。

Photoshop CC 2015 的所有滤镜都按类别放置在"滤镜"菜单中，使用时只需用鼠标单击这些滤镜命令即可。对于 RGB 颜色模式的图像，可以使用任何滤镜功能。按快捷键〈Ctrl+F〉，可以重复执行上次使用的滤镜。

Photoshop 内置滤镜多达 100 余种，其中滤镜库、自适应广角、镜头校正、液化、油画和消失点属于特殊滤镜，风格化、画笔描边、模糊、扭曲、锐化、视频、素描、纹理、像素画、渲染、艺术效果、杂色和其他属于滤镜组滤镜。

8.1.2　滤镜的使用原则与技巧

滤镜的使用原则与技巧如下。

● 使用滤镜处理某一图层中的图像时。需要选择该图层，并且确认该图层是可见的。
● 如果创建了选区，滤镜只会处理选区中的图像；如果未创建选区，则处理的是当前图层中的全部图像。
● 滤镜的处理效果是以像素为单位进行计算的，因此，使用相同的参数处理不同分辨率的图像，其效果也会有所不同。
● 滤镜可以处理图层蒙版、快速蒙版和通道。
● 只有"云彩"滤镜可以应用在没有像素的区域，其他滤镜都必须应用在包含像素的区域，否则不能使用这些滤镜。但外挂滤镜除外。
● 在索引和位图颜色模式下，所有的滤镜都不可用；在 CMYK 颜色模式下，某些滤镜

不可用。此时要对图像应用滤镜，可以执行菜单中的"图像 | 模式 | RGB 颜色"命令，将图像模式转换为 RGB 模式，然后再应用滤镜。

● 在应用滤镜的过程中，如果要终止处理，则可以按〈Esc〉键。

● 滤镜的顺序对滤镜的总体效果有明显的影响。例如先执行"晶格化"滤镜再执行"马赛克"滤镜，与先执行"马赛克"滤镜再执行"晶格化"滤镜的效果会发生明显的变化。

8.2　智能滤镜

在 Photoshop 中，普通滤镜是通过修改像素来生成效果的。例如图 8-1 为一个图像文件，图 8-2 则是直接执行菜单中的"滤镜 | 像素化 | 彩色半调"命令处理后的效果。从"图层"面板中可以看到，"背景"图层的像素被修改了，如果此时保存并关闭图像，则无法恢复施加滤镜前的原始图像了。

图 8-1　图像文件

图 8-2　普通"彩色半调"滤镜处理后的效果

智能滤镜是一种非破坏性的滤镜，它将滤镜效果应用于智能对象上，不会修改图像的原始数据。例如图 8-3 所示为右键单击"背景"层，从弹出的快捷菜单中选择"转换为智能对象"命令，将其转换为智能对象后，再执行菜单中的"滤镜 | 像素化 | 彩色半调"命令处理后的效果，可以看到，它与普通"彩色半调"的效果完全相同。

图 8-3 智能对象的处理结果

智能滤镜包含一个类似于图层样式的列表，列表中显示了使用的滤镜。此时如果要修改滤镜的参数，则可以单击滤镜名称右侧的 ⬚（双击以编辑滤镜混合选项）按钮，然后从弹出的相关滤镜对话框中进行修改。

如果要隐藏滤镜效果，则可以单击滤镜前面的 👁（指示图层可视性）按钮，即可将滤镜效果隐藏，如图 8-4 所示，或者将该滤镜删除，即可恢复原始图像。

图 8-4 将滤镜效果隐藏

8.3 特殊滤镜

Photoshop CC 2015 的特殊滤镜包括滤镜库、自适应广角、镜头校正、液化、Camera Raw 滤镜和消失点 6 种滤镜。

8.3.1 滤镜库

通过滤镜库可以连续地应用多个滤镜，或者重复应用同一个滤镜，并可随时调整这些滤镜应用的先后次序及每一个滤镜的选项参数。对于某些涉及复杂滤镜应用的图像处理工作而言，使用滤镜库可以极大地简化工作流程。

执行菜单中的"滤镜|滤镜库"命令，可以弹出如图 8-5 所示的"滤镜库"对话框。在该对话框列表中提供了"风格化""画笔描边""扭曲""素描""纹理"和"艺术效果"6

组滤镜。在"滤镜库"对话框中左侧是效果预览窗口，中间是 6 组可供选择的滤镜，右侧是参数设置区。

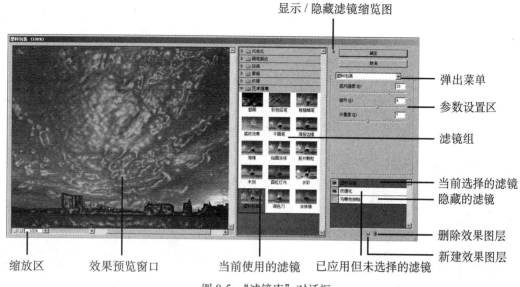

图 8-5　"滤镜库"对话框

"滤镜库"对话框中各项参数具体含义如下：

● 显示 / 隐藏滤镜缩览图：单击该按钮，可以隐藏滤镜缩览图，以增大预览窗口。
● 弹出菜单：单击▼按钮，可以在打开的下拉菜单中选择一个滤镜。这些滤镜是按照滤镜名称拼音的先后顺序排列的。
● 参数设置区：用于显示所选择的滤镜的相关参数。
● 滤镜组："滤镜库"包括 6 组滤镜。单击▷按钮，可以展开滤镜组；单击▼按钮，可以折叠滤镜组。
● 当前使用的滤镜：显示了当前使用的滤镜。
● 当前选择的滤镜：单击一个效果图层，该效果图层会以灰色显示，表示该滤镜为当前选择状态。
● 已应用但未选择的滤镜：未选择的滤镜，但该效果图层前方有█图标的，表示该滤镜已应用但未被选择。
● 隐藏的滤镜：单击效果图层前面的█图标，可以隐藏该滤镜效果。
● 删除效果图层：选择一个效果图层，然后单击该按钮，可以将其删除。
● 新建效果图层：单击该按钮，可以新建一个效果图层，在该图层上可以应用一个滤镜。
● 效果预览窗口：用来预览应用滤镜后的效果。
● 缩放区：用于放大或缩小效果预览窗口中图像的显示比例。

8.3.2　自适应广角

对于摄影师以及喜欢拍照的摄影爱好者来说，拍摄风光或者建筑必然要使用广角镜头进行拍摄。广角镜头拍摄照片时，都会有镜头畸变的情况，让照片边角位置出现弯曲变形，即使再昂贵的镜头也是如此。利用 Photoshop CC 2015 新增的"自适应广角"滤镜，可以对广角镜头拍摄产生的畸变进行处理，从而得到一张完全没有畸变的照片。

下面通过一个小实例来讲解"自适应广角"滤镜的使用。

1）打开网盘中的"随书素材及结果 \8.3.2　自适应广角 \ 原图 .jpg"文件，如图 8-6 所示。

2）执行菜单中的"滤镜 | 自定义广角"命令，在弹出的"自定义广角"对话框中的右侧"校正"中选择"鱼眼"，如图 8-7 所示。

图 8-6　"原图 .jpg"图片

图 8-7　选择"鱼眼"

3）在"自定义广角"对话框中，选择左侧工具箱中的 （约束工具）沿左侧墙体边缘绘制一条约束线，此时约束线周围弯曲的墙体的倾斜就消失了，如图 8-8 所示。

4）同理，利用 （约束工具）对照片中其余畸变的部分进行处理，效果如图 8-9 所示。

图 8-8　约束线周围弯曲的墙体的倾斜消失

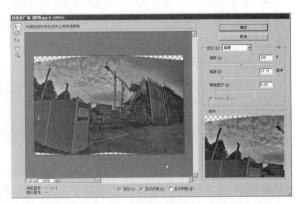

图 8-9　对其余畸变的部分进行处理

5）单击"确定"按钮，效果如图 8-10 所示。

6）利用工具箱中的 （裁剪工具）将图片中多余的部分裁剪掉，效果如图 8-11 所示。

7）执行菜单中的"滤镜 | 镜头校正"命令，对裁剪后的图片进行再次处理，最终效果如图 8-12 所示。

图 8-10　自适应广角效果

图 8-11　裁剪后效果

图 8-12　最终效果

8.3.3　镜头校正

使用"镜头校正"命令可以对各种相机和镜头进行自动校正，从而轻松消除桶状和枕状变形、相片周边暗角以及造成图像边缘出现彩色光晕的色像差，或者修复相机在垂直或水平方向上倾斜而造成的透视错误。

下面通过一个小实例来讲解"镜头校正"滤镜的使用。

1）打开网盘中的"随书素材及结果 \8.3.3　镜头校正 \ 原图 .jpg"文件，如图 8-13 所示。

图 8-13　"原图 .jpg"图片

2）执行菜单中的"滤镜 | 镜头校正"命令，在弹出的"镜头校正"对话框中的右侧选择"自定"选项卡，然后将"变换"选项卡中的"垂直透视"的数值设置为 −40，如图 8-14 所示，单击"确定"按钮，效果如图 8-15 所示。

图 8-14 设置"镜头校正"参数

图 8-15 最终效果

8.3.4 液化

"液化"滤镜是修饰图像和创建艺术效果的强大工具,用于创建图像弯曲、旋转和变形的效果。

下面通过一个小实例来讲解"液化"滤镜的使用。

1)打开网盘中的"随书素材及结果 \8.3.4 液化 \ 原图 .jpg"文件,如图 8-16 所示。

2)执行菜单中的"滤镜 | 液化"命令,在弹出的"液化"对话框中选择左侧的 ⚱ (向前变形工具),设置"画笔大小"和"画笔压力",如图 8-17 所示。

3)将鼠标放在左侧脸部边缘,如图 8-18 所示,然后单击并向内拖动鼠标,使轮廓向内收缩,从而改变脸部弧线,如图 8-19 所示。

4)同理,对右侧脸颊进行处理,如图 8-20 所示。

5)同理,将下巴向下移动,从而制作出尖下巴,如图 8-21 所示。

图 8-16　原图 .jpg

图 8-17　设置画笔大小和压力

图 8-18　将鼠标放在左侧脸部边缘

图 8-19　左侧脸颊处理效果

图 8-20　右侧脸颊处理效果

图 8-21　下巴处理效果

6）单击"确定"按钮，完成"液化"操作。

8.3.5　Camera Raw 滤镜

Camera Raw 滤镜是一个专为摄影爱好者开发的滤镜，Photoshop CC 之前版本的 Camera Raw 滤镜是作为单独的外置插件使用的，Photoshop CC 则将它内置为滤镜。利用该滤镜可以在不损坏原片的前提下快速、批量、高效、专业地处理摄影师拍摄的图片。

下面通过一个小实例来讲解 Camera Raw 滤镜的使用。

1）打开网盘中的"随书素材及结果\8.3.5　Camera Raw 滤镜\原图 .jpg"文件，如图 8-22 所示。

图 8-22　"原图 .jpg"图片

2）执行菜单中的"滤镜 |Camera Raw 滤镜"命令，弹出图 8-23 所示的"Camera Raw"对话框。

图 8-23　"Camera Raw"对话框

3）在"Camera Raw"对话框中对"色温""色调""曝光""对比度""高光""阴影""白色""黑色""清晰度""自然饱和度"和"饱和度"参数进行设置，如图 8-24a 所示，单击"确定"按钮，效果如图 8-24b 所示。

a)

b)

图 8-24　"Camera Raw"滤镜使用

a）设置"Camera Raw"滤镜参数　b）设置"Camera Raw"滤镜参数后的效果

8.3.6　消失点

使用"消失点"滤镜可以在包含透视平面（例如建筑物的侧面、墙壁、地面或任何矩形对象）的图像中进行透视校正操作。在修饰、仿制、复制、粘贴或移去图像内容时，Photoshop 会自动应用透视原理，按照透视的角度和比例来自动适应图像的修改，从而大大节约精确设计和修饰照片所需的时间。其具体应用详见"8.5.3 制作延伸的地面效果"。

8.4 滤镜组滤镜

Photoshop CC 2015 中内置了 15 种滤镜组,默认分别分布在滤镜库和滤镜菜单中。其中"画笔描边""素描""纹理"和"艺术效果"4 组滤镜位于"滤镜库"中;"3D""模糊""模糊画廊""锐化""视频""像素化""渲染""杂色"和"其他"9 组滤镜位于"滤镜菜单"中;"风格化"和"扭曲"两组滤镜中的滤镜部分位于"滤镜库"中,部分位于滤镜菜单中。本节主要讲解位于滤镜菜单中的 11 组滤镜。

> 提示:用户通过设置首选项,可以在滤镜菜单中也显示滤镜库中的滤镜组。设置方法为:执行菜单中"编辑|首选项|增效工具"命令,然后在弹出的"首选项"对话框中勾选"显示滤镜库的所有组和名称"复选框,如图 8-25 所示,再单击"确定"按钮,即可在滤镜菜单中也显示滤镜库中的滤镜组。

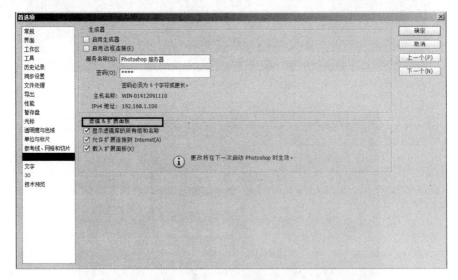

图 8-25　勾选"显示滤镜库的所有组和名称"复选框

8.4.1 "3D"滤镜组

"3D"滤镜组可以通过漫射纹理创建效果更好的凹凸图或法线图(凹凸图和法线图主要用于游戏贴图)。该滤镜组包括"生成凹凸图"和"生成法线图"两种滤镜。这两种滤镜操作比较简单,这里就不赘述了。

8.4.2 "风格化"滤镜组

"风格化"滤镜组通过置换像素和查找并增加图像的对比度,在选区中生成绘画或印象派的效果。该组滤镜包括 9 种滤镜,其中 8 种默认位于"滤镜"菜单的"风格化"子菜单中,"照亮边缘"滤镜默认位于滤镜库中。下面就来具体介绍这些滤镜。

1．查找边缘

"查找边缘"滤镜可以查找并用黑色线条勾勒图像的边缘。该滤镜没有选项对话框。图 8-26 为原图，图 8-27 为执行菜单中的"滤镜 | 风格化 | 查找边缘"命令后的效果。

图 8-26　原图

图 8-27　"查找边缘"效果

2．等高线

"等高线"滤镜用于查找主要亮度区域，并为每个颜色通道勾勒主要亮度的区域，从而获得与等高线图中类似的效果。执行菜单中的"滤镜 | 风格化 | 等高线"命令，然后在弹出的"等高线"对话框中设置参数，如图 8-28 所示，单击"确定"按钮，效果如图 8-29 所示。

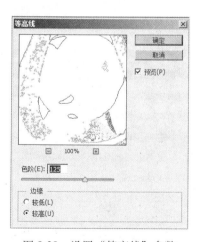

图 8-28　设置"等高线"参数

图 8-29　"等高线"效果

3．风

"风"滤镜用于模拟风吹的效果。执行菜单中的"滤镜 | 风格化 | 风"命令，在弹出的对

话框中设置参数，如图 8-30 所示，单击"确定"按钮，效果如图 8-31 所示。

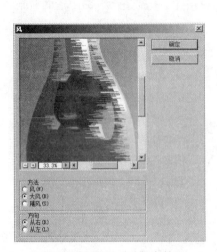

图 8-30　设置"风"参数

图 8-31　"风"效果

4．浮雕效果

"浮雕效果"滤镜通过勾画图像或选区的轮廓和降低周围色值来产生浮雕效果。执行菜单中的"滤镜|风格化|浮雕效果"命令，在弹出的对话框中设置参数，如图 8-32 所示，单击"确定"按钮，效果如图 8-33 所示。

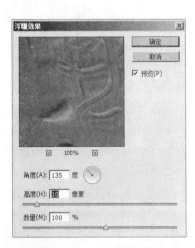

图 8-32　设置"浮雕效果"参数

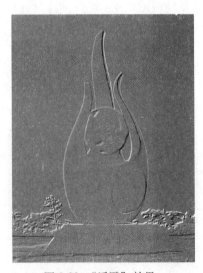

图 8-33　"浮雕"效果

5．扩散

"扩散"滤镜可以搅乱图像中的像素，使图像产生一种不聚焦的感觉。执行菜单中的"滤镜|风格化|扩散"命令，在弹出的对话框中设置参数如图 8-34 所示，单击"确定"按钮，效果如图 8-35 所示。

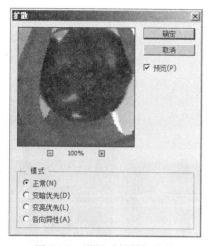

图 8-34　设置"扩散"参数

图 8-35　"扩散"效果

6．拼贴

"拼贴"滤镜可以将图像分解为多个拼贴块，并使每块拼贴做一定的偏移。执行菜单中的"滤镜 | 风格化 | 拼贴"命令，弹出如图 8-36 所示的对话框。在该对话框中，"拼贴数"用于设置拼贴块的数量；"最大位移"用于设置拼贴的最大位移量；在下面的单选按钮中可以选择采用的背景色、前景色、图像内容或图像内容的反相来填充拼贴块位移后留下的空白区域。单击"确定"按钮，效果如图 8-37 所示。

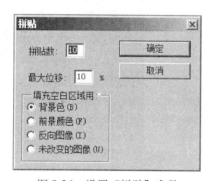

图 8-36　设置"拼贴"参数

图 8-37　"拼贴"效果

7．曝光过度

"曝光过度"滤镜用于模拟在显影过程中将照片短暂曝光的效果。该滤镜没有选项对话框。执行菜单中的"滤镜 | 风格化 | 曝光过度"命令，效果如图 8-38 所示。

8．凸出

"凸出"滤镜可以将图像分成一系列大小相同且有机重叠放置的立方体或椎体，从而产生特殊的 3D 效果。执行菜单中的"滤镜 | 风格化 | 凸出"命令，然后在弹出的对话框中设

置参数如图 8-39 所示，单击"确定"按钮，效果如图 8-40 所示。

图 8-38　"曝光过度"效果　　　　图 8-39　设置"凸出"参数　　　　图 8-40　"凸出"效果

9．照亮边缘

"照亮边缘"滤镜用于查找图像中的边缘，并沿边缘添加霓虹灯式的光亮效果。执行菜单中的"滤镜|风格化|照亮边缘"命令，在弹出的"滤镜库"对话框中设置参数，如图 8-41 所示，单击"确定"按钮，效果如图 8-42 所示。

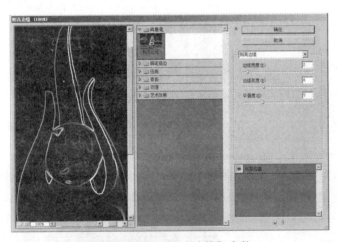

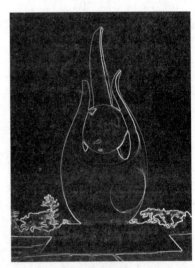

图 8-41　设置"照亮边缘"参数　　　　　　图 8-42　"照亮边缘"效果

8.4.3　"模糊"滤镜组

"模糊"滤镜组中的滤镜用于削弱相邻像素的对比度并柔化图像，使图像产生模糊效果。该组滤镜包括 11 种滤镜，它们都不可以在滤镜库中使用。下面介绍几种常用的滤镜。

1．表面模糊

"表面模糊"滤镜用于对图像的表面高亮部分进行模糊处理。图 8-43 为原图，执行菜单中的"滤镜|模糊|表面模糊"命令，然后在弹出的对话框中设置参数，如图 8-44 所示，单击"确定"按钮，效果如图 8-45 所示。

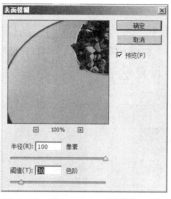

图 8-43　原图　　　　图 8-44　设置"表面模糊"参数　　　图 8-45　"表面模糊"效果

2．动感模糊

"动感模糊"滤镜类似于给移动物体拍照。图 8-46 为原图，执行菜单中的"滤镜|模糊|动感模糊"命令，将弹出如图 8-47 所示的对话框。在该对话框中，拖动"角度"转盘可以调整模糊的方向，拖动"距离"滑块可以调整模糊的程度。单击"确定"按钮，效果如图 8-48 所示。

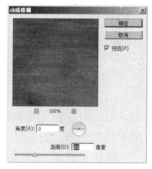

图 8-46　原图　　　　图 8-47　"动感模糊"对话框　　　图 8-48　"动感模糊"效果

3．高斯模糊

"高斯模糊"滤镜是最重要、最常用的模糊滤镜之一，它可以向图像中添加低频细节，使图像产生一种朦胧的模糊效果。图 8-49 为原图，执行菜单中的"滤镜|模糊|高斯模糊"命令，将弹出如图 8-50 所示的对话框，设置相应参数后，单击"确定"按钮，效果如图 8-51 所示。

图 8-49　原图　　　　图 8-50　"高斯模糊"对话框　　　图 8-51　"高斯模糊"效果

4．径向模糊

"径向模糊"滤镜是一种比较特殊的模糊滤镜，可以将图像围绕一个指定的圆心，沿着圆的圆周或半径方向进行模糊，产生模糊效果。执行菜单中的"滤镜|模糊|径向模糊"命令，将弹出如图 8-52 所示的对话框，设置相应参数后，单击"确定"按钮，效果如图 8-53 所示。

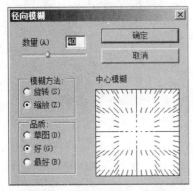

图 8-52　"径向模糊"对话框　　　　　　图 8-53　"径向模糊"效果

8.4.4　"模糊画廊"滤镜组

"模糊画廊"滤镜组中的滤镜可以通过直观的图像控件快速创建截然不同的照片模糊效果。该组滤镜包括"场景模糊""光圈模糊""移轴模糊""路径模糊"和"旋转模糊"5种滤镜，它们都不可以在滤镜库中使用。下面介绍几种常用的滤镜。

1．场景模糊

"场景模糊"滤镜可以用一个或多个图钉对图像中不同的区域应用模糊效果。图 8-54 为原图，执行菜单中的"滤镜|模糊|场景模糊"命令，此时画面中央会出现一个图钉，右侧出现"模糊工具"面板，如图 8-55 所示。下面在画面中通过单击的方式添加 3 个图钉，然后将两个位于人物位置的图钉的"模糊"数值设置为 0 像素，将其余 3 个图钉的"模糊"数值设置为 30 像素，此时画面效果如图 8-56 所示，最后单击上方的"确定"按钮，效果如图 8-57 所示。

图 8-54　原图

图 8-55　执行"场景模糊"命令后的效果

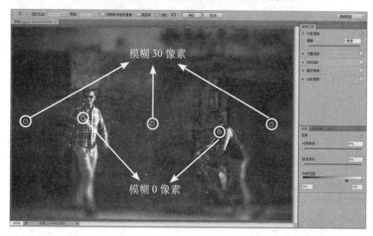

图 8-56　添加图钉并设置图钉的"模糊"数值

图 8-57　最终效果

2．光圈模糊

"光圈模糊"滤镜以在图像上创建一个椭圆形的焦点范围，处于焦点范围内的图像保持

清晰，而之外的图像会被模糊。图 8-58 为原图，执行菜单中的"滤镜 | 模糊 | 光圈模糊"命令，此时画面中央会出现一个图钉，右侧出现"模糊工具"面板，如图 8-59 所示。下面旋转光圈，并适当调整光圈的大小，再选择画面中央的图钉，将其"模糊"数值设置为 30 像素，如图 8-60 所示，最后单击上方的"确定"按钮，效果如图 8-61 所示。

图 8-58　原图

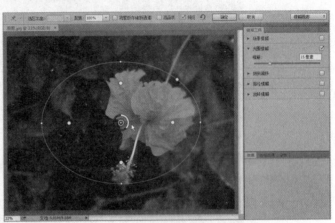

图 8-59　执行"光圈模糊"命令后的效果

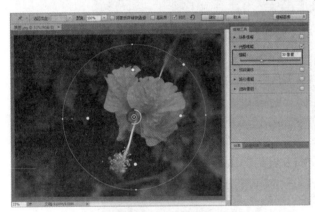

图 8-60　调整光圈

图 8-61　最终效果

8.4.5 "扭曲"滤镜组

"扭曲"滤镜组可以将图像进行各种几何扭曲，该组滤镜包括 12 种滤镜，其中 9 种位于"滤镜"菜单的"扭曲"子菜单中，另外"玻璃""海洋波纹"和"扩散亮光"3 种滤镜位于滤镜库中。下面介绍常用的几种滤镜。

1. 波浪

"波浪"滤镜用于按照指定类型、波长和波幅的波来扭曲图像。图 8-62 为原图，执行菜单中的"滤镜 | 扭曲 | 波浪"命令，将弹出如图 8-63 所示的对话框。在该对话框的"类型"选项组中可以选择按"正弦""三角形"或"方形"波来扭曲图像；拖动"生成器数"滑块可以指定生成波浪的次数；拖动"波长"和"波幅"滑块可分别调整最大波长、最小波长、最大波幅和最小波幅；拖动两个"比例"滑块可以调整波浪在水平和垂直方向上的显示比例；单击"随机化"按钮，可以按指定的设置随机生成一个波。单击"确定"按钮，效果如图 8-6 4 所示。

图 8-62　原图

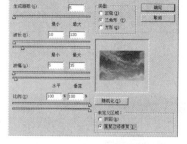

图 8-63　"波浪"对话框

图 8-64　"波浪"效果

2．波纹

"波纹"滤镜用于在图像上模拟水波效果。图 8-65 为原图，执行菜单中的"滤镜|扭曲|波纹"命令，将弹出如图 8-66 所示的对话框。在该对话框的"大小"列表框中可以选择水波的大小，拖动"数量"滑块可以调整水波的数量。单击"确定"按钮，效果如图 8-67 所示。

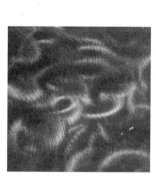

图 8-65　原图

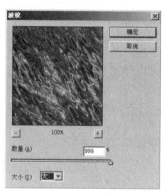

图 8-66　"波纹"对话框

图 8-67　"波纹"效果

3．极坐标

"极坐标"滤镜用于将图像由平面坐标系转换为极坐标系，或者从极坐标系转换为平面坐标系。图 8-68 为原图，执行菜单中的"滤镜|扭曲|极坐标"命令，然后在弹出的对话框中设置参数，如图 8-69 所示，单击"确定"按钮，效果如图 8-70 所示。

图 8-68　原图

图 8-69　"极坐标"对话框

图 8-70　"极坐标"效果

4．挤压

"挤压"滤镜可以将整个图像或选区内的图像向内或向外挤压。图 8-71 为原图，执行菜单中的"滤镜 | 扭曲 | 挤压"命令，然后在弹出的对话框设置参数如图 8-72 所示，单击"确定"按钮，效果如图 8-73 所示。

图 8-71　原图　　　　　　图 8-72　"挤压"对话框　　　　　　图 8-73　"挤压"效果

5．切变

"切变"滤镜是比较灵活的滤镜，用户可以按照自己设定的曲线来扭曲图像。图 8-74 为原图，执行菜单中的"滤镜 | 扭曲 | 切变"命令，然后在弹出的对话框中设置参数，如图 8-75 所示，单击"确定"按钮，效果如图 8-76 所示。

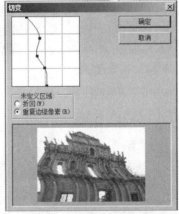

图 8-74　原图　　　　　　图 8-75　"切变"对话框　　　　　　图 8-76　"切变"效果

6．球面化

"球面化"滤镜可以使图像生成球形凸起，从而产生三维效果。图 8-77 为原图，执行菜单中的"滤镜 | 扭曲 | 球面化"命令，将弹出如图 8-78 所示的对话框。在该对话框的"模式"下拉列表框中可以选择按正常、水平优先或垂直优先变形，拖动"数量"滑块可以调整变形的幅度。单击"确定"按钮，效果如图 8-79 所示。

图 8-77　原图

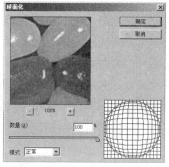

图 8-78　"球面化"对话框

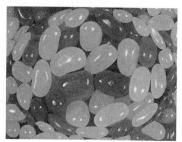

图 8-79　"球面化"效果

7．旋转扭曲

"旋转扭曲"滤镜用于将图像旋转扭曲，越靠近图像中心，旋转的程度越大。图 8-80 为原图，执行菜单中的"滤镜|扭曲|旋转扭曲"命令，然后在弹出的对话框中设置参数，如图 8-81 所示，单击"确定"按钮，效果如图 8-82 所示。

图 8-80　原图

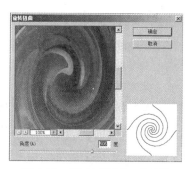

图 8-81　"旋转扭曲"对话框

图 8-82　"旋转扭曲"效果

8．置换

"置换"滤镜可用另一幅 psd 图像中的颜色、形状和纹理等来改变当前图像的扭曲方式，最终将两个图像组合在一起，产生不定方向的位移效果。图 8-83 为原图，执行菜单中的"滤镜|扭曲|置换"命令，然后在弹出的对话框中设置参数，如图 8-84 所示，单击"确定"按钮。然后在弹出的对话框中选择如图 8-85 所示的置换图，单击"打开"按钮，效果如图 8-86 所示。

图 8-83　原图

图 8-84　设置"置换"参数

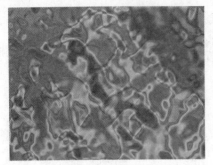

图 8-85　选择置换图

图 8-86　"置换"效果

9．玻璃

"玻璃"滤镜用于模拟透过各种类型的玻璃观看图像的效果。图 8-87 为原图，执行菜单中的"滤镜 | 滤镜库"命令，然后在弹出的"滤镜库"对话框中选择"扭曲"滤镜组中的"玻璃"滤镜，再设置参数如图 8-88 所示，单击"确定"按钮，效果如图 8-89 所示。

图 8-87　原图

图 8-88　设置"玻璃"参数

图 8-89　"玻璃"效果

8.4.6　"锐化"滤镜组

"锐化"滤镜组可以增加相邻像素的对比度，以聚焦模糊的图像。该组滤镜命令位于"滤镜"菜单的"锐化"子菜单中，包括 6 种滤镜。下面就来介绍这几种滤镜。

1．USM 锐化

"USM 锐化"滤镜可以查找图像颜色发生明显变化的区域，然后将其锐化。图 8-90 为原图，执行菜单中的"滤镜 | 锐化 | USM 锐化"命令，弹出如图 8-91 所示的对话框。在该对话框中，拖动"数量"滑块可以调整锐化程度；拖动"半径"滑块可以调整边缘像素周围影响锐化的像素；

拖动"阈值"滑块可以调整被作为边缘像素的色阶条件，即像素的色阶与周围区域相差多少以上时才被滤镜看作是边缘像素而被锐化。单击"确定"按钮，效果如图 8-92 所示。

图 8-90　原图

图 8-91　设置"USM 锐化"参数

图 8-92　"USM 锐化"效果

2．智能锐化

"智能锐化"滤镜功能比较强大，它具有独特的锐化选项，可以设置锐化算法、控制阴影和高光区域的锐化量。图 8-93 为原图，执行菜单中的"滤镜 | 锐化 | 智能锐化"命令，在弹出的对话框中设置参数如图 8-94 所示，单击"确定"按钮，效果如图 8-95 所示。

图 8-93　原图

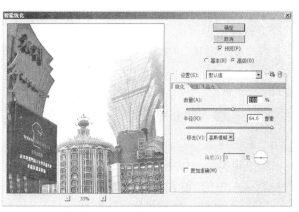

图 8-94　设置"智能锐化"参数

图 8-95 "智能锐化"效果

3．"锐化"和"进一步锐化"

"锐化"和"进一步锐化"滤镜都用于聚焦图像以提高其清晰度，区别在于"进一步锐化"滤镜比"锐化"滤镜的锐化强度更大。这两个滤镜都没有选项对话框，在实际应用中，可以连续多次应用这两个滤镜增强锐化度。

4．锐化边缘

"锐化边缘"滤镜与前两种滤镜稍有不同，它会自动查找图像中的边缘，并只将锐化效果应用于边缘，图像中的其他区域不受影响。"锐化边缘"滤镜也没有选项对话框。

8.4.7 "视频"滤镜组

"视频"滤镜组用于视频图像的输入和输出，该组滤镜命令位于"滤镜"菜单下的"视频"子菜单中，包括"NTSC 颜色"和"逐行"滤镜。其中，"NTSC 颜色"滤镜可以将图像中不能显示在普通电视机上的颜色转换为最接近的、可以显示的颜色。"逐行"滤镜可以将视频图像中的奇数或偶数行线移除，使视频捕捉的图像变得平滑。

8.4.8 "像素化"滤镜组

该组滤镜命令位于"滤镜"菜单的"像素化"子菜单中，包括 7 种滤镜。下面就来介绍这几种滤镜。

1．彩块化

"彩块化"滤镜用于将图像中的纯色或相近颜色的像素结块成单色的像素块，使图像更接近于手绘品质。该滤镜没有选项对话框，执行菜单中的"滤镜 | 像素化 | 彩块化"命令，即可应用于图像。图 8-96 为原图，图 8-97 为执行菜单中的"滤镜 | 像素化 | 彩块化"命令后的效果。仔细观察会发现竹子的细节被模糊成了一些小色块。

2．彩色半调

"彩色半调"滤镜用于模拟在图像的每个通道上使用放大半调网屏的效果。图 8-98 为原图，执行菜单中的"滤镜 | 像素化 | 彩色半调"命令，弹出的"彩色半调"对话框如图 8-99 所示，单击"确定"按钮，效果如图 8-100 所示。

图 8-96　原图

图 8-97　"彩块化"效果

图 8-98　原图

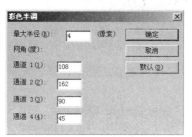

图 8-99　"彩色半调"对话框

图 8-100　"彩色半调"效果

3．点状化

"点状化"滤镜用于将图像中的颜色分解为随机分布的网点。图 8-101 为原图，执行菜单中的"滤镜|像素化|点状化"命令，将弹出如图 8-102 所示的对话框，单击"确定"按钮，效果如图 8-103 所示。

图 8-101　原图

图 8-102　"点状化"对话框

图 8-103　"点状化"效果

4．晶格化

"晶格化"滤镜用于模拟图像中像素结晶的效果。图 8-104 为原图，执行菜单中的"滤镜|像素化|晶格化"命令，弹出的"晶格化"对话框如图 8-105 所示，单击"确定"按钮，效果如图 8-106 所示。

5．马赛克

"马赛克"滤镜用于模拟马赛克拼出图像的效果。与"纹理"滤镜组中的"马赛克拼贴"滤镜不同的是，"马赛克"滤镜是根据图像的变化使用某种单色，而不是图像本身填充每一

个拼贴块。图 8-107 为原图，执行"滤镜|像素化|马赛克"命令，将弹出如图 8-108 所示的对话框，单击"确定"按钮，效果如图 8-109 所示。

图 8-104　原图

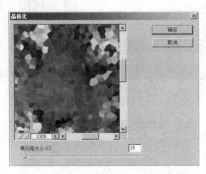
图 8-105　"晶格化"对话框

图 8-106　"晶格化"效果

图 8-107　原图

图 8-108　"马赛克"对话框

图 8-109　"马赛克"效果

6．碎片

"碎片"滤镜用于将原图复制 4 份，然后将这些复制出的图像做一定位移，形成一种重影效果。该滤镜没有选项对话框，执行菜单中的"滤镜|像素化|碎片"命令，即可应用于图像。图 8-110 为原图，图 8-111 为执行菜单中的"滤镜|像素化|碎片"命令后的效果。

图 8-110　原图

图 8-111　"碎片"效果

7．铜版雕刻

"铜版雕刻"滤镜用于将图像转换为由一些随机网点组成的图案。图 8-112 为原图，执行菜单中的"滤镜|像素化|铜版雕刻"命令，将弹出如图 8-113 所示的对话框，单击"确定"按钮，效果如图 8-114 所示。

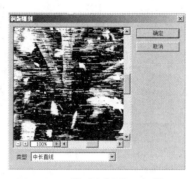

图 8-112　原图　　　　　图 8-113　"铜版雕刻"对话框　　　图 8-114　"铜版雕刻"效果

8.4.9　"渲染"滤镜组

"渲染"滤镜组命令位于"滤镜"菜单下的"渲染"子菜单中，包括 8 种滤镜，下面介绍常用的几种滤镜。

1．云彩

"云彩"滤镜可以使用位于前景色和背景色之间的颜色随机生成云彩状图案，并填充到当前选区或图像中。该滤镜没有选项对话框。图 8-115 为原图，执行菜单中的"滤镜|渲染|云彩"命令，效果如图 8-116 所示。

图 8-115　原图　　　　　　　　　　图 8-116　"云彩"效果

2．分层云彩

"分层云彩"滤镜的作用与"云彩"滤镜类似，区别在于"云彩"滤镜生成的云彩图案将替换图像中的原有图案，而"分层云彩"滤镜生成的云彩图案将按"插值"模式与原有图像混合。

3．光照效果

"光照效果"滤镜用于为图像增加复杂的光照效果。图 8-117 为原图，执行菜单中的"滤

镜|渲染|光照效果"命令,即可进入"光照效果"设置界面。在"光照效果"设置界面的"预设"选项中提供了 17 种光照类型可供选择,如图 8-118 所示。另外在"属性"面板中有"点光""聚光灯"和"无限光"3 种类型可供选择。设置完毕后,单击"确定"按钮,效果如图 8-119 所示。

图 8-117 原图

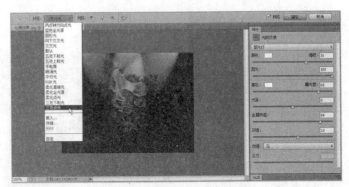
图 8-118 "光照效果"对话框

图 8-119 "光照效果"效果

4. 镜头光晕

"镜头光晕"滤镜用于在图像中模拟照相时的光晕效果。图 8-120 为原图,执行菜单中的"滤镜|渲染|镜头光晕"命令,将弹出如图 8-121 所示的对话框,设置相应参数后,单击"确定"按钮,效果如图 8-122 所示。

图 8-120 原图

图 8-121 "镜头光晕"对话框

图 8-122 "镜头光晕"效果

5. 纤维

"纤维"滤镜可以使用当前的前景色和背景色生成一种类似于纤维的纹理效果。执行菜单中的"滤镜|渲染|纤维"命令，将弹出如图 8-123 所示的对话框。在该对话框中，拖动"差异"和"强度"滑块，可以控制纤维的颜色变化；单击"随机化"按钮，可以根据当前设置随机生成一个纤维图案。单击"确定"按钮，效果如图 8-124 所示。

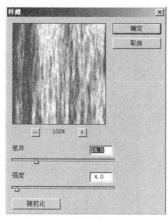

图 8-123 "纤维"对话框

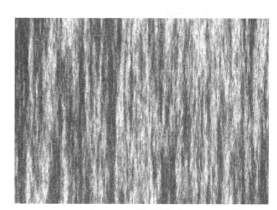

图 8-124 "纤维"效果

8.4.10 "杂色"滤镜组

"杂色"滤镜组用于向图像中添加杂色，或者从图像中移去杂色，该组滤镜命令位于"滤镜"菜单的"杂色"子菜单中，包括 5 种滤镜，它们都不可以在滤镜库中使用。下面就来介绍这几种滤镜。

1. 减少杂色

"减少杂色"滤镜可以基于影响整个图像或各个通道的参数设置来保留边缘并减少图像中的杂色。图 8-125 为原图，执行菜单中的"滤镜|杂色|减少杂色"命令，然后在弹出的对话框中设置参数如图 8-126 所示，单击"确定"按钮，效果如图 8-127 所示。

图 8-125 原图

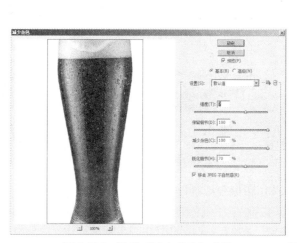

图 8-126 设置"减少杂色"参数

图 8-127 "减少杂色"效果

2．蒙尘与划痕

"蒙尘与划痕"滤镜可通过更改相异的像素来减少杂色，该滤镜对于去除扫描图像中的杂点和折痕特别有效。图 8-128 为原图，执行菜单中的"滤镜 | 杂色 | 蒙尘与划痕"命令，然后在弹出的对话框中设置参数如图 8-129 所示，单击"确定"按钮，效果如图 8-130 所示。

图 8-128　原图　　　　图 8-129　设置"蒙尘与划痕"参数　　图 8-130　"蒙尘与划痕"效果

3．去斑

"去斑"滤镜用于探测图像中有明显颜色改变的区域，并模糊出边缘外选区的所有部分，可在去掉杂色的同时保留细节，此滤镜不需要设置参数。图 8-131 为原图，执行菜单中的"滤镜 | 杂色 | 去斑"命令，效果如图 8-132 所示。

图 8-131　原图　　　　　　　　　　　　图 8-132　"去斑"效果

4．添加杂色

"添加杂色"滤镜可以在图像中添加随机像素，模拟在高速胶片上拍照的效果。图 8-133 为原图，执行菜单中的"滤镜 | 杂色 | 添加杂色"命令，然后在弹出的对话框中设置参数如图 8-134 所示，单击"确定"按钮，效果如图 8-135 所示。

图 8-133　原图

图 8-134　设置"添加杂色"参数

图 8-135　"添加杂色"效果

5．中间值

"中间值"滤镜可以混合选区或整个图像中像素的亮度来减少图像的杂色。图 8-136 为原图，执行菜单中的"滤镜|杂色|中间值"命令，然后在弹出的对话框中设置参数如图 8-137 所示，单击"确定"按钮，效果如图 8-138 所示。

图 8-136　原图

图 8-137　设置"中间值"参数

图 8-138　"中间值"效果

8.4.11　"其他"滤镜组

"其他"滤镜组命令位于"滤镜"菜单的"其他"子菜单中，包括 6 种滤镜。下面介绍常用的几种滤镜。

1．高反差保留

"高反差保留"滤镜可以忽略图像中颜色反差较低的区域的细节，而保留颜色反差较高的区域的细节。图8-139为原图，执行菜单中的"滤镜 | 其他 | 高反差保留"命令，在弹出的对话框中设置参数，如图8-140所示，单击"确定"按钮，效果如图8-141所示。

图8-139　原图　　　　图8-140　设置"高反差保留"参数　　图8-141　"高反差保留"效果

2．自定

"自定"滤镜是一个比较特殊的滤镜，该滤镜中没有定义图像的处理方法，而是由用户自己指定一个计算关系来更改图像中每个像素的亮度值，每个像素的亮度都是通过该像素本身及其周围像素亮度值计算得到的。执行菜单中的"滤镜 | 其他 | 自定"命令，在弹出的对话框中设置参数，如图8-142所示，单击"确定"按钮，效果如图8-143所示。

图8-142　设置"自定"参数　　　　　　　　图8-143　"自定"效果

3．最大值

"最大值"滤镜可以用指定半径范围内的像素的最大亮度值替换当前像素的亮度值，从而扩大高光区域。执行菜单中的"滤镜 | 其他 | 最大值"命令，在弹出的对话框中设置参数，如图8-144所示，单击"确定"按钮，效果如图8-145所示。

4．最小值

"最小值"滤镜可以用指定半径范围内的像素的最小亮度值替换当前像素的亮度值，从而缩小高光区域，扩大暗调区域。执行菜单中的"滤镜 | 其他 | 最小值"命令，在弹出的对话框中设置参数如图8-146所示，单击"确定"按钮，效果如图8-147所示。

图 8-144　设置"最大值"参数

图 8-145　"最大值"效果

图 8-146　设置"最小值"参数

图 8-147　"最小值"效果

8.5　实例讲解

本节将通过 5 个实例来对 Photoshop CC 2015 滤镜进行具体应用，旨在帮助读者快速掌握滤镜的相关知识。

8.5.1　制作暴风雪效果

要点：

本例将制作暴风雪效果，如图 8-148 所示。通过本例的学习，读者应掌握"色彩范围"命令与"绘图笔"滤镜、"模糊"滤镜、"锐化"滤镜的综合应用。

a)　　　　　　　　　　　　　　　　　　　　b)

图 8-148　暴风雪效果

a) 原图　b) 结果图

操作步骤：

1）打开网盘中的"随书素材及结果\8.5.1　制作暴风雪效果\原图.jpg"文件，如图8-148a所示。

2）单击"图层"面板下方的 （创建新图层）按钮，创建一个新的"图层1"。

3）执行菜单中的"编辑|填充"命令，在弹出的"填充"对话框中选择"50%灰色"选项，如图8-149所示。然后单击"确定"按钮，填充完成后的图层分布如图8-150所示。

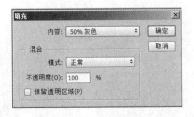

图8-149　选择"50%灰色"选项

图8-150　图层分布

4）按快捷键〈D〉，将前景色设置为默认的黑色，背景色设置为默认的白色。然后确认当前图层为"图层1"，执行菜单中的"滤镜|滤镜库"命令，然后在弹出的"滤镜库"对话框中选择"素描"滤镜组中的"绘图笔"滤镜，并设置参数如图8-151所示。单击"确定"按钮，即可产生风刮雪粒的初步效果，如图8-152所示。

图8-151　设置"绘图笔"参数

图8-152　"绘图笔"效果

5）去掉更多的没有雪的部分。方法：选择将产生没有雪的部分，执行菜单中的"选择|色彩范围"命令，弹出如图8-153所示的对话框，然后在"选择"下拉列表框中选择"高光"选项，如图8-154所示。单击"确定"按钮，此时画面中白色的区域就会处于选取状态，效果如图8-155所示。接着按〈Delete〉键删除选择的部分，效果如图8-156所示。

6）按快捷键〈Ctrl+Shift+I〉反选选区，选中雪的部分。然后确定前景色为白色，按快捷键〈Alt+Delete〉进行前景色填充。

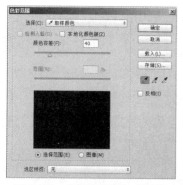

图 8-153　"色彩范围"对话框

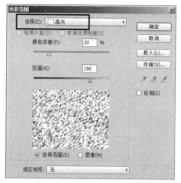

图 8-154　选择"高光"选项

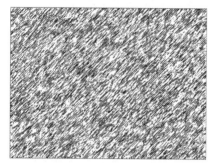

图 8-155　画面中白色的区域处于选取状态

图 8-156　删除选区内的图像效果

7）按快捷键〈Ctrl+D〉取消选区，效果如图 8-157 所示。

8）为了使雪片不至于太生硬，下面执行菜单中的"滤镜 | 模糊 | 高斯模糊"命令，在弹出的"高斯模糊"对话框中设置参数如图 8-158 所示，单击"确定"按钮，效果如图 8-159 所示。

9）为了使图像效果更加鲜明，执行菜单中的"滤镜 | 锐化 | USM 锐化"命令，在弹出的"USM 锐化"对话框中设置参数如图 8-160 所示，然后单击"确定"按钮，最终效果如图 8-161 所示。

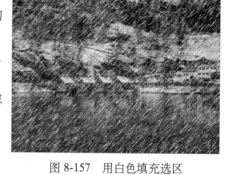

图 8-157　用白色填充选区

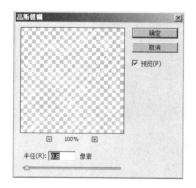

图 8-158　设置"高斯模糊"参数

图 8-159　"高斯模糊"效果

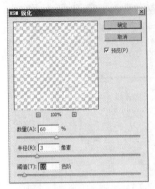

图 8-160　设置 "USM 锐化" 参数　　　　图 8-161　 "USM 锐化" 效果

8.5.2　制作深邃的洞穴效果

 要点：

本例将制作深邃的洞穴效果，如图 8-162 所示。通过本例的学习，读者应掌握滤镜及图层的综合应用。

 操作步骤：

1）执行菜单中的 "文件 | 新建" 命令，创建一个宽高为 640 像素 ×480 像素，分辨率为 72 像素 / 英寸，颜色模式为 "RGB 颜色"（8 位）的文件。

2）设置前景色为 "白色（RGB（255，255，255））"，背景色为 "黑色（RGB（0，0，0））"，然后按〈Ctrl+Delete〉组合键，将图像背景填充为黑色。

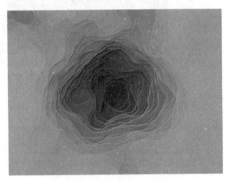

图 8-162　深邃的洞穴效果

3）选择工具箱中的 （画笔工具），右击画面，然后在弹出的 "画笔预置框" 中设置直径为 200 像素的基本画笔工具，如图 8-163 所示。

4）执行菜单中的 "窗口 | 图层" 命令，调出 "图层" 面板，然后单击面板下部的 （创建新图层）按钮创建 "图层 1"，接着使用 （画笔工具）在图像中间单击，绘制出一个柔和的白色圆点，如图 8-164 所示。

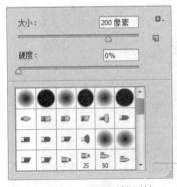

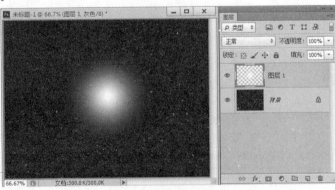

图 8-163　设置画笔属性　　　　图 8-164　绘制出一个柔和的白色圆点

5）按〈Ctrl+T〉组合键应用"自由变换"命令，然后按住〈Shift+Alt〉组合键将控制框一角的手柄向外拖动，以图像中心为基准按比例扩大圆点图像（见图8-165），使它充满整个画面。

6）在"图层"面板中单击下方的 ▢（创建新图层）按钮创建"图层2"，然后按〈D〉键，将工具箱中的前景色和背景色分别设置为默认的"黑色"和"白色"。接着执行菜单中的"滤镜｜渲染｜云彩"命令，在画面中自动生成不规则的黑白云雾图像。最后反复按快捷键〈Ctrl+F〉，多次应用"云彩"命令，直到选中一种较满意的黑白云雾效果为止，如图8-166所示。

提示：在不同的云雾效果后面会生成不同的洞穴形状和深度。

 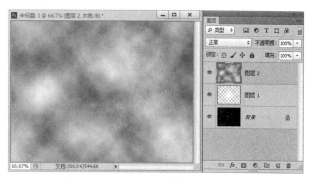

图8-165　按比例扩大圆点图像　　　　　　图8-166　多次应用"云彩"命令

7）选择云雾所在的图层（图层2），将图层"混合模式"设置为"线性光"，并将图层上的"填充"设置为100%，如图8-167所示。此时，"图层1"中的圆形画笔图像受到云雾图像的影响变成了不规则形态。然后按快捷键〈Shift+Ctrl+E〉将所有图层合并为一个图层，此时的图层分布如图8-168所示。

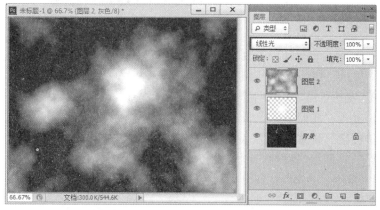 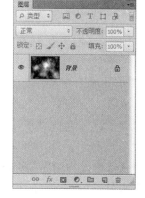

图8-167　调整图层的混合模式和不透明度　　　图8-168　合并图层后的图层分布

8）将灰色云雾变成不规则格状。执行菜单中的"滤镜｜像素化｜晶格化"命令，然后在弹出的对话框中设置参数如图8-169所示，将"单元格大小"设置为30，单击"确定"按钮，效果如图8-170所示。

图 8-169　设置"晶格化"参数

图 8-170　"晶格化"效果

9）将图像上的小块凝结成一个整体，呈现出按高度排列的等高线的阶梯形状。方法：执行菜单中的"滤镜｜杂色｜中间值"命令，在弹出的对话框中设置参数如图 8-171 所示，即将"半径"设置为 25 像素，然后单击"确定"按钮，效果如图 8-172 所示。

图 8-171　设置"中间值"参数

图 8-172　"中间值"效果

10）按快捷键〈Ctrl+J〉，根据"背景"层复制出"图层 1"，然后选择"背景"层，单击"图层 1"前的 ● 图标，将该层隐藏。再执行菜单中的"滤镜｜渲染｜光照效果"命令，进入"光照效果"设置界面。接着在选项栏中将"预设"设置为"两点钟方向点光"，如图 8-173 所示，再在"属性"面板中设置参数如图 8-174 所示，单击"确定"按钮，效果如图 8-175 所示。

提示：一定要将"纹理通道"设置为"红"，因为在图像单通道上投射的光线会使图像呈现出一定的立体感。

图 8-173　设置"光照效果"参数效果

图 8-174 在"属性"面板中设置参数

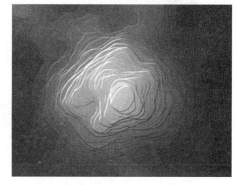

图 8-175 "光照"效果

11）在"图层"面板中选择"图层 1"，然后单击"图层 1"前的█图标，恢复该层的显示。接着执行菜单中的"滤镜｜锐化｜USM 锐化"命令，在弹出的对话框中设置参数如图 8-176 所示，即分别设置"数量"为 400%、"半径"为 10 像素、"阈值"为 0，以增强图像边缘的清晰度。设置完成后单击"确定"按钮，效果如图 8-177 所示。

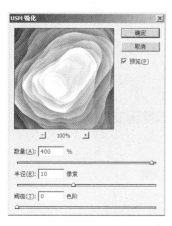

图 8-176 设置"USM 锐化"参数

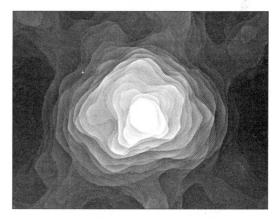

图 8-177 "USM 锐化"效果

12）将图像合成后的立体感进一步加强，使四周逐渐暗下去。方法：在"图层"面板上将"图层 1"的图层混合模式设置为"正片叠底"，将图层上的"填充"设置为 65%，如图 8-178 所示。

13）依靠一种黄褐色调的深浅变化，制作出画面中明显的层层向内凹陷的洞穴效果。方法：在"图层"面板下部单击 (创建新的填充或调整图层) 按钮，从弹出的下拉菜单中选择"渐变映射"命令，然后在弹出的"渐变映射"对话框中单击如图 8-179 所示的渐变颜色按钮，弹出如图 8-180 所示的"渐变编辑器"对话框。接着单击对话框中渐变条的下方，添加色标，并通过拖动、移动或双击操作设置渐变颜色，从而设置一种三色渐变，这 3 种颜色的参考色值为 RGB（198，167，70）、RGB（107，57，30）、RGB（0，0，0），效果如图 8-181 所示。

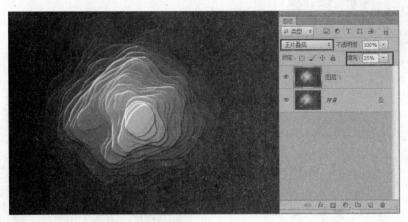

图 8-178　改变图层的混合模式和不透明度

提示：读者也可以尝试设置其他颜色，以形成不同的色调，设置完成后单击"确定"按钮。

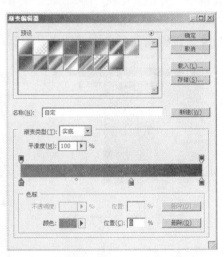

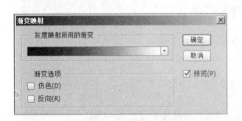

图 8-179　"渐变映射"对话框　　　　　图 8-180　"渐变编辑器"对话框

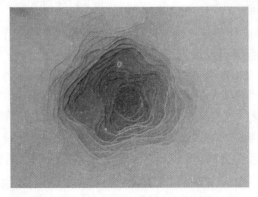

图 8-181　"渐变映射"效果

14）进一步调节洞穴的深度。方法：在"图层"面板中选择"背景"层，然后执行菜单中的"图像｜调整｜曲线"命令，在弹出的对话框中调节出如图 8-182 所示的曲线形状，使洞穴口进一步加深，从而使内部显得更加深邃，调节完后单击"确定"按钮。

15）至此，整个示例制作完成，最终效果如图 8-183 所示。

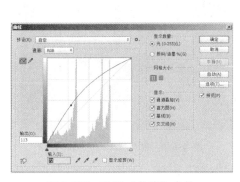

图 8-182　设置"曲线"参数

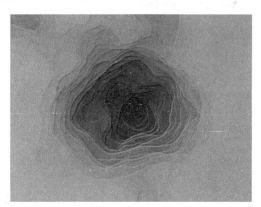

图 8-183　最终效果

8.5.3　制作延伸的地面效果

 要点：

本例将制作自定义图案延伸的地面效果，如图 8-184 所示。通过本例学习应掌握自定义图案和通过建立消失点来形成透视变化图形的方法。

a)

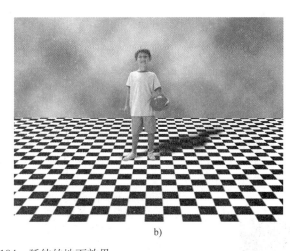

b)

图 8-184　延伸的地面效果
a) 原图　b) 效果图

 操作步骤：

1）首先，执行菜单中的"文件｜新建"命令，在弹出的对话框中设置如图 8-185 所示，然后单击"确定"按钮，新建一个文件，存储为"图案 .psd"。

2）先来制作蓝白的云纹效果作为底图。方法：指定工具箱中的前景色为“白色”，背景色为“蓝色”（参考色值为 RGB（28，106，200）），然后执行菜单中的“滤镜｜渲染｜云彩”命令，在画面中自动生成不规则的蓝白云纹图像，如图 8-186 所示。

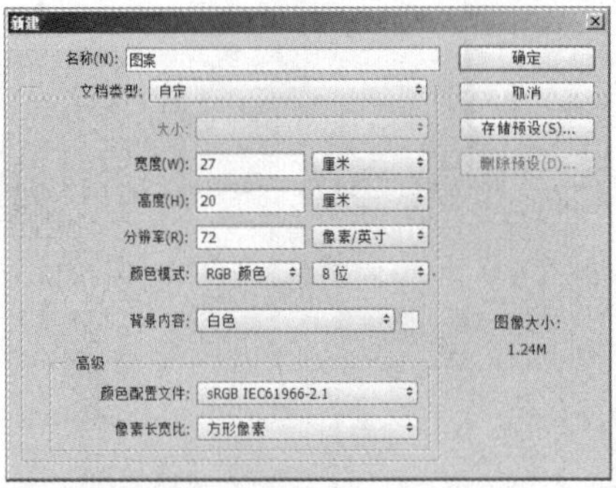

图 8-185　设置“新建”参数

图 8-186　制作蓝白云纹效果

3）执行菜单中的“窗口｜图层”命令，调出“图层”面板，单击面板下部（创建新图层）按钮创建“图层 1”。然后将工具箱中的前景色设置为“白色”，按快捷键〈Alt+Delete〉将图层 1 填充为白色。

4）本例要制作填充为黑白格图案的纵深延展地面，下面先来制作黑白格图案单元。方法：选择工具箱中的（矩形选框工具），在其选项栏中设置参数如图 8-187 所示。然后在画面中单击，从而创建一个正方形选区。接着将前景色设置为“黑色”，再按快捷键〈Alt+Delete〉键将正方形选区填充为黑色。最后将这个正方形复制一份，摆放到如图 8-188 所示位置。

提示：黑色正方形不要绘制得太大，图形单元的大小会影响填充图案的效果。

5）选择工具箱中的（矩形选框工具）拖动鼠标，得到一个如图 8-189 所示的正方形选区，这就是形成黑白格图案的一个基本图形单元。

提示：Photoshop 中定义图案单元时必须应用“矩形选框工具”，并且选区的羽化值一定要设为 0。

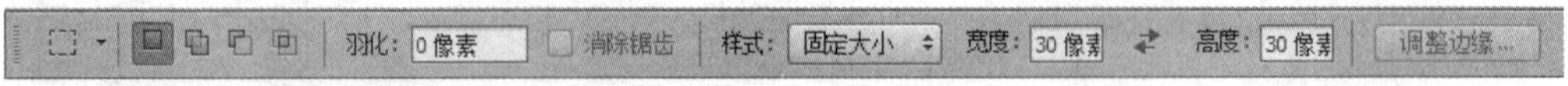

图 8-187　设置矩形选框参数

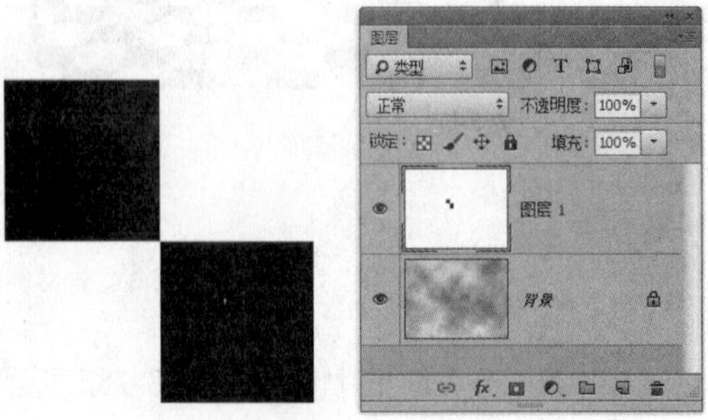

图 8-188　在图层 1 上绘制两个黑色正方形（图像放大显示）

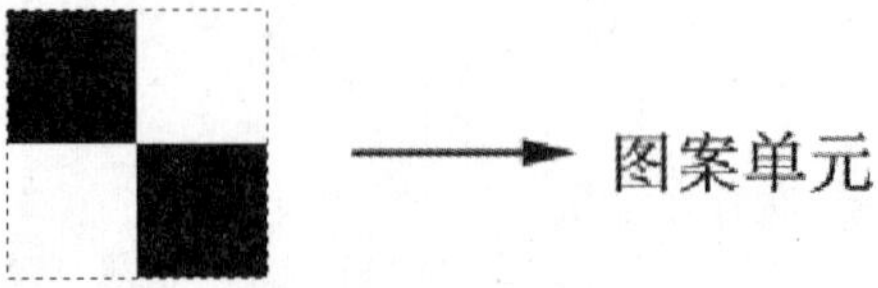

图 8-189　制作黑白格图案单元

6) 下面来定义和填充黑白格图案。方法：执行菜单中的"编辑｜定义图案"命令先打开如图 8-190 所示的"图案名称"对话框，在"名称"栏内输入"黑白格"，单击"确定"按钮，使其存储为一个新的图案单元。

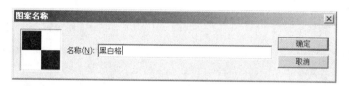

图 8-190　在"图案名称"对话框中将黑白格存储为一个图案单元

7) 按快捷键〈Ctrl+A〉选中全图，然后执行菜单中的"编辑｜填充"命令，在弹出的对话框中设置如图 8-191 所示，在"自定图案"弹出式列表中选择刚才定义的"黑白格"图案单元，单击"确定"按钮，填充后图像中出现连续排列的黑白格图案，如图 8-192 所示。

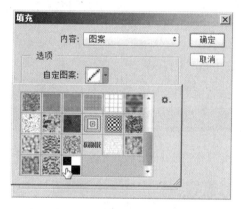

图 8-191　在"填充"对话框中选中刚才定义的图案单元　　　图 8-192　在"图层 1"上填充图案

8) 按快捷键〈Ctrl+C〉复制全图（黑白图案），将其复制到裁剪板中。然后单击图层面板上"图层 1"名称前的（指示图层可视性）图标将该层暂时隐藏。

9) 接下来，单击面板下方的（创建新图层）按钮创建"图层 2"，然后执行菜单中的"滤镜｜消失点"命令打开"消失点"的编辑对话框。接着选择对话框左上角（创建平面工具）按钮（其使用方法与钢笔工具相似）开始绘制如图 8-193 所示的梯形（作为透视变形的参考图形），绘制完成后梯形中自动生成了浅蓝色的网格。

10) 现在按快捷键〈Ctrl+V〉将刚才复制到裁剪板中的内容粘贴进来，刚开始贴入时黑白格图案还位于线框之外，如图 8-194 所示，用鼠标将它直接拖到刚才设置的网格线框里，平面贴图被自动适配到刚才创建的梯形内，并且符合透视变形，如图 8-195 所示。如果贴图的尺寸远远大于梯形范围，那么接着利用对话框左上角（变换工具）在梯形内拖动鼠标，找到贴图一个角的转换控制点，单击并拖动它使贴图缩小到合适的尺寸，最后单击"确定"按钮。黑白格图案以符合透视原理的方式形成向远处延伸的地面，效果如图 8-196 所示。

11) 执行菜单中的"文件｜打开"命令，打开网盘中的"随书素材及结果 \8.5.3　自定义图案制作延伸的地面效果 \ 原图 .tif"文件，该文件中事先保存了一个动物外形的路径。执行菜单中的"窗口｜路径"命令，调出"路径"面板，在面板中单击并拖动"路径 1"到面板下方的 （将路径作为选区载入）图标上，将路径转换为浮动选区，如图 8-197 所示。

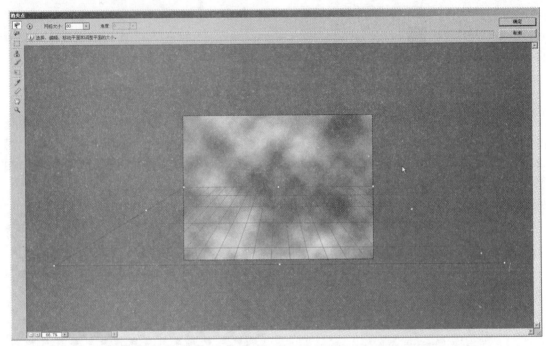

图 8-193 在"消失点"编辑框内绘制梯形（作为透视变形的参考图形）

图 8-194 刚开始贴入时黑白格图案还位于线框之外

图 8-195 平面贴图被自动适配到刚才创建的梯形内，并且符合透视变形

图 8-196　黑白格图案形成向远处延伸的地面

图 8-197　素材图"男孩素材图 .tif"及其所带的路径

12）选择工具箱中的 （移动工具）将选区内的男孩图形拖动到"图案 .psd"画面中间的位置，"图层面板"中自动生成"图层 3"。然后，按键盘上的〈Ctrl+T〉键应用"自由变换"命令，按住〈Shift〉键拖动控制框边角的手柄，使图像进行等比例放缩，调整后的位置与大小效果如图 8-198 所示。

13）在黑白格形成的虚拟的"地面"上，为小男孩制作一个投影，以削弱硬性拼贴的感觉。方法：将"图层 3"拖动到图层面板下方的 （创建新图层）按钮上，复制出"图层 4"，然后选中"图层 3"（"图层 3"位于"图层 4"下面），执行菜单中的"编辑｜变换｜扭曲"命令，拖动出现的控制框边角的手柄使图像进行扭曲变形，得到如图 8-199所示的效果。

图 8-198　将男孩图形拖动到"图案 .psd"画面中间的位置

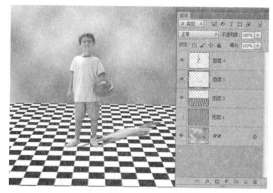

图 8-199　将图层 3 进行复制并进行拉伸变形

14）按住〈Ctrl〉键单击"图层 3"名称前的缩略图，得到"图层 3"的选区，将其填充为黑色，然后按〈Ctrl+D〉键取消选区，如图 8-200 所示。现在投影边缘不够自然，接下来再执行菜单中的"滤镜｜模糊｜高斯模糊"命令，在弹出的"高斯模糊"对话框中设置如图 8-201 所示，将"半径"设置为 3 像素，单击"确定"按钮，模糊后的阴影效果如图 8-202 所示。

图 8-200　将地面的投影形状填充为黑色

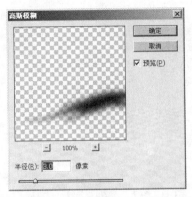

图 8-201　设置"半径"为 3 像素

图 8-202　模糊化处理之后的投影

15）将图层面板上"图层 3"的不透明度调为 85%，使阴影形成半透明感，最终效果如图 8-203 所示。

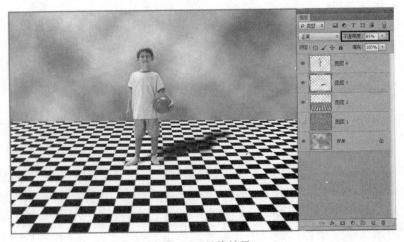

图 8-203　最终效果

8.5.4 制作肌理海报效果

要点：

本例将制作一张以简单几何形状为构成元素的海报作品，如图 8-204 所示。海报中每个几何形状的填充内容都是带有动感的彩色模糊线条，形成了一种简洁明快、带有纺织感的新颖肌理效果。通过本例的学习，读者应掌握利用"动感模糊"命令和"色相/饱和度"命令制作这种彩色模糊线条的效果。

操作步骤：

1）执行菜单中的"文件 | 新建"命令，然后在弹出的对话框中设置"名称"为"肌理海报制作"，并设置其他参数，如图 8-205 所示，单击"确定"按钮，从而新建一个空白文件。接着将工具箱中的"前景色"设置为一种浅黄色，颜色参考数值为 CMYK（0，5，35，0），并按快捷键〈Alt+Delete〉填充全图，效果如图 8-206 所示。

图 8-204 肌理海报效果

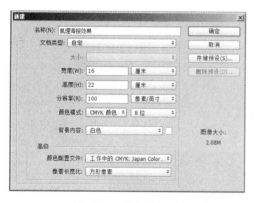

图 8-205 建立新文档 并设置参数

图 8-206 将背景填充浅黄色

2）制作一组彩色模糊线条。方法：首先打开网盘中的"素材及结果 \8.5.4 制作肌理海报效果 \ 风景 1.jpg"图片文件，如图 8-207 所示。然后执行菜单中的"滤镜 | 模糊 | 动感模糊"命令，在弹出的"动感模糊"对话框中设置模糊参数，如图 8-208 所示，单击"确定"按钮，此时图像被模糊成纵向的直线条。如果直线条不够明显，可以按快捷键〈Ctrl+F〉进行反复操作（参考次数为两次），效果如图 8-209 所示。

图 8-207 素材"风景 1.jpg"

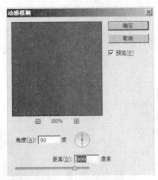

图 8-208　设置"动感模糊"参数

图 8-209　图像被模糊成纵向的直线条

3）利用工具箱中的 ▓▓（矩形选框工具），在模糊的图像中选取图像下方线条效果清晰的部分，如图 8-210 所示，然后执行菜单中的"图像｜调整｜色相／饱和度"命令，在弹出的对话框中调节各项参数，如图 8-211 所示，单击"确定"按钮，此时选取的图像变为如图 8-212 所示的暖色调。

　　提示：色彩具有很大的主观性，可以根据自己的审美喜好进行颜色的调整。

图 8-210　选取画面中线条效果清晰的部分

图 8-211　在"色相／饱和度"对话框中设置参数

图 8-212　图像变为暖色调效果

4）目前线条的对比度还不够，为了得到更加清晰和强对比的彩色线条肌理，下面执行菜单中的"滤镜｜锐化｜USM 锐化"命令，在弹出的对话框中设置参数，如图 8-213 所示，单击"确定"按钮，此时线条变得清晰可辨，效果如图 8-214 所示。

图 8-213　在 "USM 锐化" 对话框中设置参数

图 8-214　清晰可辨的线条效果

5）接下来执行菜单中的 "编辑｜拷贝" 命令，然后回到 "肌理海报制作" 文件，执行菜单中的 "编辑｜粘贴" 命令，将制作好的彩色线条肌理复制粘贴到黄色背景图中。接着按快捷键〈Ctrl+T〉调出自由变换控制框，并在工具属性栏的左侧将旋转角度设置为 45 度，如图 8-215 所示，再调整图像的大小和位置，按〈Enter〉键确认变换操作，此时画面效果如图 8-216 所示。

图 8-215　设置旋转角度为 45 度

图 8-216　调整图像大小和位置后的效果

6）制作另一组彩色抽象线条。方法：首先打开网盘中的 "素材及结果 \8.5.4 制作肌理海报效果 \ 风景 2.jpg" 图片文件，如图 8-217 所示。然后执行菜单中的 "滤镜｜模糊｜动感模糊" 命令，在弹出的 "动感模糊" 对话框中设置模糊参数，如图 8-218 所示，单击 "确定" 按钮，此时图像被模糊成为纵向的直线条。如果直线条不够明显，可以按快捷键〈Ctrl+F〉反复操作（参考次数为两次），效果如图 8-219 所示。

图 8-217　素材 "风景 2.jpg"

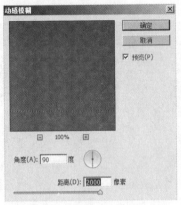

图 8-218　设置"动感模糊"参数

图 8-219　图像被模糊成纵向的直线条

7）利用工具箱中的▦（矩形选框工具），在图像中选取右下角线条效果清晰的局部，如图 8-220 所示。然后执行菜单中的"图像 | 调整 | 色相 / 饱和度"命令，在弹出的对话框中调节各项参数，如图 8-221 所示，单击"确定"按钮，此时选取的图像变为如图 8-222 所示的偏绿色调。

图 8-220　选取图像右下角线条效果清晰的局部

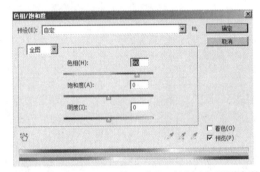

图 8-221　在"色相 / 饱和度"对话框中设置参数

图 8-222　图像变为偏绿色调

8）执行菜单中的"滤镜 | 锐化 | USM 锐化"命令，在弹出的对话框中设置参数，如图 8-223 所示，单击"确定"按钮，此时线条变得更加清晰，效果如图 8-224 所示。

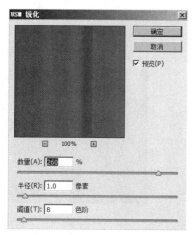

图 8-223　在"USM 锐化"对话框中设置参数

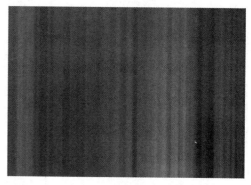

图 8-224　线条变得更加清晰

9）接下来，执行菜单中的"编辑｜拷贝"命令后，再次回到"肌理海报制作"文件，然后执行菜单中的"编辑｜粘贴"命令，将制作好的彩色线条肌理复制粘贴到黄色背景图中。接着按快捷键〈Ctrl+T〉调出自由变换控制框，再在工具属性栏的左侧将旋转角度设置为-45度，如图 8-225 所示，最后调节图像的大小和位置，按〈Enter〉键确认变换操作，此时画面效果如图 8-226 所示。

图 8-225　设置旋转角度为 -45 度

图 8-226　调节图像的大小和位置后的效果

10）同理，不断从模糊后的风景素材图片中选取局部并改变颜色，然后复制粘贴到画面中合适的位置，旋转 45 度或 -45 度，从而使矩形块严丝合缝地拼接在一起。色彩效果可以按照不同的喜好进行设计和安排，参考效果如图 8-227 所示。

11）彩色抽象线条色块排布好之后，下面对其进行一些细节的调整，使画面更加协调丰富。方法：选取画面中心最大的红色矩形所在的图层，然后在"图层"面板中将其"不透明度"设置为 85%，如图 8-228 所示，这样它和下面的图形就产生了半透明的纹理交错效果，如图 8-229 所示。

图 8-227　不同颜色大小的矩形块　　图 8-228　设置图层的"不透　　图 8-229　图像产生半透明的
　　　　　拼接后的效果　　　　　　　　　　　明度"　　　　　　　　　　　　纹理交错效果

12）现在有一些色块面积过大，例如，中心的红色肌理和右下角的橙色肌理，可以利用工具箱中的 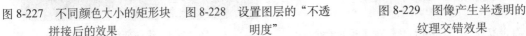（多边形套索工具）在其中选取局部，然后按〈Delete〉键进行删除。用这个方法对一些色块进行修整，可以使它们更加错落有致地排列。画面色块排布最终效果如图 8-230 所示。

13）接下来制作海报中的文字部分。方法：首先选择工具箱中的 T （横排文字工具），并在"字符"面板中设置输入文字的各项参数，如图 8-231 所示，颜色参考数值为 CMYK（65，60，55，5），然后在画面上方输入标题文字"Design is"。接着按快捷键〈Ctrl+T〉调出自由变换控制框，并在工具属性栏中将旋转度数设置为 -45 度。最后按〈Enter〉键确认变换操作，效果如图 8-232 所示。

图 8-230　修整后的色块排布效果

14）同理，输入其他文字（字体、字号等可自行设定），效果如图 8-233 所示。

图 8-231　设置文本相关属性　　　图 8-232　旋转标题文字后的效果　　　图 8-233　输入所有文字最终效果

15）选择工具箱中的 █ （剪裁工具），此时画面边缘会形成剪裁框，接着按〈Enter〉键确认裁切边框，然后在属性栏的右侧单击 █ （提交当前剪裁操作）按钮，将画面之外的图像全部裁掉，如图 8-234 所示。

16）将工具箱中的背景色设置为浅黄色，颜色参考数值为 CMYK（0，5，25，0），然后执行菜单中的"图像｜画布大小"命令，在弹出的对话框中将"宽度"和"高度"都扩充"0.8厘米"，如图 8-235 所示，单击"确定"按钮，此时画面向四周各扩出了"0.4 厘米"，形成了一种边缘衬托的效果，如图 8-236 所示。至此，一张以特殊的模糊线条为构成元素的海报就制作完成了，利用这种方法生成的线条会根据原稿的不同而产生随机变化，形成虚实交错的自然纹理效果。

图 8-234　将画面之外的图像全部裁掉　　　图 8-235　在"画布大小"对话框中设置宽度和高度值　　　图 8-236　海报最终效果

8.5.5　制作图片的褶皱效果

要点：

本例将制作图片的褶皱效果，如图 8-237 所示。通过本例的学习，读者应掌握"云彩""分层云彩"和"置换"等滤镜的使用，以及图层混合模式和图层样式的应用。

a)　　　　　　　　　　　　　　　　　　　b)

图 8-237　图片的褶皱效果
a) 原图　b) 效果图

操作步骤:

1）打开网盘中的"随书素材及结果\8.5.5 制作图片的褶皱效果\原图 .jpg"文件，如图 8-237a 所示。

2）由于揉皱的纸张边缘是不规则的，所以要为边缘的变形留出一些空间。在使用"画布大小"命令前，要将背景层转换为普通图层，方法：执行菜单中的"图层 | 新建 | 图层背景"命令（或直接在背景层上双击），在弹出的"新建图层"对话框中保持默认设置（见图 8-238），这样背景层就转换为"图层 0"，此时的图层分布如图 8-239 所示。

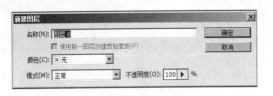

图 8-238 "新建图层"对话框

图 8-239 背景层转换为"图层 0"

3）执行菜单中的"图像 | 画布大小"命令，弹出如图 8-240 所示的对话框。保持原有的画布格局，根据图像大小，将画布的宽度和高度适当增加一些，大致为 50 像素，使图像周围有一定空间，如图 8-241 所示。单击"确定"按钮，效果如图 8-242 所示。

4）制作置换图。在"图层 0"上新建一层，命名为"纹理"。然后在英文状态下按快捷键〈D〉，将前景色和背景色恢复为默认状态。接着执行菜单中的"滤镜 | 渲染 | 云彩"命令，填充图层，效果如图 8-243 所示。

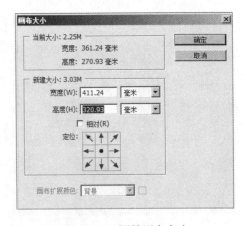

图 8-240 "画布大小"对话框

图 8-241 调整画布大小

图 8-242　调整画布大小后的效果

图 8-243　"分层云彩"效果

5）多次执行菜单中的"滤镜 | 渲染 | 分层云彩"命令，直到图像较均匀为止，效果如图 8-244 所示。在此，用了 4 次"分层云彩"命令。

　　提示："分层云彩"滤镜常用于创建类似于大理石纹理的图案。使用的次数越多，纹理效果越明显。

6）为图像添加一些立体效果。选择"纹理"层，执行菜单中的"滤镜 | 风格化 | 浮雕效果"命令，在弹出的对话框中设置参数如图 8-245 所示，单击"确定"按钮。此时，图像呈现出逼真的纸纹效果，如图 8-246 所示。

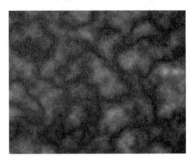

图 8-244　4 次"分层云彩"效果

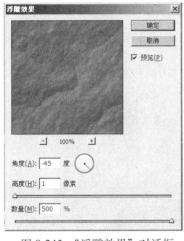

图 8-245　"浮雕效果"对话框

图 8-246　"浮雕"效果

7）将"纹理"层拖到"图层"面板下方的 ▢ （创建新图层）按钮上，复制出"纹理 副本"图层，此时的图层分布如图 8-247 所示。该副本层才是真正要的置换图。然后在"纹理 副本"图层中，执行菜单中的"滤镜 | 模糊 | 高斯模糊"命令，在弹出的对话框中设置参数如图 8-248 所示，单击"确定"按钮，效果如图 8-249 所示。

提示：执行"高斯模糊"命令的目的，是防止太过鲜明的纹理图像使置换后的图像扭曲得过于夸张。

图 8-247　复制图层

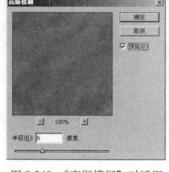

图 8-248　"高斯模糊"对话框

图 8-249　"高斯模糊"效果

8）至此，置换图制作完毕。下面执行菜单中的"文件|存储为"命令，将它另存成名为"纹理 .psd"的文件。

9）制作扭曲图像。方法：暂时关闭"纹理"和"纹理 副本"层前的眼睛图标，确定当前层为"图层 0"，如图 8-250 所示。然后执行菜单中的"滤镜|扭曲|置换"命令，在弹出的对话框中设置参数如图 8-251 所示，单击"确定"按钮。接着在打开的"选择置换图"窗口中选择刚才文件的保存路径，在此选择文件"纹理 .psd"，单击"打开"按钮，效果如图 8-252 所示。

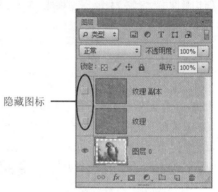

图 8-250　选择"图层 0"

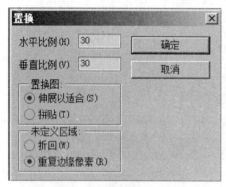

图 8-251　"置换"对话框

图 8-252　"置换"后的效果

提示：关于置换滤镜的原理，简单地说，就是以置换图中的像素灰度值来决定目标图像的扭曲程度，置换图必须是 psd 格式的文件。像素置换的最大值为 128 像素，置换图的灰度值为 128 像素不产生置换，高于或低于这个数值，像素就会发生扭曲。

10）在做过上一步的置换后，图像的扭曲程度非常轻微。下面按住键盘上的〈Ctrl〉键，单击"图层 0"，从而载入"图层 0"的不透明度区域。然后按快捷键〈Ctrl+Shift+I〉进行反选，接着选择"纹理"图层，按〈Delete〉键进行删除，效果如图 8-253 所示。最后按快捷键〈Ctrl+D〉取消选区。

11）将"纹理"图层移动到"图层 0"下方。然后选择"图层 0"，将其图层混合模式改为"叠加"（见图 8-254），效果如图 8-255 所示，可见此时的褶皱效果已经很明显了。接着按快捷键〈Ctrl+D〉取消选区。

图 8-253　删除多余区域

图 8-254　将图层混合模式改为"叠加"

图 8-255　"叠加"效果

12）根据常识可知，褶皱到如此程度的纸张颜色都会有些灰旧，而现在的图像颜色显然太光鲜了。下面选择"纹理"图层，单击"图层"面板下方的 ![按钮]（创建新的填充或调节图层）按钮，在弹出的下拉菜单中选择"色相 / 饱和度"命令，然后在弹出的面板中设置参数，如图 8-256 所示，模拟脏污破损的纸张颜色。此时的图层分布如图 8-257 所示，效果如图 8-258 所示。

图 8-256　调整"色相 / 饱和度"参数

图 8-257　图层分布

图 8-258　调整"色相 / 饱和度"后的效果

13）选择"图层 0"，单击"图层"面板下方的 _fx_ （添加图层样式）按钮，在弹出的对话框中设置参数，如图 8-259 所示，单击"确定"按钮。此时的图层分布如图 8-260 所示，效果如图 8-261 所示。

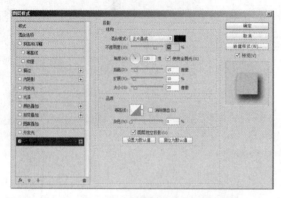

图 8-259 调整"投影"参数

图 8-260 图层分布

图 8-261 "投影"效果

14）为便于观看效果，新建一个"图层 1"，将其置于底层，并用白色填充。

15）至此，图片的褶皱效果制作完毕。为了强化褶皱效果，可以恢复"纹理 副本"层的显示，将其图层混合模式设为"叠加"即可，效果如图 8-262 所示。

图 8-262 最终效果

8.6　课后练习

1．填空题

1）按键盘上的 _____ 组合键，可以重复执行上次使用的滤镜。

2）对于 _____ 颜色模式的图像，可以使用任何滤镜功能。

3）使用 _____ 滤镜可以在包含透视平面（例如建筑物的侧面、墙壁、地面或任何矩形对象）的图像中进行透视校正操作。

2．选择题

1）如果想要去除图像中没有规律的杂点或划痕，则可以使用 _____ 滤镜。

　　A．纤维　　　　　　B．模糊　　　　　C．蒙尘与划痕　　D．云彩

2）在下列选项中，_____ 滤镜不属于风格化滤镜组。

　　A．查找边缘　　　　B．浮雕效果　　　C．风　　　　　　D．高反差保留

3）下列哪些滤镜属于 Photoshop CC 2015 的特殊滤镜？（　　）

　　A．镜头校正　　　　B．炭精笔　　　　C．油画　　　　　D．自适应广角

3．问答题

1）简述滤镜的使用原则与技巧。

2）简述智能滤镜的特点。

4．操作题

1）练习 1：利用渐变工具、"球面化"和"玻璃化"滤镜制作如图 8-263 所示的高尔夫球效果。

2）练习 2：利用图 8-264 中的图像，通过"海洋波纹""极坐标""曝光过度"和"风"滤镜，制作如图 8-265 所示的楼房爆炸效果。

图 8-263　高尔夫球效果

图 8-264　原图

图 8-265　楼房爆炸效果

第9章 综合实例

在学习了前面8章后，读者应掌握了Phtoshop CC 2015的基本功能和操作。但在实际应用中，读者往往不能够得心应手，充分发挥出Photoshop CC 2015创建图像的威力。因此，本章将综合使用Photoshop CC 2015的功能来制作一些较生动的实例，以巩固已学的知识。

本章内容包括：
■ 制作反光标志效果
■ 制作情人节纪念币效果
■ 制作电影海报处理

9.1 制作反光标志效果

要点：

本例将制作反光标志效果，如图9-1所示。通过本例的学习，读者应掌握图层样式、通道和滤镜的综合应用。

a)   b)   c)

图9-1 反光标志效果
a) 反光风景   b) 反光标志   c) 结果图

操作步骤：

1) 执行菜单中的"文件 | 打开"命令，打开网盘中的"随书素材及结果 \9.1 制作反光标志效果 \ 反光标志 .tif"文件，如图9-1所示。

2) 按快捷键〈Ctrl+A〉，将其全选。然后按快捷键〈Ctrl+C〉，将其复制。接着，执行菜单中的"窗口 | 通道"命令，调出"通道"面板，单击面板下方的 █（创建新通道）按钮创建"Alpha1"。最后，按快捷键〈Ctrl+V〉，将刚才复制的黑白图标粘贴到 Alpha1 通道中，如图9-2所示。

3) 在 Alpha1 通道中，按快捷键〈Ctrl+I〉反转黑白，然后将 Alpha1 拖动到"通道"面板下方的 █（创建新通道）按钮上，将其复制一份，并命名为"Alpha2"，如图9-3所示。

图 9-2　将图标贴入 Alpha1 通道中

图 9-3　反转黑白后将 Alpha1 复制为"Alpha2"

　　4）按快捷键〈Ctrl+D〉取消选区。然后选中"Alpha2"，执行菜单中的"滤镜 | 模糊 | 高斯模糊"命令，在弹出的对话框中设置参数如图 9-4 所示，即将模糊"半径"设置为 7 像素，对"Alpha2"中的图形进行虚化处理，单击"确定"按钮，效果如图 9-5 所示。

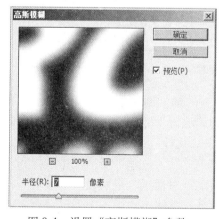

图 9-4　设置"高斯模糊"参数

图 9-5　"高斯模糊"效果

5）将"Alpha2"中的图像单独存储为一个文件。方法：按快捷键〈Ctrl+A〉，将其全选，然后按快捷键〈Ctrl+C〉，将其复制。接着按快捷键〈Ctrl+N〉，新建一个空白文件，单击"确定"按钮。最后按快捷键〈Ctrl+V〉，将刚才复制的"Alpha2"通道内容粘贴到新文件中，并将该文件保存为"Logo-blur.psd"。

6）切换到"反光标志.tif"，在"通道"面板中单击"RGB"通道。然后执行菜单中的"窗口｜图层"命令，调出"图层"面板。接着按〈D〉键，将工具箱中的前景色和背景色分别设置为默认的"黑色"和"白色"。再按快捷键〈Ctrl+Delete〉，将背景层填充为白色。

7）执行菜单中的"文件｜打开"命令，打开网盘中的"随书素材及结果\9.1　制作反光标志效果\反光风景.jpg"文件，如图 9-1a 所示。然后选择工具箱中的（移动工具），将风景图片直接拖动到"反光标志.tif"文件中，此时在"图层"面板中会自动生成一个新的图层，下面将该图层命名为"风景图片"。接着，按快捷键〈Ctrl+T〉应用"自由变换"命令，按住控制框一角的手柄向外拖动，适当放大图像，使其充满整个画面。

8）在"图层"面板中拖动"风景图片"层到下方的（创建新图层）按钮上，将其复制一份，并命名为"模糊风景"，此时的图层分布如图 9-6 所示。然后执行菜单中的"滤镜｜模糊｜高斯模糊"命令，在弹出的对话框中设置参数如图 9-7 所示，即将模糊"半径"设置为 5 像素，此时图像会稍微虚化，以消除一些会分散注意力的细节，单击"确定"按钮。

9）这一步骤很重要，其作用是将生成的标志位置限定在可视的图层边缘内。方法：执行菜单中的"图像｜裁切"命令，在弹出的对话框中设置参数如图 9-8 所示，单击"确定"按钮。

　　　　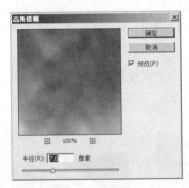　　　　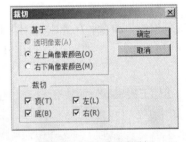

图 9-6　图层分布　　　　图 9-7　设置"高斯模糊"参数　　　　图 9-8　"裁切"对话框

10）在"图层"面板中拖动"模糊风景"层到下方的（创建新图层）按钮上，将其复制一份，并将其命名为"标志"。然后执行菜单中的"滤镜｜滤镜库"命令，在弹出的对话框中选择"扭曲"滤镜组中的"玻璃"特效，再单击"纹理"选项组右侧的按钮，从弹出的下拉菜单中选择"载入纹理"选项。接着在弹出的"载入纹理"对话框中选择刚才存储的"Logo-blur.psd"，单击"打开"按钮，返回"玻璃"对话框。最后设置"玻璃"特效的参数如图 9-9 所示。此时，在左侧的预览框中可看到具有立体感的标志图形已从背景中浮凸出来，最后单击"确定"按钮。

图 9-9 在"玻璃"对话框中载入"Logo-blur.psd"

11）在"图层"面板中选中"标志"层，然后打开"通道"面板，在按住〈Ctrl〉键的同时单击如图 9-10 所示的"Alpha1"通道图标生成选区。

12）单击"图层"面板下方的 ▣（添加蒙版）按钮，在"标志"层上添加一个图层蒙版，如图 9-11 所示。

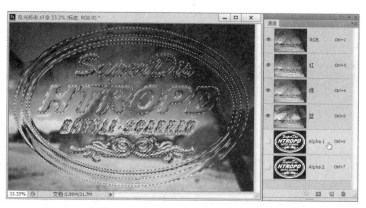

图 9-10 单击"Alpha1"通道图标生成标志图形的选区

图 9-11 添加图层蒙版

13）为"标志"层添加一些图层样式，以强调标志图形的立体感。方法：单击"图层"面板下方的 fx.（添加图层样式）按钮，在弹出的下拉菜单中选择"投影"选项。然后在弹出的"图层样式"对话框中设置参数如图 9-12 所示，单击"确定"按钮，效果如图 9-13 所示。

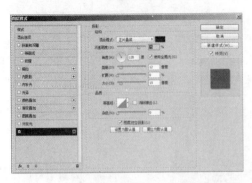

图 9-12　设置"投影"参数　　　　　　图 9-13　添加投影后的标志效果

14）在"图层样式"对话框的左侧列表中选择"内阴影"选项，设置参数如图 9-14 所示，添加暗绿色的内阴影，然后单击"确定"按钮，效果如图 9-15 所示。

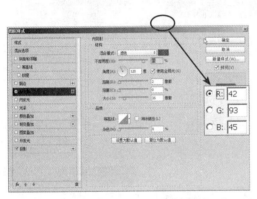

图 9-14　设置"内阴影"参数　　　　　图 9-15　添加暗绿色内阴影后的标志效果

15）在"图层样式"对话框的左侧列表中选择"斜面和浮雕"选项，设置参数如图 9-16 所示，在标志外侧产生更加明显的雕塑感，然后单击"确定"按钮，效果如图 9-17 所示。

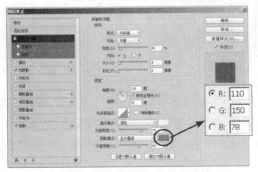

图 9-16　设置"斜面和浮雕"参数　　　图 9-17　"斜面和浮雕"效果

16）将工具箱中的前景色设置为一种深绿色（RGB（0，80，90）），然后在"模糊风景"层的上方新建"图层 1"。接着按快捷键〈Alt+Delete〉，将"图层 1"填充为深绿色。再将"图层 1"层的图层混合模式设定为"正片叠底"，将不透明度改为 88%，如图 9-18 所示。此时，深暗的背景图像起到了衬托主体的作用，标志图形呈现出一种类似铬合金的光泽效果，如图 9-19 所示。

图 9-18　图层分布

图 9-19　深暗的背景图像起到了衬托主体的作用

17）在标志的中间部分制作较亮的反光。方法：打开"通道"面板，拖动 Alpha1 通道到面板下方的 （创建新通道）按钮上，将其复制一份，并命名为"Alpha3"。然后按快捷键〈Ctrl+I〉，将通道图像黑白反转。接着选择"Alpha3"，执行菜单中的"滤镜 | 滤镜库"命令，在弹出的对话框中选择"艺术效果"滤镜组中的"塑料包装"特效，并设置参数如图 9-20 所示，此时从左侧的预览框中可以看出加上光感后的效果，单击"确定"按钮。

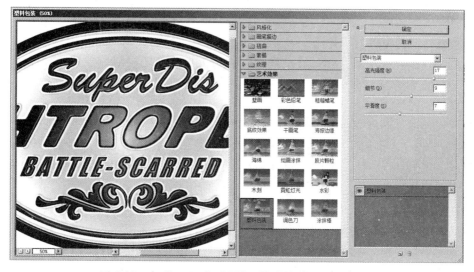

图 9-20　在"Alpha3"中添加"塑料包装"滤镜效果

18) 按住〈Ctrl〉键单击"Alpha1"前的通道缩略图,从而获得"Alpha1"中图标的选区。然后单击"Alpha3", 执行菜单中的"选择|修改|收缩选区"命令,在弹出的对话框中设置参数如图 9-21 所示,使选区向内收缩 1 像素,单击"确定"按钮。

图 9-21 设置"收缩选区"参数

19) 按快捷键〈Shift+Ctrl+I〉反选选区,然后将背景色设为黑色,再按快捷键〈Ctrl+Delete〉,将选区填充为黑色。接着按快捷键〈Ctrl+D〉取消选区,效果如图 9-22 所示。

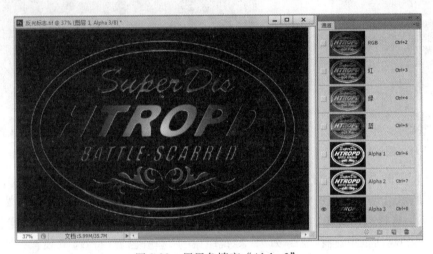

图 9-22 用黑色填充"Alpha 3"

20) 在"Alpha3"中按快捷键〈Ctrl+A〉,进行全选,然后按快捷键〈Ctrl+C〉,进行复制。接着打开"图层"面板,选择"标志"层,按快捷键〈Ctrl+V〉将"Alpha3"中的内容粘贴成为一个新图层,并命名为"高光"。

21) 选中"高光"图层,然后在"图层"面板上更改其图层混合模式为"滤色",不透明度为 70%,如图 9-23 所示。此时,标志的中间部分像被一束光直射一般,产生了明显的反光效果,如图 9-24 所示。

22) 在"通道"面板中拖动"Alpha1"到面板下方的 ▢ (创建新通道) 按钮上,将其复制一份,并命名为"Alpha4"。然后使用工具箱中的 ▨ (快速选择工具),设置参数如图 9-25 所示。接着,将工具箱中的前景色设置为白色,用画笔工具将"Alpha4"中标志的内部全部描绘为白色,目的是选取标志的外轮廓,如图 9-26 所示。

23) 按住〈Ctrl〉键单击"Alpha 4"前的通道缩略图,获得"Alpha 4"中图标外轮廓的选区。然后打开"图层"面板,单击"背景层", 接着单击面板下方的 ▢ (创建新图层) 按钮,创建一个新图层,并将其命名为"剪切蒙版"。最后按快捷键〈Ctrl+Delete〉,将该层上的选区填充为黑色,如图 9-27 所示。

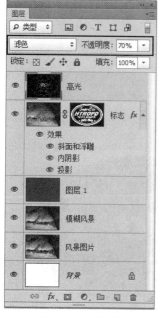

图 9-23　更改参数

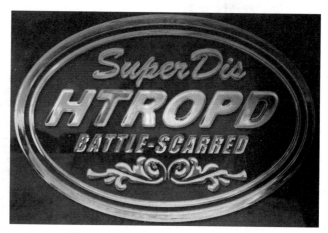

图 9-24　在标志中部加上了反光效果

图 9-25　"画笔工具"选项栏设置

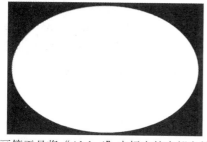

图 9-26　用画笔工具将"Alpha4"中标志的内部全部描绘为白色

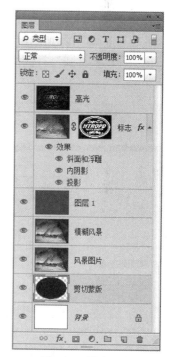

图 9-27　填充黑色

24）按住〈Alt〉键，在"剪切蒙版"的每一个图层的下边缘线上单击，则所有图层都会按"剪切蒙版"层的形状进行裁切，且每个被剪切过的图层缩略图前都出现了 ⌐（剪切蒙版）图标，如图 9-28 所示。此时，标志从背景中被隔离了出来，下面按快捷键〈Ctrl+D〉取消选区，最终效果如图 9-29 所示。

图 9-28　裁切图层

图 9-29　标志从背景中被隔离了出来

25）为整个标志再增添一圈外发光。方法：在"图层"面板中选中"剪切蒙版"层，单击面板下部 fx（添加图层样式）按钮，在弹出的下拉菜单中选择"外发光"选项。然后在弹出的"图层样式"对话框中设置参数如图 9-30 所示，单击"确定"按钮，效果如图 9-31 所示。

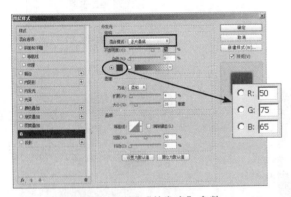

图 9-30　设置"外发光"参数

图 9-31　添加外发光后的标志效果

26）手动添加一些喷漆闪光。方法：单击"图层"面板下方的（创建新图层）按钮，创建一个新图层，将其命名为"闪光"，并将该层移至所有图层的上面，如图 9-32 所示。然后选择工具箱中的（画笔工具），设置参数如图 9-33 所示。接着将工具箱中的前景色设置为白色，用画笔工具在标志图像的一些高光区域上进行涂抹，效果如图 9-34 所示。

提示：标志上的小字的高光部分，要换用小尺寸的笔刷进行涂抹。

27）至此，整个立体反光标志制作完毕，效果如图 9-35 所示。

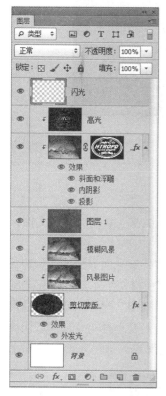

图 9-32　图层分布

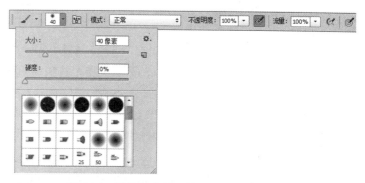

图 9-33　添加闪光的画笔工具选项栏设置

图 9-34　在图像中的高光区域画上白色的闪光点

图 9-35　最终效果

9.2　制作情人节纪念币效果

　要点：

本例将制作情人节纪念币效果，如图 9-36 所示。通过本例的学习，读者应掌握"贴入"命令、改变图层透明度和滤镜的综合应用。

a)　　　　　　　　　　　　　　　　b)

图 9-36　情人节纪念币

a) 原图　b) 效果图

操作步骤：

1）打开网盘中的"随书素材及结果 \9.2　制作情人节纪念币效果 \ 原图 .psd"文件，如图 9-36a 所示。

2）输入沿路径排列的文字。方法：在"路径"面板中选择"路径1"，从而显示出"原图 .psd"自带的一个圆形路径，如图 9-37 所示。然后选择工具箱中的 **T**（横排文字工具），在选项栏中将"字体"设置为"黑体"，"字号"为 18 点，"字色"为灰色（RGB（190,190,190）），再在路径上单击输入文字"玫瑰之约 情人节纪念币"，如图 9-38 所示，接着选择所有文字按快捷键〈Ctrl+C〉复制，再在输入的文字后面按快捷键〈Ctrl+V〉两次进行粘贴，效果如图 9-39 所示。

图 9-37　显示圆形路径

图 9-38　输入文字

图 9-39　复制粘贴文字效果

3）制作浮雕效果。方法：在"图层"面板中按快捷键〈Ctrl+E〉，向下合并，从而将文字和玫瑰层合并为一个层。然后执行菜单中的"滤镜 | 风格化 | 浮雕效果"命令，在弹出的"浮雕效果"对话框中设置参数如图 9-40 所示，单击"确定"按钮，效果如图 9-41 所示。

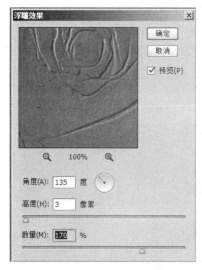

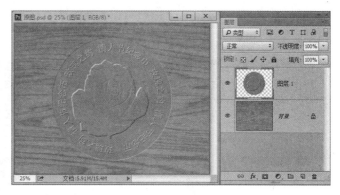

图 9-40　设置"浮雕效果"参数　　　　　　　　图 9-41　"浮雕"效果

4）执行菜单中的"图像 | 调整 | 去色"命令，对纪念币进行去色处理，效果如图 9-42 所示。

图 9-42　"去色"效果

5）对纪念币添加投影效果。方法：单击"图层"面板下方的 <i>fx</i>（添加图层样式）按钮，从弹出的快捷菜单中选择"投影"命令，接着在弹出的"图层样式"对话框中设置参数如图 9-43 所示，此时画面效果如图 9-44 所示。

6）给纪念币添加渐变效果。方法：在"图层样式"对话框中勾选左侧的"渐变叠加"复选框，然后设置参数如图 9-45 所示，单击"确定"按钮，效果如图 9-46 所示。

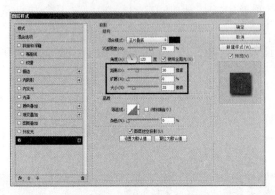

图 9-43　设置"投影"参数

图 9-44　"投影"效果

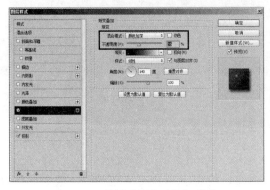

图 9-45　设置"渐变叠加"参数

图 9-46　"渐变叠加"效果

7）对纪念币进行加亮处理。方法：选择"图层1"，然后单击"图层"面板下方的 （创建新的填充或调整图层）按钮，接着在弹出的快捷菜单中选择"曲线"命令，再在属性面板中调整曲线如图 9-47 所示，此时画面整体亮度都被加亮了，如图 9-48 所示。下面单击"属性"面板下方的 （此调整剪切到此图层（单击可影响下面的所有图层））按钮，从而通过创建一个剪切图层只对纪念币部分加亮，而不对背景加亮，效果如图 9-49 所示。

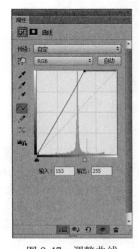

图 9-47　调整曲线

图 9-48　画面整体变亮效果

图 9-49　只对纪念币加亮效果

8）继续调整曲线的形状如图 9-50 所示，效果如图 9-51 所示，此时图层分布如图 9-52 所示。

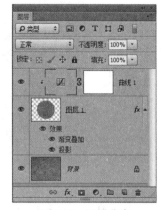

图 9-50 继续调整曲线 图 9-51 调整曲线后的效果 图 9-52 图层分布

9）给纪念币添加"高光"效果。方法：在"曲线 1"层上方新建"图层 2"，然后按快捷键〈Ctrl+Alt+G〉，创建剪切蒙版。接着将前景色设置为白色，背景色设置为黑色，再使用工具箱中的 （渐变工具），设置渐变色为前景色-背景色，渐变类型为 ▣（径向渐变），对画面进行渐变处理。最后将"图层 2"的图层混合模式设置为"叠加"，再将不透明度设置为 70%，效果如图 9-53 所示。

图 9-53 "高光"效果

10）制作纪念币边缘的条纹图案。方法：在"图层"面板最上方新建"图层 4"，然后用白色填充。接着执行菜单中的"滤镜 | 滤镜库"命令，在弹出的对话框中选择"素描"文件夹中的"半调图案"命令，再在右侧设置参数如图 9-54 所示，单击"确定"按钮，效果如图 9-55 所示。最后执行菜单中的"编辑 | 变换 | 顺时针旋转 90 度"命令，将画面顺时针

旋转 90 度，效果如图 9-56 所示。

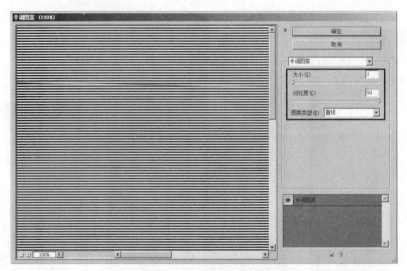

图 9-54 设置"半调图案"参数

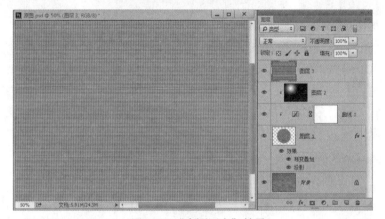

图 9-55 "半调图案"效果

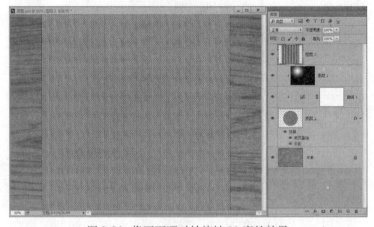

图 9-56 将画面顺时针旋转 90 度的效果

11）利用工具箱中的 ▶⊕ （移动工具）将条形图像移动到画面左侧，然后按住键盘上的〈Alt+Shift〉键水平向右进行复制，使条形布满整个画面，效果如图 9-57 所示，此时图层分布如图 9-58 所示。接着按快捷键〈Ctrl+E〉，将两个条纹层合并为一个"图层 3"层，此时图层分布如图 9-59 所示。

图 9-57 使条形布满整个画面

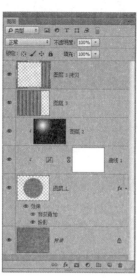

图 9-58 图层分布

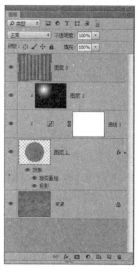

图 9-59 将两个条纹层合并为一个"图层 3"层

12）选择"图层 3"，执行菜单中的"滤镜|扭曲|极坐标"命令，然后在弹出的"极坐标"对话框中选择"平面坐标到极坐标"，如图 9-60 所示，单击"确定"按钮，效果如图 9-61 所示。接着按快捷键〈Ctrl+T〉，应用自由变换命令，再调整其宽度和高度如图 9-62 所示，使其中心点与画面中心对齐，最后按〈Enter〉键确认操作。

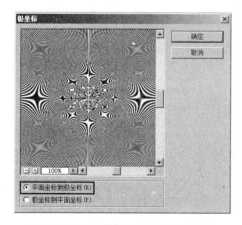

图 9-60 选择"平面坐标到极坐标"

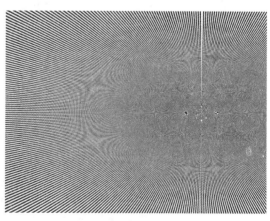

图 9-61 "极坐标"效果

图 9-62　调整极坐标画面的宽度和高度

　　13）制作纪念币边缘条纹效果。方法：按住键盘上的〈Ctrl〉键，单击"图层"面板中"图层1"的缩略图，从而载入"图层1"选区。然后单击"图层"面板下方的 ▣ (添加蒙版) 按钮，给"图层3"添加一个图层蒙版，效果如图 9-63 所示。接着再次载入"图层1"的选区，再执行菜单中的"选择|变换选区"命令，按住键盘上的〈Alt+Shift〉键从中心等比例缩放选区，最后按〈Enter〉键确认选区操作。再用黑色填充"图层3"的蒙版，效果如图 9-64 所示。

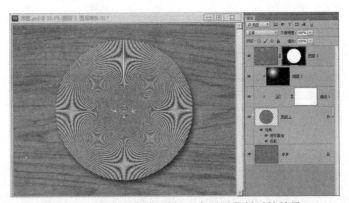

图 9-63　给"图层3"添加一个图层蒙版后的效果

图 9-64　纪念币边缘的条纹效果

14）按快捷键〈Ctrl+D〉，取消选区。然后选择"图层 3"，按快捷键〈Ctrl+Alt+G〉，创建剪切蒙版，此时图层分布如图 9-65 所示。

15）为了更加真实，对条纹添加浮雕效果。方法：选择"图层 3"，单击"图层"面板下方的 *fx* （添加图层样式）按钮，从弹出的快捷菜单中选择"斜面和浮雕"命令，接着在弹出的"图层样式"对话框中设置参数如图 9-66 所示，单击"确定"按钮，效果如图 9-67 所示。

16）按快捷键〈Ctrl+Shift+Alt+E〉，将图像盖印到一个新的图层"图层 4"上。

17）制作最终的光照效果。方法：选择"图层 4"，执行菜单中的"滤镜|渲染|光照效果"命令，然后在弹出的"光照效果"对话框中设置参数如图 9-68 所示，单击"确定"按钮，最终效果如图 9-69 所示。

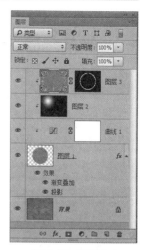

图 9-65 图层分布

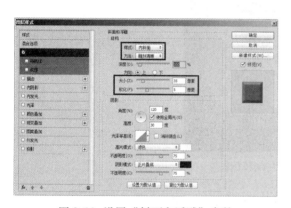

图 9-66 设置"斜面和浮雕"参数

图 9-67 "斜面和浮雕"效果

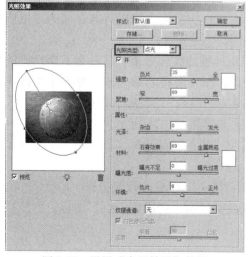

图 9-68 设置"光照效果"效果

图 9-6 9 最终效果

9.3 制作电影海报效果

 要点：

本例将制作电影海报效果，如图 9-70 所示。通过本例的学习，读者应掌握图层、色彩调整、路径和滤镜的综合应用。

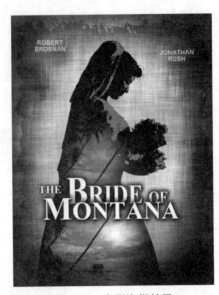

图 9-70 电影海报效果

操作步骤：

1）执行菜单中的"文件｜新建"命令，创建一个宽为 8 厘米、高为 10.5 厘米、分辨率为 300 像素／英寸、颜色模式为"RGB 颜色"（8 位）的文件，然后将其存储为"电影海报 -1.psd"。

2）该张海报的背景是被局部光照亮的类似织布纤维的纹理效果，这种带有粗糙感的自然纹理是利用 Photoshop 的功能创造出来的。因此，制作海报的第一步，要先来生成织布底纹。设置工具箱中的前景色为"黑色"、背景色为"白色"，执行菜单中的"滤镜｜杂色｜添加杂色"命令，然后在弹出的对话框中设置参数如图 9-71 所示，即将"数量"设置为 400%，将"分布"设置为"高斯分布"，并选中"单色"复选框，此时画面上出现了黑白色杂点。单击"确定"按钮，效果如图 9-72 所示。

3）执行菜单中的"窗口｜图层"命令，调出"图层"面板，按快捷键〈Ctrl+J〉，将背景层复制为"图层 1"。然后单击"图层 1"前的 ◉（指示图层可视性）图标，将该层暂时隐藏。

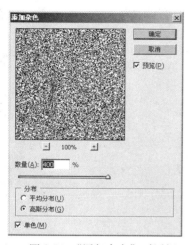

图 9-71　"添加杂色"对话框　　　　　图 9-72　在画面中添加黑白色杂点

4）将杂点转成色块，并在画面中初步生成模糊的纵横交错的纤维组织。方法：选中背景层，执行菜单中的"滤镜｜杂色｜中间值"命令，然后在弹出的对话框中设置参数如图 9-73 所示，即将"半径"设置为 70 像素。此时，图像中细小的杂点凝结成颗粒，并呈现出隐约可见的纤维组织图像。单击"确定"按钮，效果如图 9-74 所示。

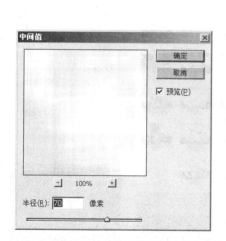

图 9-73　"中间值"对话框　　　　图 9-74　画面中初步生成模糊的纵横交错的纤维组织

5）由于目前画面中的纹理效果还比较模糊，要对其进行清晰化处理。执行菜单中的"图像｜调整｜色阶"命令，在弹出的如图 9-75 所示的对话框中将直方图下方的黑色色标向右侧移动，使图像对比度增大，清晰程度得到改善。单击"确定"按钮，效果如图 9-76 所示。

6）生成清晰细致的纤维纹理。方法：在"图层"面板中选中"图层 1"，并将"图层 1"前的 👁 （指示图层可视性）图标打开。然后执行菜单中的"滤镜｜滤镜库"命令，在弹出的对话框中选择"素描"滤镜组中的"水彩画纸"命令，并在右侧设置参数如图 9-77 所示，即设置"纤维长度"为 50、"亮度"为 90、"对比度"为 75。单击"确定"按钮，画面中出现了灰色的纵横交错的纹理图案。

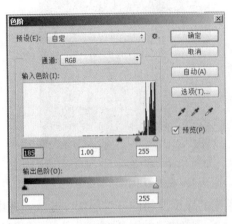

图 9-75　将黑色色标向右侧移动

图 9-76　纤维图像对比度增大

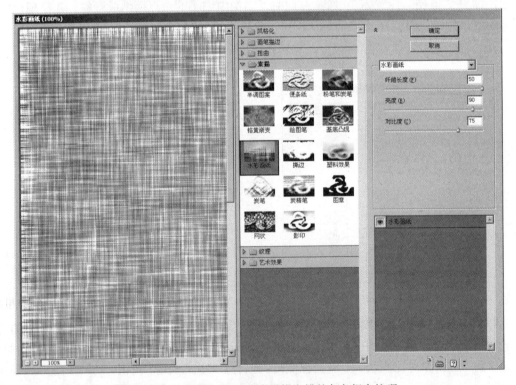

图 9-77　在"图层 1"上生成纵横交错的灰色织布纹理

7）在"图层"面板中将"图层 1"的"混合模式"设置为"线性加深"，将"填充"设置为 40%，则两个图层上的纤维组织图像会自然地融合在一起，放大局部后可看到线条清晰、明暗变化丰富的布纹效果，如图 9-78 所示。

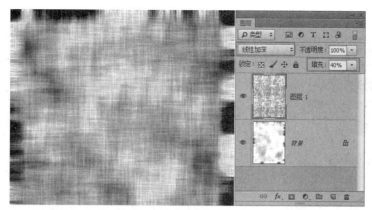

图 9-78 将"图层 1"的"混合模式"设置为"线性加深","填充"设置为 40%

8）现在图像四周参差不齐的黑色部分是多余的，要在不改变图像整体尺寸的前提下将黑色部分去除。方法：在"图层"面板中双击背景层，将其转化为普通图层"图层 0"。然后按住〈Shift〉键将背景层和"图层 1"一起选中。接着，按快捷键〈Ctrl+T〉应用"自由变换"命令，在按住〈Shift〉键的同时拖动控制框边角的手柄，使图像进行等比例缩放，让边缘的黑色区域超出画面外，调整后的效果如图 9-79 所示。

9）在纹理中添加渐变颜色。方法：在"图层"面板下部单击 ⊘（创建新的填充或调整图层）按钮，从弹出的快捷菜单中选择"渐变映射"命令，然后在弹出的"属性"对话框中单击如图 9-80 所示的渐变颜色按钮，再在"调整"面板中选择"紫色 - 橙色"渐变，如图 9-81 所示，单击"确定"按钮。此时，图像被很浓重的橘红色覆盖，效果如图 9-82 所示。

提示：在图像上应用"渐变映射"命令后，"图层"面板中自动生成了一个新的调整图层，名为"渐变映射 1"。

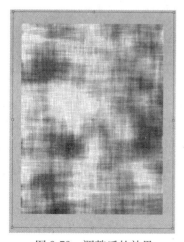

图 9-79 调整后的效果

图 9-80 "属性"对话框

图 9-81　选择"紫色 - 橙色"渐变

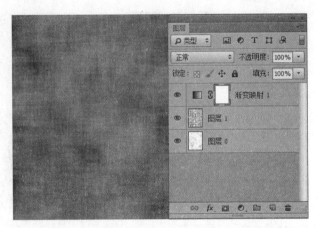

图 9-82　自动生成了一个新图层"渐变映射 1"

10）在"图层"面板中选择"渐变映射 1"层，将其"混合模式"设置为"颜色加深"，"填充"设置为 75%，如图 9-83 所示。此时，渐变颜色渗透到了纤维内，画面中本来很强烈的橘红色被改变为一种棕褐色调。

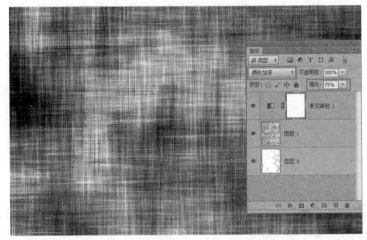

图 9-83　将"渐变映射 1"层的"混合模式"设置为"颜色加深"，"填充"设置为 75%

11）现在看来，纹理的颜色稍显浓重，而且对比度过高。在"图层"面板中选择"图层 0"，然后执行菜单中的"图像｜调整｜曲线"命令，在弹出的对话框中调节出如图 9-84 所示的曲线形状，以使暗调减弱一些，中间调稍微提亮。调节完后单击"确定"按钮，制作完成的纤维纹理效果如图 9-85 所示。最后，按快捷键〈Shift+Ctrl+E〉将所有图层合并为一个图层，并更名为"织布纹理"。

12）处理海报的主体部分——新娘图像逆光的剪影效果。先执行菜单中的"文件｜打开"命令，打开如图 9-86 所示的网盘中的"随书素材及结果 \9.3　电影海报效果 \ 新娘侧影 .tif"图片文件，然后利用工具箱中的 　（魔棒工具）制作新娘图像背景的选区（仅选取人物外轮廓）。接着在魔棒工具选项栏中单击 　（添加到选区）按钮，设置"容差"为 30。

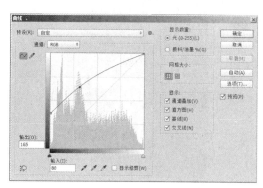

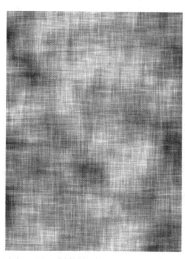

图 9-84　在"曲线"对话框中降低对比度　　　　　图 9-85　制作完成的纤维纹理效果

13）按快捷键〈Ctrl+Shift+I〉反转选区，然后选择工具箱中的 （移动工具）将选中的新娘图像拖动到"电影海报 -1.psd"中，在"图层"面板中自动生成"图层 1"。接着，按快捷键〈Ctrl+T〉应用"自由变换"命令，在按住〈Shift〉键的同时拖动控制框边角的手柄，使图像等比例缩小，并将其移动到如图 9-87 所示的画面居中的位置。

　　提示："图层 1"位于图层"织布纹理"上面。

图 9-86　"新娘侧影 .tif"图片　　　　　图 9-87　将新娘图像放置到图像居中的位置

14）由于图片中的人物婚纱为白色，阶调偏高。因此，在将其处理成黑色的剪影轮廓之前，必须先对图像中间调和暗调进行压缩。方法：执行菜单中的"图像 | 调整 | 曲线"命令，在弹出的对话框中调节出如图 9-88 所示的曲线形状，以使图像中间调和暗调都加重一些。

调节后单击"确定"按钮，则图像原来较弱的中间调部分呈现出丰富的细节，效果如图9-89所示。

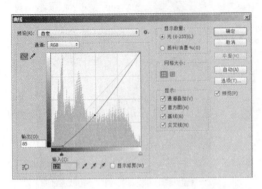

图9-88 在"曲线"对话框中压缩中间调和暗调

图9-89 中间调和暗调被加重后的人物图像

15）执行菜单中的"图像｜调整｜阈值"命令，弹出"阈值"对话框，如图9-90所示，设置阈值色阶为190，单击"确定"按钮。此时，图像变为如图9-91所示的黑白效果，人像左侧背光部分变成大面积的黑色，但要注意保持人像脸部原有的光影效果。

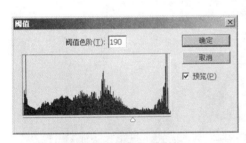

图9-90 "阈值"对话框

图9-91 图像变为黑白效果

16）现在图像中的主要问题有两个：一是人像纵向长度不够，需要补足人物下部轮廓；二是由于婚纱形状的原因，造成剪影外形显得有些臃肿，需要对图像进行后期修整。选择工具箱中的（钢笔工具），在其选项栏内选择，绘制如图9-92所示的路径形状，将人物裙装的外轮廓进行重新定义。然后，执行菜单中的"窗口｜路径"命令调出"路径"面板，将绘制完成的路径存储为"路径1"。

17）在"路径"面板中单击并拖动"路径1"到面板下部的（将路径作为选区载入）图标上，将路径转换为浮动选区。然后，将工具箱中的前景色设置为黑色，按快捷键〈Alt+Delete〉将选区填充为黑色。

图 9-92 应用钢笔工具对人物裙装的外轮廓进行重新定义

18）按快捷键〈Ctrl+Shift+I〉反转选区，然后选择工具箱中的 （橡皮擦工具），将人物新定义的轮廓之外的部分都擦除，如图 9-93 所示。

提示：如果擦除后对新轮廓的形状仍然不满意，可以在"路径"面板中单击"路径 1"，利用工具箱中的 ▶（直接选择工具）拖动节点以重新调整路径形状。

最后按快捷键〈Ctrl+D〉取消选区，效果如图 9-94 所示，可见，人物下部轮廓被补足，剪影外形也得到了修整。

图 9-93 将人物新定义的轮廓之外的部分都擦除　　　图 9-94 最后修改完成的剪影外形效果

19）现在人物剪影图像中的白色与暖色调的背景色很不协调，需要对它进行上色，将白色区域改成橘黄色调。方法：执行菜单中的"图像 | 调整 | 色相 / 饱和度"命令，在弹出的对话框中设置参数如图 9-95 所示。选中对话框右下角的"着色"复选框，然后将色相调整为橘黄色调，可同时提升色彩饱和度与降低明度，使图像中的白色被处理为一种浓重的橙黄色，从而与背景色形成协调的关系。最后，单击"确定"按钮，效果如图 9-96 所示。

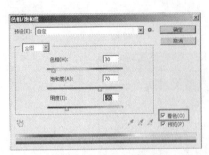

图 9-95　"色相 / 饱和度"对话框　　　　图 9-96　图像中的白色被处理为一种浓重的橙黄色

20）对背景的光效进行处理。首先，要将背景图像四周调暗。方法：在"图层"面板中选中"织布纹理"层，然后选择工具箱中的 （套索工具），在套索工具选项栏中将"羽化"值预设为 0 像素，圈选如图 9-97 所示的区域，则基本选区制作完成。接下来对选区进行进一步的优化处理。在选项栏中可以看到有一个"调整边缘"按钮，单击该按钮会弹出如图 9-98 所示的"调整边缘"对话框，在其中可以为选区进行更多的精细调整：如羽化选区、调节选区光滑度、去除锯齿状边缘等，调节完成后单击"确定"按钮，优化过的选区将出现在图像中。

> 提示：　"视图"右侧下拉列表用于控制选区在预览窗中的显示模式，包括"普通选区""快速蒙版""黑色背景""白色背景""蒙版状态"5 个选项可供选择。图 9-98 中图像四周显示出的黑色填充效果，是由于在"调整边缘"对话框的"视图"右侧下拉列表中选择了"黑色背景"，用于预览选区的一种显示状态，并非真正地填充黑色。

图 9-97　圈选要将图像四周调暗的选区　　图 9-98　在"调整边缘"对话框中为选区进行更多的精细调整

21）按快捷键〈Ctrl+Shift+I〉反转选区，然后执行菜单中的"图像｜调整｜曲线"命令，在弹出的"曲线"对话框中调节出如图 9-99 所示的曲线形状，使图像中间调和亮调都大幅度加重。此时，会发现图像颜色随之变得灰暗。接着在如图 9-100 所示的对话框的"通道"下拉列表框中，先选择"红"通道，增加亮调部分的红色，再选择"蓝"通道，将亮调部分稍微减弱，以使图像再偏一点黄橙色调。最后，回到 RGB 主通道，此时可以看到，在 RGB 模式下，红、绿、蓝 3 种颜色的曲线会同时出现在曲线中间的显示框里。最后单击"确定"按钮，则图像的边缘一圈会变暗，效果如图 9-101 所示。

22）图像边缘变暗后，接下来要使人物周围出现强光的效果，先圈选出需要调亮的区域。方法：在"图层"面板中选中"织布纹理"层，应用和步骤17）相同的方法，先圈选出如图 9-102 所示的图像中部区域，然后在"调整边缘"对话框中对选区进行更多的精细调整（可设置与图 9-98 相同的参数）。

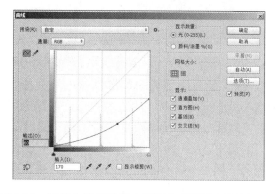

图 9-99　调节曲线使图像中间调和亮调都大幅度加重

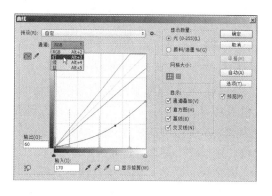

图 9-100　单独调节"红"通道和"蓝"通道，改变图像颜色

图 9-101　图像四周边缘变暗后的效果

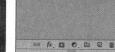

图 9-102　圈选图像中部需调亮的部分

23）制作人物周围强光照亮的效果，由于后面的步骤对背景纹理还要进一步进行处理，所以最好将此步加亮的效果放在一个可编辑的调节层上。方法：在"图层"面板下部单击 （创建新的填充或调整图层）按钮，从弹出的快捷菜单中选择"曲线"命令，接着在弹出的"属性"面板中分别调整"RGB"和"蓝"通道的曲线形状，如图 9-103 所示，使选区内图像的暗调和中间调大幅度提亮，另外还可以调整"蓝"通道的曲线，以避免图像亮调偏冷色。单击"确定"按钮，"图层"面板中增加了一个名为"曲线 1"的调节层，人物周围图像出现了如图 9-104 所示的光效。

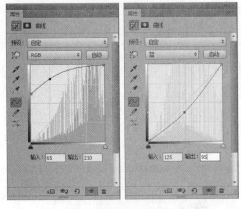

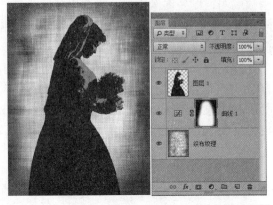

图 9-103　提亮图像暗调与中间调　　　　　　图 9-104　通过调节层使人物周围出现强光照射的效果

24）为了使整张海报增加一种怀旧的感觉，除了前面所创造的黄褐色调以及沉静的黑色人物剪影之外，还要在背景织布纹理图像中增加纸张破损与撕裂的边缘效果，这样也可以为画面添加微妙的层次感。单击"图层"面板下方的 ▣ （创建新图层）按钮创建"图层 2"，将"图层 2"置于"图层 1"的下面，并单击"图层 1"前的 👁 （指示图层可视性）图标，将该层暂时隐藏。然后，设置工具箱中的前景色为"黑色"、背景色为"白色"，按快捷键〈Ctrl+Delete〉将"图层 2"全部填充为白色。

25）定义撕纸边缘的基本形状。方法：选择工具箱中的 ▣ （矩形工具），在其选项栏内选择"像素"，然后拖动鼠标在白色背景中绘制一个如图 9-105 所示的黑色长方形。接着，执行菜单中的"滤镜｜像素化｜晶格化"命令，然后在弹出的对话框中设置参数如图 9-106 所示，即将"单元格大小"设置为 40。单击"确定"按钮后，黑色图形的边缘出现了如图 9-107 所示的不规则锯齿形状。

26）选择工具箱中的 ▣ （魔棒工具），制作"图层 2"中白色区域的选区，在魔棒工具选项栏中设置"容差"为 30。然后，按〈Delete〉键将白色区域删除，显示出下面图层的内容。接着，按快捷键〈Ctrl+Shift+I〉反转选区。

27）由于只需要保留撕纸边缘的部分，对中间大面积区域要进行删除，并与背景图像自然融合，先定义边缘保留的宽度。方法：执行菜单中的"选择｜修改｜收缩"命令，在弹出的"收缩选区"对话框中设置参数如图 9-108 所示，将选区向内收缩 45 像素，单击"确定"按钮。

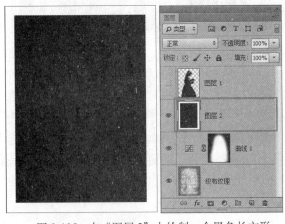

图 9-105　在"图层 2"上绘制一个黑色长方形　　　　图 9-106　"晶格化"对话框

图 9-107　黑色图形的边缘出现了不规则锯齿形状

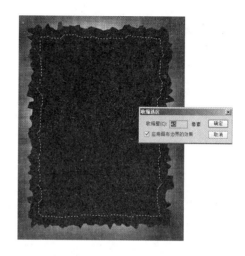

图 9-108　使选区向内收缩 45 像素

28）在选项栏中单击"调整边缘"按钮，在弹出的"调整边缘"对话框中设置参数，如图 9-109 所示，对选区边缘进行羽化和平滑化处理，单击"确定"按钮。然后按〈Delete〉键将选区内的黑色部分进行删除，并将"图层"面板上的"填充"项设置为 50%。最后，按快捷键〈Ctrl+D〉取消选区。此时，"图层 2"上只剩下半透明的锯齿边缘，效果如图 9-110 所示。

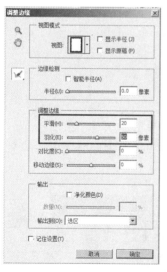

图 9-109　"调整边缘"对话框

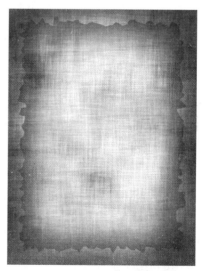

图 9-110　"图层 2"上半透明的锯齿边缘效果

29）调整撕纸边缘图形的大小和位置，使其尽量接近画面边缘位置。之后，为了使撕纸边缘的视觉效果稍微弱化一些，可以进行轻度的模糊处理。方法：执行菜单中的"滤镜｜模糊｜高斯模糊"命令，在弹出的"高斯模糊"对话框中如图 9-111 所示进行设置，然后单击"确定"按钮，效果如图 9-112 所示。

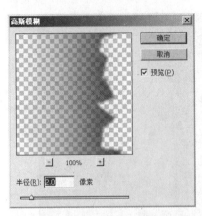

图 9-111 设置"高斯模糊"参数

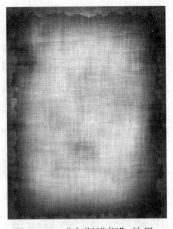

图 9-112 "高斯模糊"效果

30）现在制作完成的纸张破损与撕裂的边缘效果，局部还显得生硬，下面修整边缘形状并添加生动的细节，这一步骤非常重要。方法：选择工具箱中的 （橡皮擦工具），在其工具选项栏中设置如图 9-113 所示的较小笔刷点。然后用工具箱中的 （缩放工具）放大图像左上角的局部区域，接着进行局部擦除，在擦除过程中可以根据裂边的走向和形状，不断更换笔刷的大小。这一步骤具有较大的主观性和随意性，读者可根据自己的喜好对边缘进行修整。

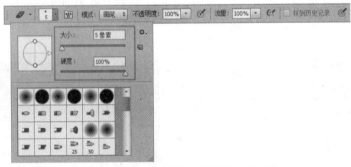

图 9-113 在选项栏内设置较小的笔刷

通过图 9-114 可对比修整细节前后的局部边缘效果。图 9-115 为修整完成后的上部边缘效果与放大后的左下角效果，供读者自己制作时参考。

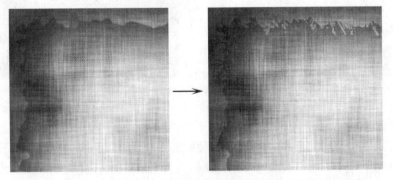

图 9-114 用橡皮擦工具修整撕裂边缘，以增添丰富生动的细节

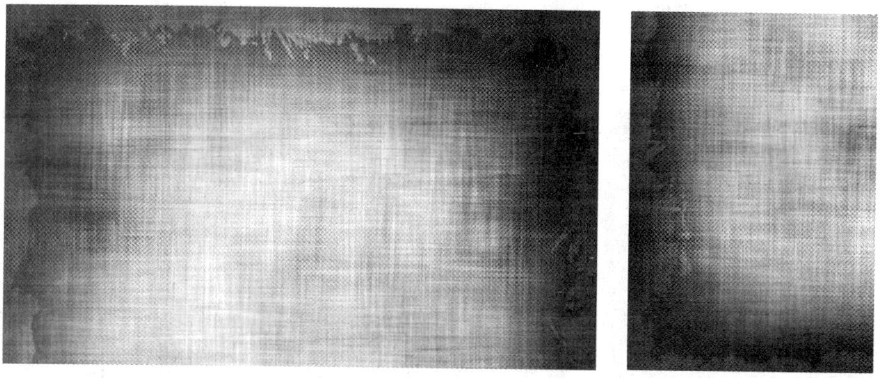

图 9-115　修整完成后的上部边缘效果与放大后的左下角效果

31）在“图层”面板中选中“图层 1”，并将“图层 1”前的（指示图层可视性）图标打开，恢复该层的显示。然后调整人物剪影与背景图像间的相对位置，整体构图如图 9-116 所示。

32）执行菜单中的“文件｜打开”命令，打开如图 9-117 所示的网盘中的“随书素材及结果\9.3　电影海报效果\落日图片.tif”图片文件。下面将该图片与人物剪影融为一体。方法：按快捷键〈Ctrl+A〉将图片全部选中，然后按快捷键〈Ctrl+C〉将其复制到剪贴板中。接着，选中“电影海报-1.psd”，在“图层”面板中按住〈Ctrl〉键单击“图层 1”名称前的缩略图，得到新娘侧影的选区。

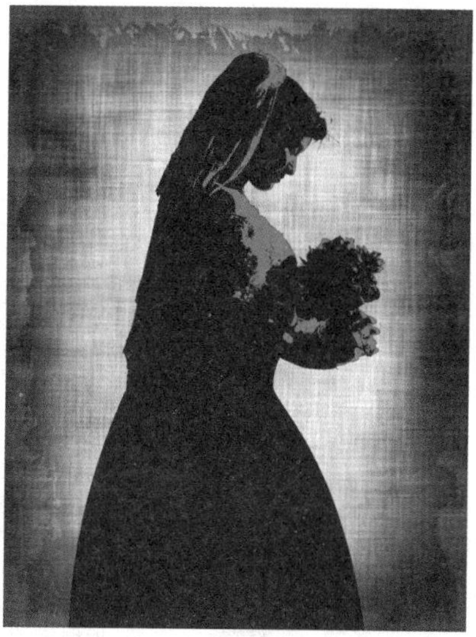

图 9-116　整体构图

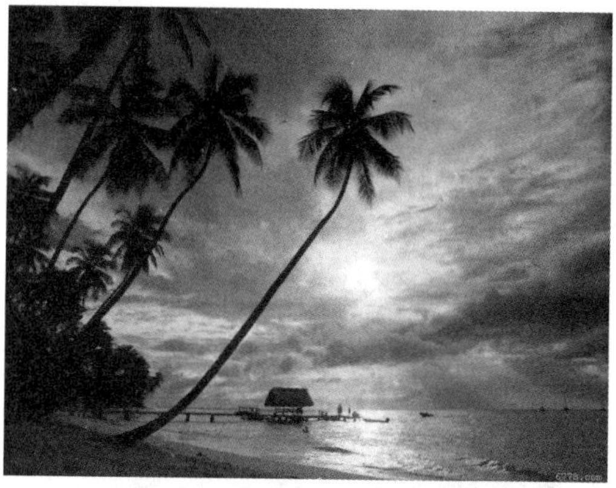

图 9-117　“落日图片.tif”图片

33）按快捷键〈Shift+Ctrl+V〉将刚才复制到剪贴板中的内容粘贴到新娘侧影的选区内，在“图层”面板上会自动生成“图层 3”。然后，用工具箱中的（移动工具）将贴入的落日图片向上移动至如图 9-118 所示的位置。接着，再次按快捷键〈Ctrl+Shift+V〉，将复

制的落日图片再粘贴进来一份，在"图层"面板上会自动生成"图层 4"，将其向下移动至如图 9-119 所示的位置。

图 9-118　贴入第一张落日图片生成"图层 3"　　　　图 9-119　贴入第二张落日图片生成"图层 4"

34）现在 3 幅图拼接的边界显得非常生硬，需要对它们进行淡入 / 淡出融合，先来处理人物剪影与"图层 3"的关系。方法：在"图层"面板中选中"图层 3"，然后选择工具箱中的 （套索工具），在套索工具选项栏中将"羽化"值预设为 40 像素，圈选出图 9-120 左图所示的范围，接着按〈Delete〉键删除选区内的图像，得到图 9-120 右图所示的效果，可见，"图层 3"中的落日图片与人物剪影中原有的层次自然地融合在一起。

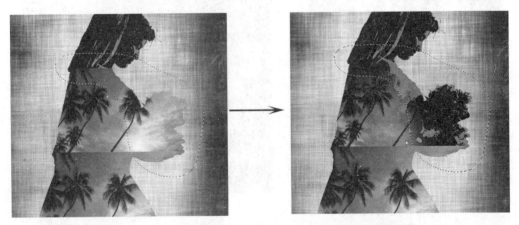

图 9-120　使"图层 3"中的落日图片与人物剪影自然地融合在一起

35）处理"图层 3"与"图层 4"间的关系。方法：在"图层"面板中选中"图层 4"，圈选出图像上部的区域（也就是上下两张图中间衔接的部位），同样按〈Delete〉键删除选区内的图像，将上下两张落日图片中间清晰的接缝消除。然后按快捷键〈Ctrl+E〉将"图层 3"

和"图层 4"拼合为一层，此时会弹出如图 9-121 所示的对话框，询问在合并图层时是否应用图层蒙版，单击"应用"按钮，并将合成后的新图层命名为"图层 3"，此时图层分布如图 9-122 所示。

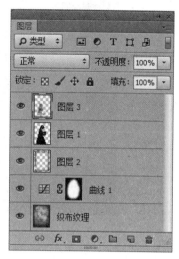

图 9-121　拼合"图层 3"和"图层 4"时弹出的询问对话框

图 9-122　图层分布

36）修整边缘细节，使衣裙边缘的落日图像逐渐隐入到黑色之中。方法：利用工具箱中的 （套索工具），在套索工具选项栏中将"羽化"值设置为 40 像素。然后圈选出新娘衣裙边缘的区域，按〈Delete〉键删除选区内的图像，使人物衣裙边缘图像逐渐变暗，从图 9-123 中可以看出调节前后的对比效果。

图 9-123　使衣裙边缘的落日图像逐渐隐入到黑色之中

37）人物衣裙边缘融入到黑色中后，与织布纹理的背景对比增强，为了使整张画面的色调沉稳而协调，对下部区域背景图像也需要相应地加暗。方法：在"图层"面板中选中"织布纹理"层，然后利用工具箱中的 ▣（渐变工具），在渐变工具选项栏中将"不透明度"设置为 60%，接着从画面下端到画面的中间部位应用从"黑色"至"透明"的径向渐变效果（按住〈Shift〉键可使渐变在垂直方向上进行）。该种半透明渐变使得织布纹理下端明显变暗，效果如图 9-124 所示。

渐变方向和长度

图 9-124 应用从"黑色"至"透明"的径向渐变效果

38）至此，海报图像的处理基本完成，下面来制作标题文字。方法：使用工具箱中的 T （横排文字工具），分别输入"THE""BRIDE OF""MONTANA"3 段影片标题文字，此时会生成 3 个独立的文本层，如图 9-125 所示。

图 9-125 输入海报标题文字，生成 3 个独立的文本层

39）选中文本层"THE"，然后利用 T （横排文字工具）将该单词选中，并在工具选项栏中设置"字体"为"Times New Roman""字体样式"为"Bold""字体大小"为 12.5 点、文本颜色为白色。使用同样的方法，设置其他文本的"字体"均为"Times New Roman""字体样式"为"Bold""文本颜色"为白色。分别设置"字体大小"如下：

文本"BRIDE OF"中，字母"B"的大小设置为 43 点；字母"RIDE"的大小设置为 29 点；字母"OF"的大小设置为 18 点；

文本"MONTANA"中，字母"M"的大小设置为 35 点；字母"ONTANA"的大小设置为 27.5 点。

40）为标题文字添加投影及发光等特效。选中"MONTANA"文本层，然后单击"图层"面板下部的 **fx** （添加图层样式）按钮，在弹出的菜单中选择"外发光"命令，接着在弹出的"图层样式"对话框中设置如图 9-126 所示的参数。文字"MONTANA"周围出现了深灰色的光晕，从而将白色文字从较亮的橙色背景中衬托出来，如图 9-127 所示。

提示："外发光"颜色选择黑色。

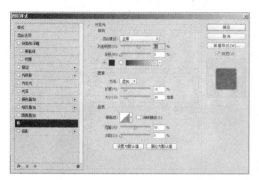

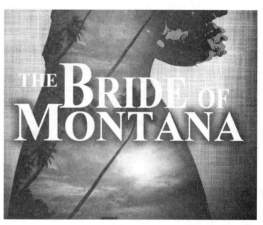

图 9-126　设置"外发光"参数　　　　图 9-127　文字周围出现深灰色的外发光效果

41）此时只有灰色的外发光，文字立体效果的层次感明显不够，因此需在文字的右下方再添加一次投影效果。方法：在"图层样式"对话框的左侧列表中选择"投影"复选框，设置如图 9-128 所示的参数，添加不透明度为 80% 的黑色投影，效果如图 9-129 所示。

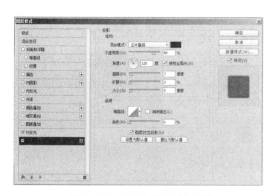

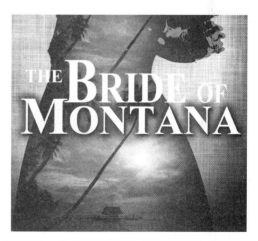

图 9-128　设置"投影"参数　　　　图 9-129　在文字外发光之上添加右下方的投影效果

42）选中"BRIDE OF"文本层，参考前面"MONTANA"文本层中设置的图层样式参数，为"BRIDE OF"层也添加同样的外发光和投影。对于"THE"文本层，由于其中的文字字号较小，仅设置"外发光"样式即可，可参考图 9-130 所示的参数进行设置。

43）在"图层"面板上将"MONTANA"文本层拖动到"BRIDE OF"文本层的上面，并将单词"MONTANA"用工具箱中的 ![] （移动工具）向上稍微移动一点距离，使其与单词"BRIDE"发生部分重叠，这样两行带投影的文字将错落有致地排列，产生如图 9-131 所示的立体层次感。

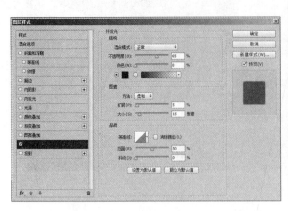

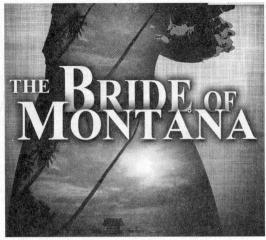

图 9-130　设置"外发光"参数　　　　　　　图 9-131　错落有致的标题文字效果

44）使用工具箱中的 ![T] （横排文字工具）分别输入"ROBERT BROSNAN"和"JONATHAN RUSH"两段文本，然后在工具选项栏中设置"字体"为"Arial"、"字体样式"为"Bold"、"字体大小"为 7 点、文本颜色为白色、"行距"为 8 点，并将"图层"面板上两个文本层的"不透明度"都设置为 70%。

45）为"ROBERT BROSNAN"和"JONATHAN RUSH"两段文本分别添加投影效果。方法：选中"ROBERT BROSNAN"文本层，然后单击"图层"面板下部的 ![fx] （添加图层样式）按钮，在弹出的菜单中选择"投影"命令，接着，在弹出的"图层样式"对话框中设置参数如图 9-132 所示。此时，文字斜右下方出现了较模糊的带有一定偏移距离的虚影。为"JONATHAN RUSH"文本层也设置相同的图层样式参数，添加投影后的文字效果如图 9-133 所示。

提示：要使文字居中对齐，可单击文本工具选项栏中的 ![] （居中对齐文本）按钮。

46）至此，整个海报制作完成，最终效果如图 9-134 所示。